Azure OpenAI Serviceではじめる ChatGPT/LLMシステム構築入門

永田祥平、伊藤駿汰、宮田大士、立脇裕太、
花ケ﨑伸祐、蒲生弘郷、吉田真吾［著］

技術評論社

●本書をお読みになる前に

・本書に記載された内容は、情報の提供のみを目的としています。したがって、本書を用いた運用は、必ずお客様自身の責任と判断によって行ってください。これらの情報の運用の結果について、技術評論社および著者はいかなる責任も負いません。
・本書記載の情報は、2023年12月現在のものを掲載していますので、ご利用時には、変更されている場合もあります。
・本書で紹介するソフトウェア／Webサービスはバージョンアップされる場合があり、本書での説明とは機能内容や画面図などが異なってしまうこともあり得ます。

以上の注意事項をご承諾いただいたうえで、本書をご利用願います。これらの注意事項をお読みいただかずに、お問い合わせいただいても、技術評論社および著者は対処しかねます。あらかじめ、ご承知おきください。

●商標、登録商標について

本書に掲載した社名や製品名などは一般に各メーカーの商標または登録商標である場合があります。会社名、製品名などについて、本文中では、™、©、®マークなどは表示しておりません。

はじめに

2022年11月にOpenAI社から公開され、以来世界を席巻しているChatGPT。この革新的な技術は、我々の生活を大きく変えつつあります。とくにその衝撃は企業のIT領域において顕著であり、その応用範囲は拡大の一途をたどっています。Microsoft Azure（以下Azure）はChatGPTをはじめとするOpenAIモデルを利用できる唯一のパブリッククラウドサービスであり、今日ではChatGPTを活用したい企業にとって、Azureの採用が不可欠となっています。その一方で、ChatGPTなどの大規模言語モデル（LLM）を利用したアプリケーションは新しいコンセプトも多く登場し、ChatGPT/OpenAIモデルを活用したシステムを設計するうえで、体系だった説明を目にする機会はあまりありません。

本書は、企業内でOpenAIモデルやChatGPTの活用を推進するエンジニアやデジタルトランスフォーメーションを担う人々に向け、AzureからOpenAIモデルにアクセスできる「Azure OpenAI Service」（以下Azure OpenAI）の基礎から具体的なアーキテクチャ設計まで解説していきます。本書を通じて、読者のみなさんがOpenAIモデルやChatGPTを活用し、新たな価値を創出するための一助となることを願っています。

本書の構成

本書は読者の目的とレベル感の違いに対応するため、大きく4つの部より構成されています。これからAzure OpenAIを触りたいというところからスタートし、社内文章検索（検索拡張生成；RAG）を経て、LLMを組み込んだアプリケーション（Copilot）の構築へとステップアップしていきます。また、ガバナンスと責任あるAIについても解説しています。

図0.1　本書各部の想定読者とゴール設定

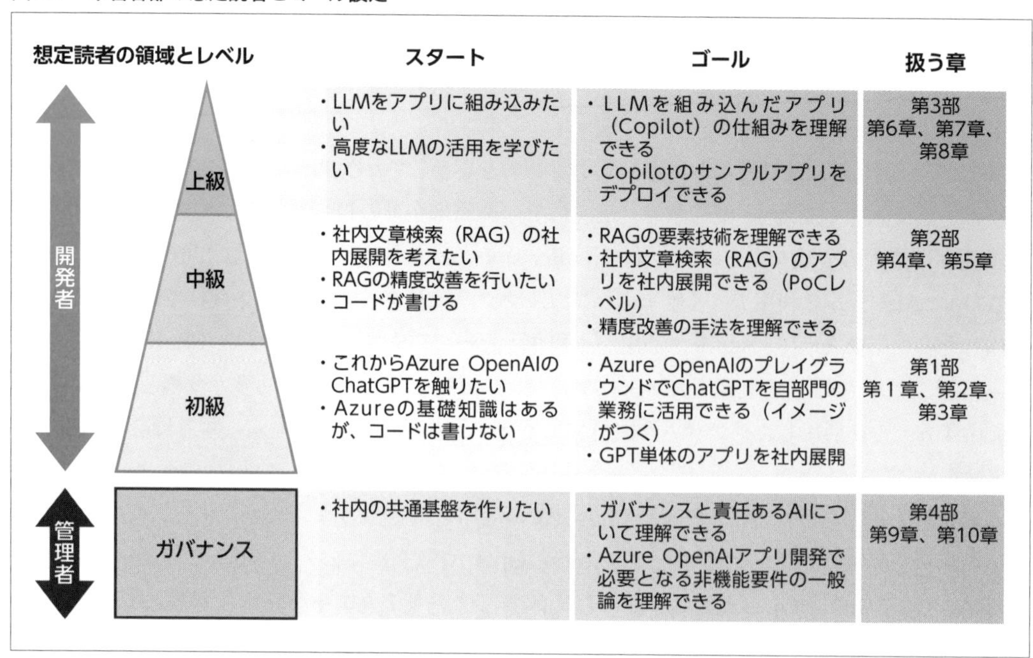

想定読者の領域とレベル
スタート
ゴール
扱う章
開発者
上級
中級
初級
管理者
ガバナンス
・LLMをアプリに組み込みたい
・高度なLLMの活用を学びたい
・LLMを組み込んだアプリ（Copilot）の仕組みを理解できる
・Copilotのサンプルアプリをデプロイできる
第3部
第6章、第7章、第8章
・社内文章検索（RAG）の社内展開を考えたい
・RAGの精度改善を行いたい
・コードが書ける
・RAGの要素技術を理解できる
・社内文章検索（RAG）のアプリを社内展開できる（PoCレベル）
・精度改善の手法を理解できる
第2部
第4章、第5章
・これからAzure OpenAIのChatGPTを触りたい
・Azureの基礎知識はあるが、コードは書けない
・Azure OpenAIのプレイグラウンドでChatGPTを自部門の業務に活用できる（イメージがつく）
・GPT単体のアプリを社内展開
第1部
第１章、第2章、第3章
・社内の共通基盤を作りたい
・ガバナンスと責任あるAIについて理解できる
・Azure OpenAIアプリ開発で必要となる非機能要件の一般論を理解できる
第4部
第9章、第10章

第1部は第1〜3章で構成され、AzureでのChatGPT活用をテーマにしています。Azureの基礎知識はあるもののAzure OpenAI自体はこれから触るという読者を想定し、ChatGPT単体のアプリを社内展開して業務で活用できるイメージがつくのを目標にしています。まずは生成AIとChatGPTモデルの基本的な概念とその仕組みを解説します。Azure OpenAIの概要と具体的な利用方法までを解説し、Azure OpenAI StudioのプレイグラウンドよりChatGPTアプリをユーザー自身の環境に展開します。さらに、ChatGPTに入力する指示となるプロンプトをどう書いていくかといった「プロンプトエンジニアリング」という重要なテクニックについても解説します。

第2部は第4章と第5章で構成され、ChatGPTモデルを活用した社内文章検索（RAG）システムの導入をテーマにしています。社内文章検索システムの社内展開の検討や、精度改善を行いたい読者を想定し、RAGの概念理解から実際の社内文章検索アプリの展開まで行います。社内文章検索アプリのキーとなるAzureサービスの紹介や、実際のアーキテクチャについて解説します。検索精度や回答生成精度の改善アプローチについても紹介します。

第3部は第6〜8章で構成され、ChatGPTモデルやLLMを組み込んだアプリケーションである「Copilot」の考え方を紹介しています。Copilotを開発するうえで必要な要素を抽象化したCopilot Stackの解説を行い、要素技術であるAIオーケストレーション、基盤モデルとAIインフラストラクチャ、Copilotフロントエンドをそれぞれ説明します。

第4部は第9章および第10章で構成され、LLMアプリケーションを開発・運用していくうえでのガバナンスと責任あるAIについて解説します。Azure OpenAIを中心にLLMを組織全体で活用するための基盤構築やその実現方法について、認証・認可やログ管理、課金、流量制限、閉域化、負荷分散などの視点から、非機能要件の一般論とともに説明します。また責任あるAI活用のためのデータの取り扱いやコンテンツフィルタリングにも触れます。

なお、「ChatGPT」という単語は、OpenAIが開発したChatGPTのモデル自体（GPT-3.5 TurboやGPT-4モデル）を指すこともあれば、それらモデルを組み込んで一般のユーザーが使いやすいようにOpenAIが開発して提供しているアプリケーションを指すこともあります。本書では特段の注釈がない限り、ChatGPTはGPT-3.5 TurboやGPT-4のモデルを表します。

また、本書はAzure OpenAIを前提に解説しているため、OpenAIが提供するChatGPT Enterpriseといったサービスに関して詳しくは紹介していません、また、音声認識AIであるWhisperや画像生成AIのDALL-Eは割愛し、テキスト生成モデルであるGPTモデルのみを解説します。

注意事項

本書に掲載している情報はすべて執筆時点（2023年12月）のものです。Azureは、ユーザーの利便性を向上させるための機能追加を頻繁に行っています。本書に掲載している情報・画面と、実際の画面について差異が生じている場合もあるためご注意ください。Azure以外の技術については、各技術の公式ドキュメンテーションに基づいており、非公式の情報源に基づくものではありません。ただし、公式の情報が更新されるたびに本書の内容も更新されるわけではないため、最新の情報については常に公式の情報源をご確認ください。

本書はAzureの基礎的な説明は割愛しています。また、読者がAzureを利用可能なアカウントを持っている前提で、使い方の解説も進めていきます。もしAzureアカウントをお持ちでない場合はAzureアカウントを取得することをお勧めします[注0.1]。

本書で取り扱っているAzure OpenAIは、責任あるAI活用の観点から利用承認制のサービスになっています。悪用や意図しない危害を防ぐため、リスクの低いユースケースや軽減策の取り入れを行っているお客様をまずは対象としています。Microsoftはより広いお客様を対象とできるように取り組みを行っていますが、現時点で個人利用のお客様は承認が難しい状況となっているためご注意ください[注0.2]。

注0.1「Azure の無料アカウントを使ってクラウドで構築」　https://azure.microsoft.com/ja-jp/free

注0.2 2023年12月現在。最新情報は以下をご確認ください。
「Azure OpenAI Service とは」　https://learn.microsoft.com/azure/ai-services/openai/overview

サンプルコードと環境準備

本書ではPythonのプログラムや、Azureの構成設定などがサンプルコードとして登場します。サンプルコードは次のリポジトリ上で公開しています。

https://github.com/shohei1029/book-azureopenai-sample

本書のサンプルコードを実行するにあたっては、下記アプリケーションのインストールが前提となっています。環境準備のための手順を付録Aに書いているので参考にしてください。

(1) Python 3.10以上
(2) Git
(3) Azure Developer CLI
(4) Node.js 18 以上
(5) PowerShell 7以上　※Windowsユーザーのみ

また、製品・利用ライブラリのアップデートが非常に頻繁に行われているため、本文中の手順に従ってもうまく動かない場合があります。その場合は、サンプルコードのリポジトリを参照してください。それでも動かない場合は上記リポジトリ上にIssueを立てていただけると幸いです。

最新情報の収集や学習法

Azure OpenAIをはじめ、Azureの最新情報収集や学習には下記サイトが参考になります。

- **「Azureの更新情報」**　https://azure.microsoft.com/updates/
  Microsoft公式の更新情報ページです。キーワード検索が可能なため、「OpenAI」「Machine Learning」「AI Search」などで検索を行うと、本書で登場する主な製品のアップデートを把握できます。
- **「Azureのドキュメント」**　https://learn.microsoft.com/azure/
  Microsoft公式の製品ドキュメントページです。製品ごとに違いはありますが、基本的に「概要」「クイックスタート」「チュートリアル」「概念」「操作方法」といった目次分けがされています。ほとんどすべての公開情報はドキュメントに掲載されていますが、情報が充実しているためどういう順番で学ぶかのコツがあります。まず、「概要」「クイックスタート」で大まかな特徴を理解し、「チュートリアル」で手を動かしながら理解すると良いでしょう。その後「概念」「操作方法」で詳細な仕様を理解し、「サンプル」「リファレンス」を参照しながら実装を進めていきます。

謝辞

本書の執筆に際して、多くの方々からの貴重なご支援とご協力を賜りました。

まず、初期の企画段階から献身的なサポートを提供してくださった鈴木教之さんに深く感謝申し上げます。アイデアしかなかった本書の企画が実際に書籍として出版できたのは、鈴木さんと編集の細谷謙吾さん、中田瑛人さんのおかげです。スケジュール管理に関しても、編集のお二人の絶え間ないサポートに心より感謝しております。

また、執筆過程でご協力いただいた阿佐志保さん、大髙領介さん、大竹桃子さん、女部田啓太さん、小丸芳弘さん、近藤淳子さん、清水敬太さん、鈴木教之さん、西川彰広さん、西村まりなさん、樋口拓人さんにも感謝を表します。各章の内容や構成への洞察に富んだアドバイスは、本書の質を大いに高めるものでした。清水敬太さんには、第9章の構想段階でもご協力いただき深く感謝しています。

ご協力いただいた皆様のどの一人が欠けても本書は完成しませんでした。ご協力いただいたすべての皆様に、心からの感謝を申し上げます。

最後に、本書を手に取ってくださった読者のみなさんへ深く感謝の気持ちを表します。みなさんが本書から新たなアイデアや知識を得られることを願っています。

2023年12月

著者一同

目次

付録

第 1 部

Microsoft AzureでのChatGPT活用

- 生成AIとChatGPTモデルの基本的な概念とその仕組みを解説
- ChatGPTに入力する指示となる「プロンプト」の書き方を紹介
- Azure OpenAI Serviceの概要と具体的な利用方法を解説し、ChatGPTアプリをユーザー自身の環境に展開

第1章 生成AIとChatGPT

2022年末にOpenAIから公開されたChatGPTサービスと、その裏側で使われているChatGPTモデルは世の中に生成AIブームを巻き起こし、世界の在り方を大きく変えています。ChatGPTという魔法は無限の可能性を秘めている一方で、その中身についてはまだまだ広く理解がされていません。本章ではChatGPTモデルに何ができるのか、それがどういう仕組みで行われているのかを簡単に紹介します。

1.1 生成AIとChatGPTの衝撃

1.1.1 「AIの時代が始まった」

Microsoft社の創設者であるビル・ゲイツ氏は「人生で革新的だと思った技術のデモンストレーションを2回見たことがある」とし、ひとつはWindowsのもとになったグラフィックユーザーインターフェースのシステム、もうひとつはOpenAIが開発したGPTモデルと述べました[注1.1]。そして、AIの発展は人々の仕事、学習、旅行、健康管理、コミュニケーションのあり方を変えるだろう、と続けています。

このブログが投稿される前年の2022年春から夏にかけ、人間と同等に繊細なイラストや写真を生成する「DALL-E 2」や「Midjourney」、「Stable Diffusion」が立て続けに発表され、注目を集めていました。そのあと同年11月にはOpenAI社より対話AIの「ChatGPT」が一般利用が可能な形で提供され、世界に大きな衝撃を与えました。

図1.1は2023年9月に発表されたOpenAIの画像生成モデルであるDALL-E 3を実行した例です。

注1.1 The Age of AI has begun（2023年3月） https://www.gatesnotes.com/The-Age-of-AI-Has-Begun

図1.1　OpenAIの画像生成モデル「DALL-E 3」の実行例

「『Azure OpenAI Serviceで始めるChatGPTシステム構築入門』（企画時点の本書タイトル）という書籍を手に持っている少年と少女のイラストを描いてください。高精細なアニメ調でお願いします。」といった指示を与えるだけで、4つのアニメ調画像がきれいに生成されています。字の描写に若干の怪しさはまだ残るものの、少し前に課題とされていたような、指の描写がおかしいといった問題はほぼ解決されています。

このような、大量のデータを学習することにより、新たなコンテンツが生成できるようになったAIを**生成AI（Generative AI）**と呼びます。文章やプログラムコードなどのテキスト、画像、音声、動画など、さまざまなコンテンツを生成するAIが存在します（**表1.1**）。

表1.1 代表的な生成AIモデルやサービス

機能概要	モデル・サービス名	開発元
テキスト生成	GPT-3、ChatGPT (GPT-3.5 Turbo、GPT-4)	OpenAI
	LaMDA、PaLM、PaLM 2、Gemini	Google
	Llama、Llama 2	Meta
	Claude 2	Anthropic
	Turing-NLG、phi-1、phi-2	Microsoft
	Megatron	NVIDIA
画像生成	DALL-E、DALL-E 2、DALL-E 3	OpenAI
	Adobe Firefly	Adobe
	Stable Diffusion	Stability AI
	Midjourney	Midjourney
動画生成	Imagen Video、Phenaki	Google
	Make-A-Video	Meta
音楽生成	MusicLM	Google
	MusicGen	Meta
	Deep Composer	Amazon
音声合成	VALL-E	Microsoft

これまでもAIは、過去のデータに基づいた未来の予測やデータの分類、画像や音声の認識などなど、幅広い分野で活用されてきました。生成AIは、これまでAIができなかった種類のタスクが行えるようになり、急速にビジネスへの展開が進められています。次節では、対話型で文章を生成するChatGPTモデルに焦点をあて、どのようなユースケースで利用され始めているか紹介します。

1.1.2 ChatGPTがこなせるタスク

ChatGPTとは、生成AIの技術を用いて自然言語を生成して質問に答えたり会話に応答したりするモデルです。人間の質問やコメントを理解し、チャットボットのように機能します。本節では、OpenAIより提供されているChatGPTアプリケーションを例に出しながら、ChatGPTモデルの機能やユースケースを紹介します[注1.2]。

ChatGPTはそれ単体でさまざまなタスクに利用されています。たとえば、文章や会議の要約、テーマを与えたうえでの企画書作成、メールの文面作成、プレゼンの構成作りのほか、箇条書きから日報をまとめる、見出しやキャッチコピーを考える、などかなり多くの使い道があり、業務効率の改善に活用されています（**図1.2**）。

注1.2 「ChatGPT」はOpenAIが開発した会話型生成AI、および大規模言語モデルの名前を表すとともに、OpenAIがそのモデルを組み込んでサービスとして提供しているアプリケーションの名前でもあります。ChatGPTモデルについては以降で解説しますが、GPT-3.5（GPT-3.5 Turbo）と呼ばれるモデルと、GPT-4と呼ばれるモデルが存在します。

図1.2 ChatGPTがこなせるタスク

言語学習・コミュニケーション

翻訳
日本語や外国語の文章添削
会話の練習相手
語彙の強化
言語学習サポート

プロジェクト・ビジネス

記事やメール文面の作成
問題点の洗い出し
アイデア出しや壁打ち
プレゼンテーションのポイント整理
ビジネスプランの作成
文章からのタスク切り出し

コンテンツ作成・編集

ストーリーのアウトライン作成
特徴的な口調への変更
キャラクターデザイン
ポエムや短編小説の生成
レシピの生成

テクニカル・コーディング

文章からコードの生成
コードの問題点や改善点の指摘
コードのリファクタリング
コードからのドキュメント作成
専門知識、文章の解説
FAQ 作成

ユースケースの具体的な例を取り上げて紹介します。

図1.3は、ChatGPTにメールの文面を書いてもらう例です。ChatGPTへの入力としてどのようなメールを作成してほしいかを入力すると、メールの文面が出力されます。

図1.3 ChatGPT(GPT-3.5)によるメール文面生成の例

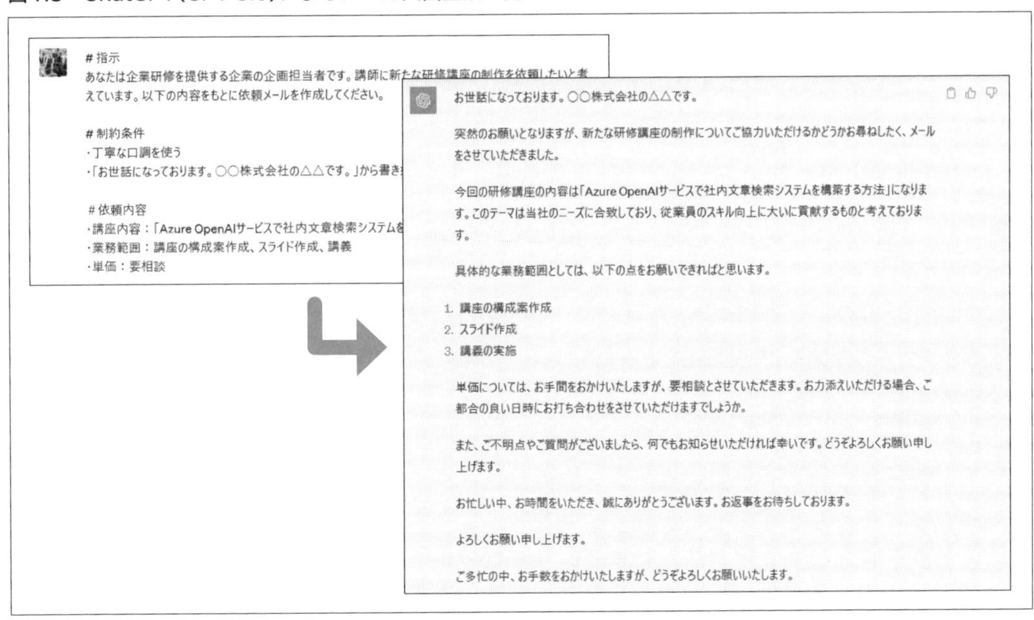

さらに、コールセンターにおける会話の要約も、企業でのChatGPT活用のユースケースとして代表的なケースの1つです。顧客が自社のサービスに対してどのような使い方を行っているのか、どういった点に対してお問い合わせを行うのかなどを分析することで、自社サービスに対する顧客満足度向上や製品・サービス自体の改善が期待できます。**図1.4**は自動車保険会社と顧客との会話履歴をもとに情報抽出を行う例です。

図1.4 ChatGPT(GPT-3.5)によるコールセンターでの会話履歴の要約例

下記の会話から以下の内容を抽出してください。
1.会話の主な理由
2.顧客の感情
3.エージェントは会話をどのように処理しましたか？
4.会話の最終結果はどうでしたか？
5.会話の簡単な要約

会話
こんにちは、いま自動車事故を起こしたので連絡しました。ご連絡ありがとうございます。今あなたはお怪我がなく、会話をするために安全な場所にいらっしゃいますか？はい大丈夫です、ありがとうございます。何が起きたのか説明していただけますか？私はSUVを運転していて、別の車にぶつかりました。お怪我などは大丈夫ですか。大丈夫です、でも少し動揺しています。それは理解できます。フルネームを教えていただけますか？はい、私の名前はバリー・ポッターです。事故の原因は分かりますか？多分道路に空いた穴にぶつかったんじゃないかと思います。分かりました、事故はどこで起こりましたか？ジャンクション10近くのM23です。他にけがをした人はいますか？多分いないと思います、でもよくわかりません。わかりました、調査を行う必要がありますね。他の運転者の情報を教えて頂けますか？確か、彼女の名前はバーマイオニー・クレンチャーです。あなたの保険証券番号は分かりますか？ちょっとまってください、はい、62442です。わかりました、あなたの車に損傷はありますか？はい、ヘッドライトが壊れてエアバックが作
転することができますか？無理だと思います。おそらく牽引する必要があり
検査する必要があります。それでは今からレッカー車を依頼します。私も
きたいと思います。分かりました。ありがとうございました。

1. 会話の主な理由: 会話の主な理由は、顧客が自動車事故を起こし、その事故に関する情報を提供し、保険請求の手続きを始めるための連絡です。
2. 顧客の感情: 顧客は事故の後、少し動揺している様子がありますが、それ以外には特に感情的な表現はありません。
3. エージェントは会話をどのように処理しましたか？ エージェントは冷静かつ効率的に会話を進行し、顧客から必要な情報を収集しました。また、顧客の感情に理解を示しました。
4. 会話の最終結果はどうでしたか？ 会話の最終結果は、顧客の事故の詳細情報の収集、保険証券番号の取得、車の損傷の確認、レッカー車の手配、および保険請求の開始です。
5. 会話の簡単な要約: 顧客は自動車事故の報告をし、エージェントは冷静に情報を収集し、保険請求の手続きを開始しました。顧客は少し動揺していましたが、事故による怪我はなさそうです。

話者の区別もない会話履歴情報からも、適切に会話の中身を理解し、欲しい情報の抽出と要約に成功しています。

ChatGPTはJSONなどの構造化されたデータや実行可能なプログラムコードも生成できます。**図1.5**は、クイズ問題をJSON形式で出力してもらう例です。

図1.5 ChatGPT(GPT-4)によるJSON形式出力の例

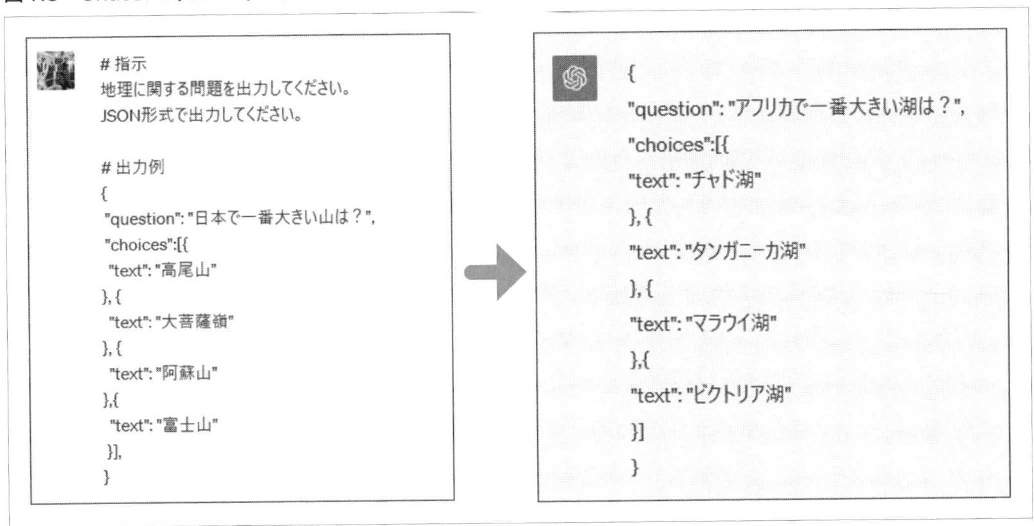

このように構造化された形式で出力してもらうことで、ChatGPTの出力をそのまま他のアプリケーションに読み込ませることが可能になり、ChatGPTを組み込んだシステムの構築が容易になります。

図1.6では、1から100までの素数を表示する簡単なPythonのプログラムを書いてもらいました。

図1.6 ChatGPT(GPT-4)によるPythonコード出力の例

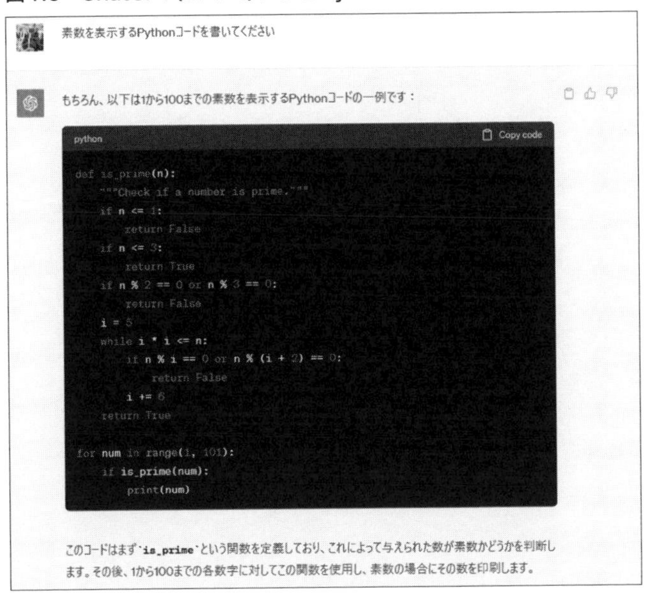

この例ではコード本体以外のコメントも表示されていますが、Pythonのコード部分を手元で動かしてみたところ、修正不要で実行できました。

さらに、ChatGPTとPythonなどのコード実行環境を接続することで、ChatGPTに指示を与えると「指示を実行するためのコード生成→コードの実行→実行結果の解釈→追加で必要なコードを生成→……」といったループをChatGPT自身に実行させることが可能です。このような機能はOpenAIから「Advanced Data Analysis（旧称：Code Interpreter）」として提供されています。

Advanced Data Analysis自体はあくまでGPT-4モデルを組み込んだアプリケーションであるため、ユーザー自身の手で同モデルを組み込むことで、このようなアプリケーションを作ることができます。

このように、ChatGPTは実行可能なコード、あるいは構造化されたデータを生成できるため、ChatGPTをアプリケーションの一部に組み込んで利用することが可能になっています。

COLUMN

Open Interpreter

Advanced Data Analysis（旧称：Code Interpreter）はOpenAIが提供しているアプリケーションですが、有志の方々よりオープンソース版Code Interpreterとも言えるアプリケーションが公開されています。その名もOpen Interpreterです[注1.a]。Open InterpreterはローカルPC上で大規模言語モデル（LLM：Large Language Models）と対話しながらLLMにコードを実行させることができます。たとえば、次のようなことが実現できると紹介されています。

- 写真やビデオ、PDFなどの生成と編集
- Webブラウザを動作させて何らかのリサーチを行う
- 大規模データの整形、プロット、分析

OpenAIのAdvanced Data Analysisは、インターネットに接続したり、ユーザーが追加でアプリのライブラリをインストールしたりはできないといった制約があります。分析や実行用にアップロードできるファイルサイズにも制限があります。Open Interpreterはお手元のローカルPC上で実行できるため、そういった制約にとらわれないといった利点があります。また、利用するLLMもGPT-4以外に切り替えられ、GPT 3.5 TurboやMetaのLlamaといった他のLLMも利用できます。

注1.a "open-interpreter" https://github.com/KillianLucas/open-interpreter/

1.1.3 ChatGPTを利用するうえでの注意点

存在しない名称を答えてしまうハルシネーション（幻覚）

ChatGPTの仕組みについては次節で解説しますが、簡単に言ってしまうとGPTとは「確率的に確からしい文章」を生成する言語生成モデルです。次の単語を予測してそれらしい文章を生成するため、実際には存在しない、人物や場所などの名称や数値を答えであるかのように書いてしまう可能性があります。これは**ハルシネーション（幻覚）**と呼ばれる現象で、テキスト生成AI共通の課題です。

ハルシネーション対策としては、ユーザーが検索エンジンや専門書を併用して回答の正確さや妥当性を検証することが挙げられます。また第4章で解説するような、外部情報を利用したプロンプトエンジニアリングの手法を用いることで、ハルシネーションを抑えることができます。

数値計算は苦手

ハルシネーションにも関連しますが、ChatGPTは数値の計算は苦手です。これは実際に数値の計算処理を行って回答を生成しているわけではなく、確率的にそれらしい数字や単語を生成しているためです。対策として、数値計算を行う場合は、外部の計算ツールを利用するなどの工夫が必要です。ChatGPTと外部のツールを組み合わせるアプローチでは、必要な外部ツールの選択とその入力までChatGPTに任せることができます（第6章で解説するReActと呼ばれるアプローチです）。

1.2 ChatGPTの仕組み

人間の問いかけに対して自然な応答を返し、さらにはタスク解決を助けてくれるChatGPTは、どのような原理で応答しているのでしょうか。本節ではChatGPTが人間にとって好ましく、自然なテキストを生成する仕組みについて概説します。

なお、付録BではChatGPTを実現するうえで鍵となるいくつかの技術について詳しく解説しているため、ぜひ読んでみてください。

1.2.1 従来の「チャットボット」との違い

これまでさまざまなビジネスシーンで使われてきた会話AIである「チャットボット」は、ルールベースで構成されたものや統計的に精度が高い内容を回答していくタイプが大半でした。基本的にはツール作成者がユーザーの入力文や選択肢に対する応答パターンを複数用意しておく必要があるため、柔軟性に限界がありました。

これに対してChatGPTは、確率的に確からしい文章を生成する**言語生成モデル**であるため、作成者の用意したパターンにとらわれずに回答文を「生成」します（**図1.7**）。

図1.7　ChatGPTモデルの動作イメージ

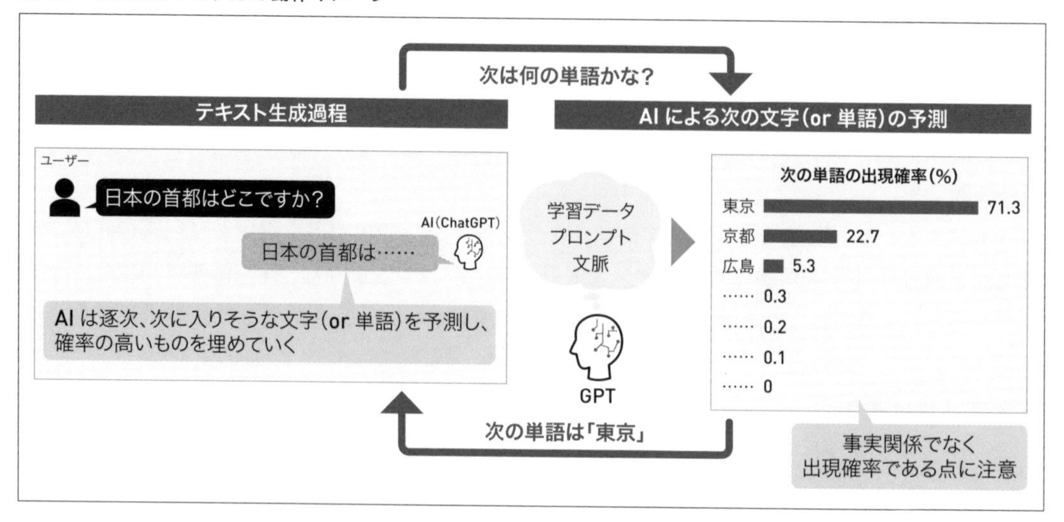

インターネット上の大量のデータを使って学習しているため幅広いトピックに対応でき、外部のアプリケーション／APIと連携したり、アプリケーションの中に組み込んだりして活用できます。

しかし、ただ単純に大量のデータを学習させるだけでは、このように自然な応答を行えるようになり、ここまで広く使われるモデルにはならなかったでしょう。次節では、そもそもなぜ大量のデータを学習させることができるようになったという点から、どのようにして人間にとって好ましい応答を返すように工夫がされているのかについてまで解説します。

1.2.2　GPTとは

ChatGPTの「GPT」はGenerative Pre-trained Transformerと呼ばれる大規模な深層学習モデルです。大量のテキストデータを用いて**事前学習（Pre-training）**を行うことで言語構造を解釈できるよう調整されているため、**大規模言語モデル（LLM：Large Language Models）**とも呼ばれます。自然言語処理分野における幅広いタスクを解けるよう設計されています。また、**注意機構（Attention）**と呼ばれる重要な構造を活用し、長いテキスト中でも離れた位置にある単語間の関係性を効果的にとらえることができます。

ChatGPTを含む大規模言語モデルの性能向上には**Transformer**と呼ばれる基礎モデル構造が重要な役割を果たしています。本節ではなぜChatGPTがここまで自然な文章を生成できるのかを理解するために、Transformerの概念について簡単に説明します。

Transformer

GPTは2017年に発表された、Transformerと呼ばれるタイプのモデルの一種です[注1.3]。発表当時のTransformerはテキスト翻訳のためのモデルとして提案されていましたが、そのあとに発表されたBERTやGPTにより、Transformerは幅広い言語タスクに活用できると示されました。Transformerの登場によって大規模言語モデルが実現されたと言っても過言ではありません。

Transformerのアーキテクチャは大規模化と並列処理を可能にしました。これにより、OpenAIは2018年のGPT-1を始めとして、GPT-2、GPT-3、そして2023年のGPT-4と、次々と性能を向上させる新しいGPTモデルを発表しています。各モデルは学習データ量とパラメータ数の増加により、性能を大幅に向上させています（**表1.2**）。

表1.2　OpenAIが開発したGPTモデル

モデル	公開年	学習データ量	パラメータ数	性能（MMULスコア（%）[注1.4]
GPT-1	2018年	4.5GB	1億	-
GPT-2	2019年	40GB	15億	32.4
GPT-3	2020年	570GB	1,750億	53.9
GPT-3.5	2022年	非公開	非公開	70.0
GPT-4	2023年	非公開	非公開	86.4

スケール則

GPTモデルの発展とともに言語モデルの**スケール則（Scaling Laws）**という法則が発見されました。これは「Transformerの性能は、モデルの学習データ量、パラメータ数（モデルサイズ）、投入した計算リソース量という3つの要因との間のべき乗則に従う」という仮説です。

簡単に言うと、モデルの学習データ量を増やすほど、モデルサイズを大きくするほど、計算リソース量を増やすほど、言語モデル（Transformer）の性能が無制限に向上する可能性があるということです。さらにその後、Transformerを画像や音声、動画など言語以外の分野に適用した場合でもスケール則は有効であると示されました。「大規模化したTransformerを画像、音声、言語などの大量データで事前学習させ、後続の幅広いタスクへ適用する」という、**基盤モデル（Foundation Models）**時代の始まりです。

注1.3　本節ではTransformerモデル自体も、そのモデル構造を発展、あるいは一部を利用したモデルもまとめて「Transformer」と表記しています。厳密にはTransformerはモデル名称であり、GPTはTransformerの一部であるTransformer Decoderを発展させたモデルです。

注1.4　MMULスコアは、数学、歴史、計算科学、法律など57種類のタスクから構成される、知識問題や問題解決能力を測るスコアです。一般的な人々のスコアは34.5%、各分野の専門家が解いたスコアは89.8%と推定されます。

1.2.3 人間が好む文章を生成するための手法「RLHF」

ChatGPTモデルそのままでは、人間にとって好ましい文章、すなわち偏見や攻撃性がなくユーザーの意図に沿っているような文章を生成できないという課題がありました。この課題を解決するためにChatGPTの学習に導入されたのが、**人間のフィードバックによる強化学習（RLHF）**と呼ばれる手法です。これは人間が判断する「良し悪し」という意見や評価（フィードバック）をもとにモデルを学習させるアプローチです[注1.5]。この手法で、ChatGPTは「人間らしい」文章を書けるようになります。

とはいえ、モデルの学習に必要となる大量のフィードバック（教師ありデータ）を、すべて人間が行うことは現実的ではありません。ChatGPTでは次の3つのステップでRLHFによるアライメントを実現しています。

(1) 人間の指導による学習

　まず、人間が「これが良い答えだ」と思う例を使って、モデルに学習させる。ただ、この方法だけだと大量にデータを用意するのが難しいので時間とコストがかかる

(2) 報酬モデルの導入

　次に、人間の評価を代わりにする「報酬モデル」というものを作る。これは、出力が真実で、安全で、有益かどうかを判断する。人間の評価をもとに、どの答えが良いかを学ぶ

(3) 報酬モデルでの最適化

　最後に、この報酬モデル（2）を使ってモデル（1）が、人間が望む答えを出すようにさらに学習する。これにより、多くの例を使って、より良い文章を書く方法を学べる

1.2.4 ChatGPTができるまで

このように、まずGPT-3という大規模な言語モデルをベースに、人間が好むような出力を行うよう学習されたモデルであるInstructGPTモデルを経て、ユーザーと対話形式でやりとり可能なChatGPT（GPT-3.5 Turbo）モデルが完成しました（**図1.8**）。

注1.5　なお、このように人間が好ましい文章を生成するようにモデルを調整することを「アライメント」と呼びます。

図1.8 ChatGPT(GPT-3.5 Turbo)モデルができるまでの流れ

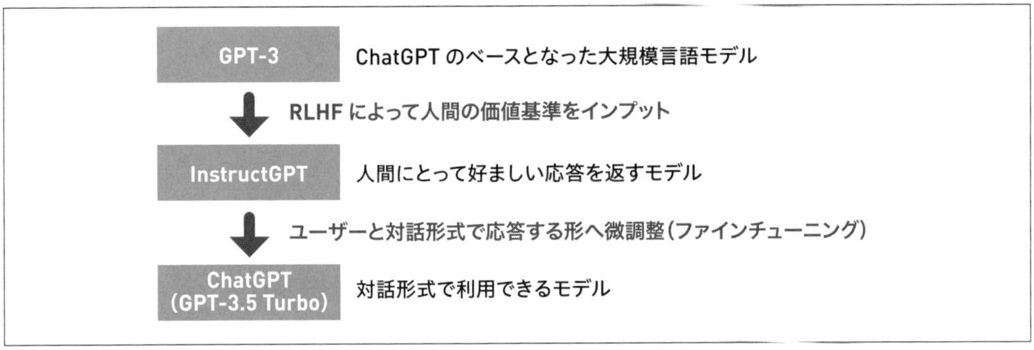

GPT-3	ChatGPTのベースとなった大規模言語モデル
↓	RLHFによって人間の価値基準をインプット
InstructGPT	人間にとって好ましい応答を返すモデル
↓	ユーザーと対話形式で応答する形へ微調整(ファインチューニング)
ChatGPT (GPT-3.5 Turbo)	対話形式で利用できるモデル

ここで急に名前が登場したInstructGPTですが、これはGPT-3.5 Turboモデルの前身とも言えるもので、第3章で紹介するAzure OpenAI ServiceでもGPT-3.5 Turbo Instructモデルとして利用できます。名前だけでも覚えておくと良いでしょう。

1.3 まとめ

本章ではChatGPTが行えるタスクとモデルの仕組みについて簡単に解説しました。本章ではテキストでの入力のみを紹介しましたが、ChatGPT (GPT-4) は画像や動画の入力に対応したモデルが公開され、活用できる幅が広がっています。みなさんの業務でもどう活用できそうか、ぜひイメージを広げてみてください。

第2章 プロンプトエンジニアリング

生成AIへの入力指示文「プロンプト」は、その書き方によってAIの応答が良い方向にも悪い方向にも大きく変わるため、プロンプトの書き方のテクニックが注目を集めています。本章では代表的なプロンプトの書き方、考え方を紹介します。第3章以降では実際にAzure OpenAIを利用してAIアシスタントを作っていくため、ここでしっかりプロンプトの書き方を身につけましょう。

2.1 プロンプトエンジニアリングとは

ChatGPTのような言語モデルをはじめ、テキストを入力としてコンテンツを生成する生成AIへの入力指示文を**プロンプト**と呼びます。このプロンプトの書き方しだいで生成AIの出力結果が大きく変わるため、プロンプトの書き方が注目されています。そして、この生成AIに与える指示文を工夫することでAIの出力精度改善を行う手法を**プロンプトエンジニアリング**と呼びます。たとえば、シンプルなプロンプトだと、AIも入力した人間の意図とはあまり沿わない結果を出す可能性が高いですが、しっかり具体的にプロンプトを書くことで、AIも人間の意図に沿った出力を行うようになります（**図2.1**）。

図2.1 プロンプトとその出力

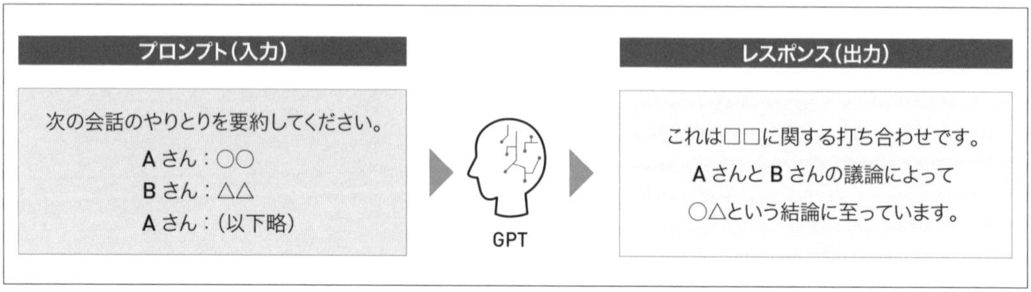

プロンプト（入力）

次の会話のやりとりを要約してください。
Aさん：○○
Bさん：△△
Aさん：（以下略）

GPT

レスポンス（出力）

これは□□に関する打ち合わせです。
AさんとBさんの議論によって
○△という結論に至っています。

第3章以降では、実際にAzure OpenAIを利用してAIアシスタントを作っていくため、本章ではその前準備として、AIモデルの振る舞いを定義するキーとなるプロンプトエンジニアリングについて解説します。Azure OpenAIは第3章での解説とし、本章ではOpenAI社より提供されているサービスとしてのChatGPTアプリを使いながら解説していきます。

2.2 基本的なテクニック

プロンプトエンジニアリングには出力精度を改善するための基本的なテクニックがいくつかあります。指示を具体的に書く、モデルの逃げ道となる「アウト」を指定する、役割を明確にする、入出力例を与える、が存在します。段階的に考えさせる、というテクニックもありますが、これについては次の2.3節で紹介します。

2.2.1 指示を具体的に書く

ChatGPTへの指示は具体的に書くことが大切です。たとえば、ただ「とあるプロダクトのキャッチコピーを考えてください」ではなく、どういう層をターゲットにしたキャッチコピーなのか、どのくらいの長さなのか、いくつ考えてほしいかを書くと、出力がより意図したものに近づきます（図2.2）。

- プロンプト例①

```
乾燥肌に悩む20代男性をターゲットにした化粧水のキャッチコピーを5つ考えてください。
```

図2.2 プロンプト例①の実行結果（キャッチコピーの提案）

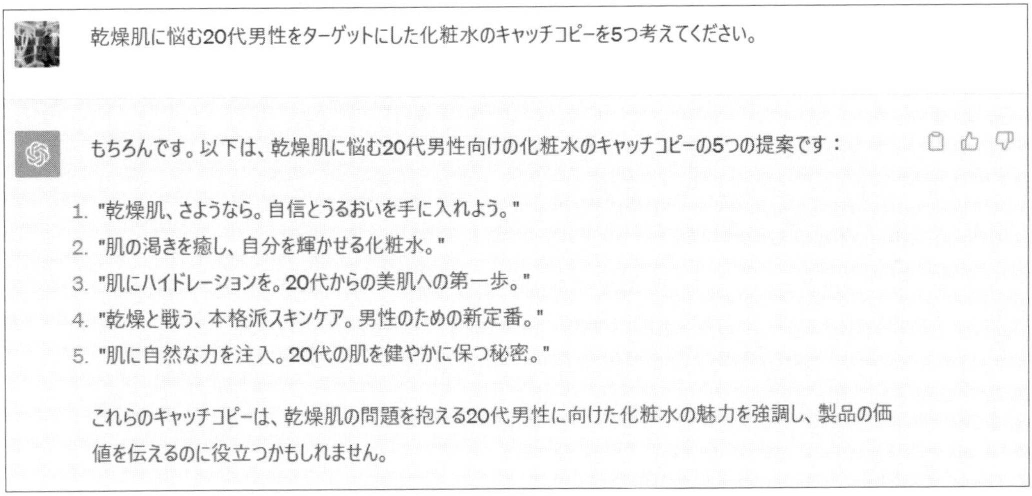

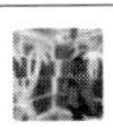

乾燥肌に悩む20代男性をターゲットにした化粧水のキャッチコピーを5つ考えてください。

もちろんです。以下は、乾燥肌に悩む20代男性向けの化粧水のキャッチコピーの5つの提案です：

1. "乾燥肌、さようなら。自信とうるおいを手に入れよう。"
2. "肌の渇きを癒し、自分を輝かせる化粧水。"
3. "肌にハイドレーションを。20代からの美肌への第一歩。"
4. "乾燥と戦う、本格派スキンケア。男性のための新定番。"
5. "肌に自然な力を注入。20代の肌を健やかに保つ秘密。"

これらのキャッチコピーは、乾燥肌の問題を抱える20代男性に向けた化粧水の魅力を強調し、製品の価値を伝えるのに役立つかもしれません。

文章を要約してもらうタスクの場合、ただ「次の文章を要約してください」と書くのではなく、要約の簡潔さや項目数、分量などの観点でどう要約してほしいのかを書くと出力が大きく改善します（図2.3）。

● プロンプト例②

```
次のブログ記事の内容を3つの項目で、600字程度で要約してください。
---
<要約対象のブログ記事本文>
```

図2.3 プロンプト例②の実行結果(ブログ記事の要約)

```
次のブログ記事の内容を3つの項目で、600字程度で要約してください。

<要約対象のブログ記事>
# はじめに
Azure OpenAI ServiceとAzure Machine Learningを中心に、[Microsoft Build 2023]
(https://news.microsoft.com/build-2023/)での発表内容を簡単にまとめました！スピード優先でまと
めましたので内容についてご容赦頂ければ幸いです。
なお、記事内の[Preview]等の表記は、執筆時点でPreviewになっているものと、ブログ記事等のアナウン
ス内で「すぐに利用可能に」や「6月にプレビュー開始！」等となっているものもまとめて表記しています。

# Azure Machine Learning
## Prompt Flow [Preview]
Prompt flowはAzure Machine Learningのプロンプトエンジニアリングツールで
GUIも活用して様々なツールやリソースを組み合わせた形でプロンプトのフローを構
にも対応しています。

[Harness the power of Large Language Models with Azure Machine Le
Microsoft Community Hub](https://techcommunity.microsoft.com/t5/
blog/harness-the-power-of-large-language-models-with-azure-mach

## モデルカタログ [Preview]
```

このブログ記事は、Microsoft Build 2023でのAzure OpenAI ServiceとAzure Machine Learningに関する発表内容を要約するものです。以下に3つの主要なポイントを示します。

1. **Azure Machine Learningの新機能**
   - **Prompt Flow [Preview]**: Azure Machine Learningに新しいプロンプトエンジニアリングツール「Prompt Flow」が導入されました。このツールはGUIを使用して、様々なツールやリソースを組み合わせてプロンプトのフローを構築できるもので、LangChainにも対応しています。
   - **モデルカタログ [Preview]**: モデルカタログ機能がパブリックプレビューに移行しました。この機能では、Hugging Faceに登録されている代表的なモデルがビルトインされ、数クリックでマネージドエンドポイントへのデプロイが可能です。また、Fine-tuningもサポートされており、OpenAIのWhisperモデル（音声をテキストに変換）も利用可能です。
   - **責任あるAIダッシュボードの画像・テキスト対応 [Preview]**: 責任あるAIダッシュボードが画像とテキストデータに対応しました。例えば、画像の物体検出の結果を可視化し、どのエリアが分類結果に影響を与えたかを分かりやすく表示できるようになりました。
2. **モデルモニタリングとマネージドFeature Storeの導入 [Preview]**
   - **モデルモニタリング [Preview]**: モデルモニタリング機能がパブリックプレビューに移行し、モデルデプロイ後の精度低下やパフォーマンス低下を監視できるようになりました。また、データドリフトと予測ドリフトも監視できます。

2.2.2 モデルの逃げ道となる「アウト」を指定する

モデルの逃げ道になる「アウト」を指定するというのもよく使われるテクニックです。「アウト」とは出口や逃げ道を表します。これはChatGPTに出した指示がうまく実行できない場合にどうしてほしいか、出口や逃げ道を与える方法です。ChatGPTが必要以上の長文や誤った回答を生成する可能性を軽減する効果があります(図2.4)。

● プロンプト例③

```
<他の指示文と合わせて>
回答がわからない場合は”わかりません”とだけ書き、それ以外のことを書かないでください。
```

図2.4 プロンプト例③の実行結果の比較(「アウト」指定の有無)

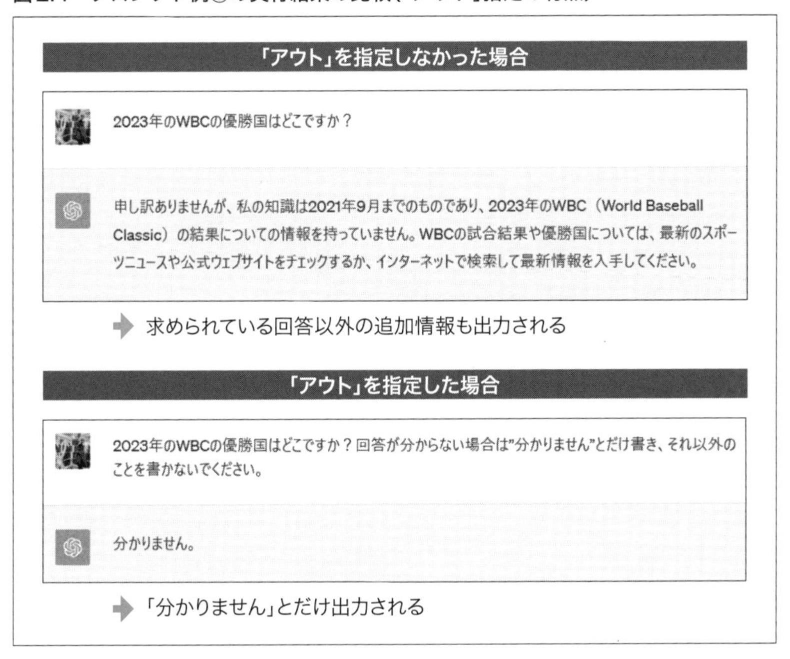

2.2.3 役割を明確にする

ChatGPTの役割やユーザーの立ち位置を明確に書くというのも基本的なテクニックです。たとえば、文章の要約や推敲のタスクでは「あなたはプロの編集者です」と冒頭に記載することで出力精度が向上します。「あなたは機械学習の専門家です。私は中学生です」など書き、専門的な知識を中学生向けのレベル感でわかりやすく解説してもらうといった使い方もあります(図2.5)。

● プロンプト例④

```
あなたは機械学習の専門家です。LLMとトランスフォーマーについて中学生にもわかりやすく説明してください。
```

図2.5 プロンプト例④の実行結果(LLMとトランスフォーマーについてわかりやすく説明)

あなたは機械学習の専門家です。LLMとトランスフォーマーについて中学生にも分かりやすく説明してください。

もちろんです！まず、LLM（Large Language Model）とは、コンピュータープログラムの一種で、人間の言語理解と生成能力を模倣するために設計されたものです。中学生に分かりやすく言えば、LLMはコンピューターの脳のようなもので、テキストを読んで理解し、新しいテキストを生成することができます。例えば、質問をすると、LLMはその質問に答えるための情報を検索して返答することができます。

次に、トランスフォーマーは、LLMの一種で、特に自然言語処理（文章の理解や生成）に優れた性能を持つモデルの一つです。トランスフォーマーは、文章内の単語や文の関係性を理解し、その文脈に基づいて文章を生成するのに役立ちます。イメージとしては、トランスフォーマーは文章をパズルのピースのように組み合わせて理解し、新しい文章を組み立てることができると言えます。

つまり、LLMとトランスフォーマーは、コンピューターが自然言語の理解と生成を行うためのツールで、私のようなAIアシスタントもこれらの技術をベースにしています。中学生でも、これらの概念を理解することで、コンピューターが言語を扱う方法について少し詳しく知ることができます。

2.2.4 入出力例を与える

ChatGPTへの入力とそれに対する期待される出力の例をいくつか与えることで、モデルに回答形式を付与でき、回答精度も向上します。たとえば、Webアプリに対するユーザーのフィードバックコメントを「ポジティブ」または「ネガティブ」に分類したいというシナリオを考えます。そういった場合は「分類してください」という指示の部分に続いて、**入力例と出力例のペアを与えます**。そのあと実際に分類させたい入力を記載することで、出力を「ポジティブ」または「ネガティブ」の2つの形式に絞れます（図2.6）。

● プロンプト例⑤

```
Webアプリに対するユーザーのコメントを、ポジティブなものとネガティブなものに分類したいです。
下記例を参考に、「ポジティブ」か「ネガティブ」か出力してください。

入力：機能がシンプルでわかりやすいので、初心者でもすぐに操作できます。
出力：ポジティブ

入力：UIが複雑過ぎて、使いたい機能を見つけるのが難しいです。
出力：ネガティブ

入力：コンテンツが充実していて、毎日の生活に役立つ情報や機能が豊富にそろっています
出力：
```

図2.6 プロンプト例⑤の実行結果(ユーザーコメントの感情分析)

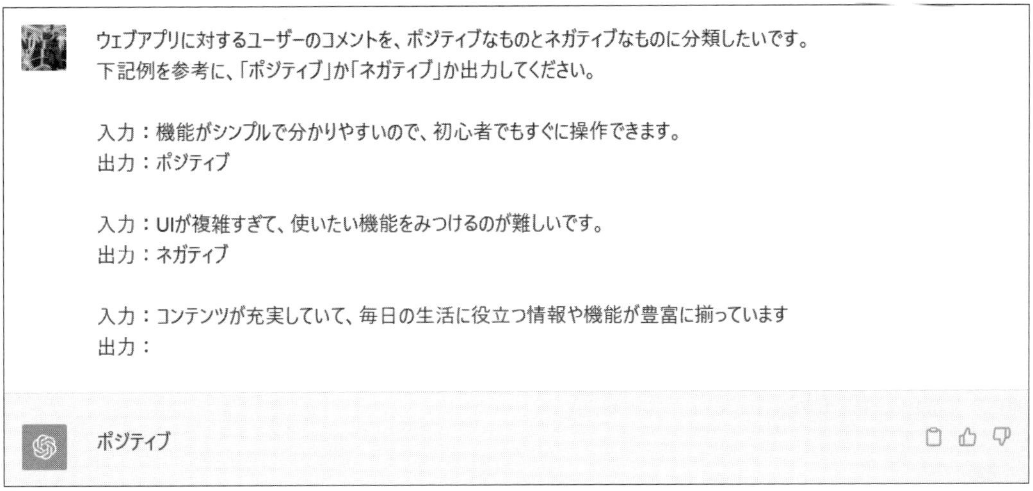

ウェブアプリに対するユーザーのコメントを、ポジティブなものとネガティブなものに分類したいです。
下記例を参考に、「ポジティブ」か「ネガティブ」か出力してください。

入力:機能がシンプルで分かりやすいので、初心者でもすぐに操作できます。
出力:ポジティブ

入力:UIが複雑すぎて、使いたい機能をみつけるのが難しいです。
出力:ネガティブ

入力:コンテンツが充実していて、毎日の生活に役立つ情報や機能が豊富に揃っています
出力:

ポジティブ

COLUMN

Zero-shot Learning と Few-shot Learning

ユーザーが入出力例を与えずシンプルな指示を行うプロンプトのことをZero-shot Learning (またはZero-shotプロンプティング) と呼びます。これに対し、いくつかの入出力例を与えるアプローチをFew-shot Learning (またはFew-shotプロンプティング) と呼びます。また、入出力例を1つだけ与える場合は、とくにOne-shot Learning (またはOne-shotプロンプティング) と呼ばれます。

2.2.5 構造的に書く

プロンプトにそのまま長文で指示を書くのではなく、項目ごとに分けて構造的に書くことで回答精度が向上します。指示、どのように回答を生成してほしいかのフォーマットを含めた制約条件、そして実際に回答を生成させたい質問・依頼を書きます。見出し、箇条書き、セクション区切りを駆使して構造化することで、ChatGPTが指示と条件と入力内容を区別しやすくなり、回答精度の向上に寄与します。第1章の冒頭でも紹介したメール文章作成の例は、次のプロンプトを使った出力結果です(図2.7)。

● プロンプト例⑥

```
# 指示
あなたは企業研修を提供する企業の企画担当者です。講師に新たな研修講座の制作を依頼したいと考えています。以下の内容をもとに依頼メールを作成してください。

# 制約条件
・丁寧な口調を使う
・「お世話になっております。○○株式会社の△△です。」から書き始める

#依頼内容
・講座内容：「Azure OpenAIサービスで社内文章検索システムを構築する方法」
・業務範囲：講座の構成案作成、スライド作成、講義
・単価：要相談
```

図2.7 プロンプト例⑥の実行結果（メール文章作成）

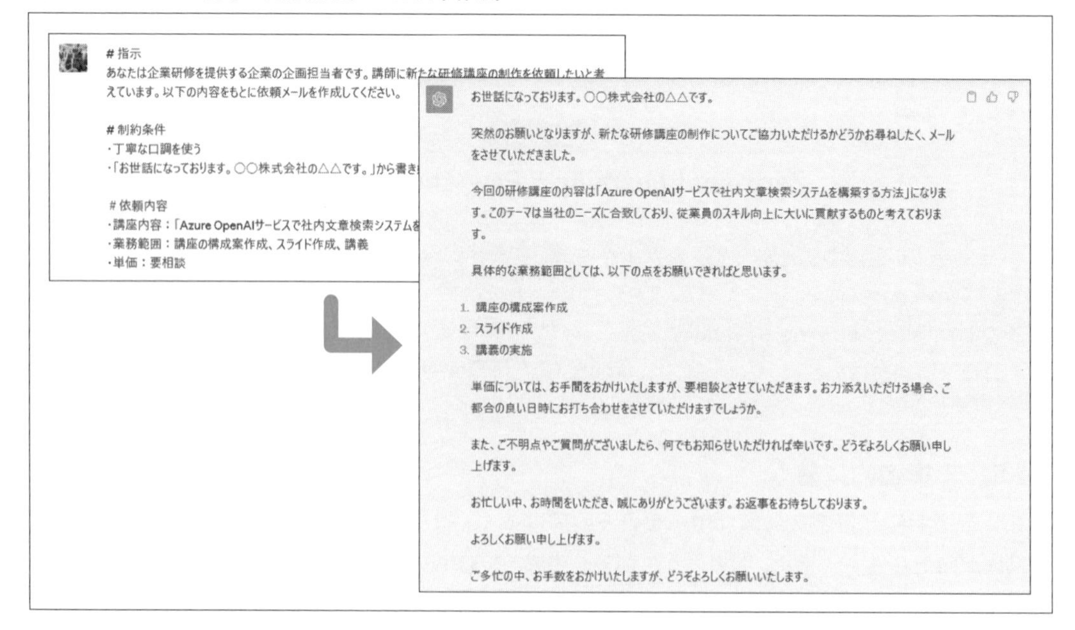

2.3 思考の連鎖（Chain of Thought）

ChatGPTで複雑な問題を解く際に役立つ方法として**思考の連鎖**（CoT：Chain of Thought）というものがあります。この方法は、言語モデルに段階的な推論を促すことで、より正確な回答を引き出すテクニックとして注目されています。とくに、複雑な問題や計算において、モデルに問題解決の過程を段階的に表現させることで、そのあとの結論や答えがより正確になることが期待されます。

たとえば「リンゴが10個あり、そのうち5個を食べ、あとで3個を追加購入した場合、リンゴは最終的に何個になるか？」という問題があったとしましょう。計算問題を通常の方法でChatGPTに質問すると、正確な答えが返ってこないことがあります[注2.1]。しかし、CoTを利用して「10 - 5の結果は？」「そのあとに3を追加すると何個になるか？」といった具体的なステップをモデルに指示することで、より正確な答え「8個」を導き出すことができます。

さらに単純に、モデルに与えるプロンプトに「**ステップバイステップで考えてみましょう（Let's think step by step.）**」と加えるだけでも、回答の正確性が増すことがあるとわかっています。これはモデルに「10 - 5の結果は？」「そのあとに3を追加すると何個になるか？」といった具体的なステップは与えず、単に「段階的な推論をするように」という指示を与えることで、モデルがより正確な答えを導き出すことを期待するアプローチです。

実際の例で見ていきましょう。まずCoTのアプローチを使わずにChatGPT（GPT-3.5 Turbo）に対して簡単な計算問題を与えた例です。

● **プロンプト例⑦**

```
カフェでアップルパイを買いました。私の2人の友人、弟、弟の友人に3つずつ配りました。手元に2つ残っています。私はいくつアップルパイを買ったでしょうか？
```

計4人の人間に3つずつアップルパイを配り、手元に2つ残っているため、最初に14個のアップルパイを買ったはずです。しかしChatGPT（GPT-3.5 Turbo）は正しく答えられていません（**図2.8**）。

図2.8 プロンプト例⑦の実行結果（CoTのアプローチは使わず）※ChatGPT（GPT-3.5 Turbo）

カフェでアップルパイを買いました。私の2人の友人、弟、弟の友人に3つずつ配りました。手元に2つ残っています。私はいくつアップルパイを買ったでしょうか？

アップルパイを2人の友人、弟、弟の友人に3つずつ配ったということで、合計で6つのアップルパイが配られました。また、手元には2つのアップルパイが残っています。したがって、最初に購入したアップルパイの総数は、6つ（配った分）＋2つ（手元に残っている分）＝8つです。したがって、あなたは8つのアップルパイを買ったことになります。

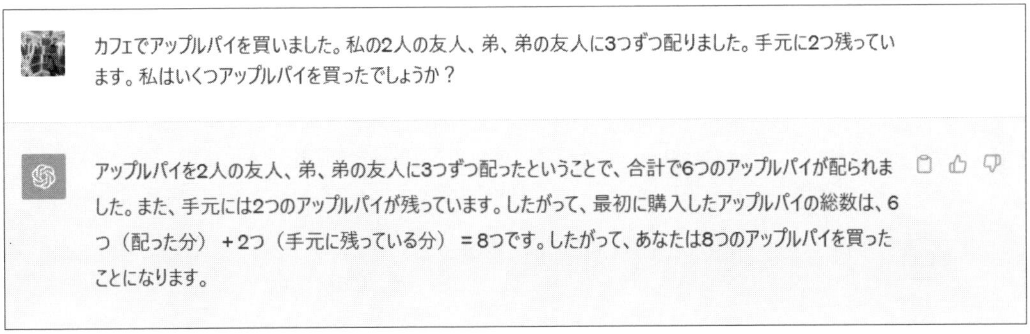

ここでモデルに段階的に推論させるため、「思考過程がわかるように段階的に記述しましょう。」

注2.1 実際にはここまで単純な数値計算では、そのまま指示を出してもChatGPTで正確な答えが返ってきますが、より複雑な計算問題になると正確な答えが返ってこないことがあります。また他のLLMでは、単純な数値計算でも正しい答えが返ってこないことがあります。

というプロンプトを先ほどのプロンプト末尾に追加します。そうするとまず、モデルはいきなり答えの数字を出すのではなく、問題の情報を整理をします。そのあとにアップルパイの購入個数を計算します。結果として購入したアップルパイの総数も正しく導き出せています（図2.9）。

- プロンプト例⑧

カフェでアップルパイを買いました。私の2人の友人、弟、弟の友人に3つずつ配りました。手元に2つ残っています。私はいくつアップルパイを買ったでしょうか？思考過程がわかるように段階的に記述しましょう。

図2.9　プロンプト例⑧の実行結果（CoTのアプローチを使用）※ChatGPT（GPT-3.5 Turbo）

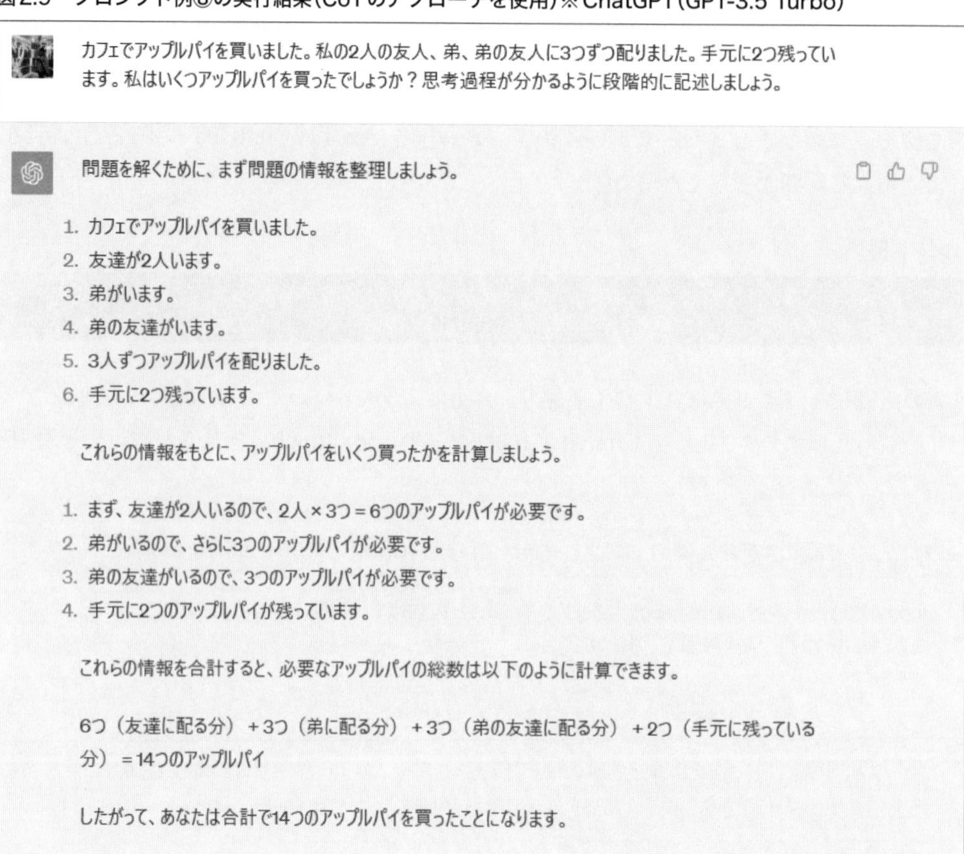

また、プロンプトエンジニアリングのテクニックの中で、CoTを用いる方法として、**自己整合性（Self-Consistency）**というアプローチも存在します。これは、1つの問題に対して複数の仮説やステップを経由させることで答えの精度を高める手法です。これにより、1つの文脈だけでなく、複数の観点から答えを導くことができ、その結果としてより確かな答えを得ることができます。

COLUMN

GPT-3.5 TurboとGPT-4の性能の違い

本文で紹介した、CoTを説明する際に出したアップルパイ購入数の例で、筆者がGPT-4を使わずにGPT-3.5 Turboモデルを使った例を示したのには理由があります。同じプロンプトでGPT-4に指示を出したところ、GPT-4ではCoTのアプローチを使わずとも正解を回答しました（**図2.10**）。

図2.10　プロンプト例⑦の実行結果（CoTのアプローチは使わず）※GPT-4

カフェでアップルパイを買いました。私の2人の友人、弟、弟の友人に3つずつ配りました。手元に2つ残っています。私はいくつアップルパイを買ったでしょうか？

手元に2つのアップルパイが残っているので、それを計算に加えましょう。

1. 2人の友人に3つずつ配ったので、2人 x 3個 = 6個
2. 弟に3つ配ったので、1人 x 3個 = 3個
3. 弟の友人に3つ配ったので、1人 x 3個 = 3個

合計で配ったアップルパイは 6 + 3 + 3 = 12個です。

手元に残っている2個を加えると、12個 + 2個 = 14個。

よって、最初に14個のアップルパイを買ったことになります。

GPT-4がこういった数値計算や推論の性能含め、幅広い分野でGPT-3.5 Turboよりも性能向上を果たしている結果だと考えられます。

2.4　その他のテクニック

プロンプトエンジニアに関するテクニックはさまざまなユーザーによって研究されており、ここまで紹介したほかにも存在します。すでに紹介したものと合わせて代表的なテクニックをまとめたので参考にしてください（**表2.1**）。

表2.1 プロンプトエンジニアリングにおいて気をつけるべき観点

観点	概要
入力の明確化	5W1Hや出力文字数の目安を指定し、あいまいさを排除する
ロールの付与	GPTに役割および熟練度を設定する
入力想定の教示	想定されるユーザーからの入力内容を教える
出力形式指定	得たい出力形式を指定する。また、その例を書く
質問回答例示	想定質問、およびその回答の例示を与える
段階的推論	結論を書かずに段階的に記載するように指示する
目的の記載	手段だけでなく達成したい最終目的を書く
知識・解法の提供	解決に必要な知識や論理展開の情報を与えたり、生成させたりする
記号活用	プログラムに使われる記号や記法を取り入れる（マークダウン記法など）
プログラミング活用	複雑だが順序の決まってる厳密な指示はプログラミング言語で記載する
構造化	構造化された形式で指示を書く（JSONやマークダウン記法など）
再帰的修正	一度出力した内容を、観点別にGPTに修正させる
英語化	英語で指示を書き日本語で答えさせる
重要情報の後置	重要な情報はプロンプトの最後のほうに記載する
直接表現の利用	否定語は使わず指示語を使うなど、婉曲表現を避ける
テンプレート活用	タスクに応じてテンプレートを用意しておく

必ずしもすべてが精度向上に寄与するものではありませんが、各観点に気をつけながらプロンプトを作ることで、GPT-4のような比較的高価なモデルを使わなくても、要件に対応可能になる場合があります。

また、AIの研究・教育に取り込むコミュニティであるDAIR.AIがさまざまなプロンプトエンジニアリングの考え方やテクニックを「Prompt Engineering Guide」として公開しています[注2.2]。本書の解説もこちらを参考にしています。プロンプトエンジニアリングの考え方、テクニックを学べる情報源はたくさんあり、こういった情報を活用することで、より開発者の意図に沿ったChatGPT/LLMアプリケーションが開発できるでしょう。

2.5 まとめ

本章では生成AIに望ましい出力をさせるための技法であるプロンプトエンジニアリングを紹介しました。たくさんあるテクニックの中でもとくに大事なものに絞って解説したので、ぜひ覚えてください。第3章ではこれらのテクニックをふまえてChatGPTモデルに指示を与え、AIアシスタントを作っていきます。

注2.2 "Prompt Engineering Guide" https://www.promptingguide.ai/jp

第3章 Azure OpenAI Service

ChatGPTモデル自体はOpenAI社が展開しているChatGPTサービスとしても利用ができますが、その汎用性の高さから、ChatGPTモデルを自社独自のサービスやシステムに組み込む需要が高まっています。Microsoftは、ChatGPTをはじめとしたOpenAIモデルの推論機能をAPI（Application Programming Interface）注3.1として提供する「Azure OpenAI Service」を展開しています。本章ではAzure OpenAI Serviceを、代表的なテキスト生成モデル（GPTモデル）とともに解説します。

3.1 Azure OpenAI Serviceとは

OpenAIとMicrosoftはパートナーシップを結んでおり、OpenAIが開発したAIモデルがMicrosoft製品に組み込まれて提供されています注3.2。**Azure OpenAI Service**（以降Azure OpenAI）は2022年10月からパブリックプレビューを開始し、2023年1月にはGAという、かなり早い段階からサービスを開始していたサービスです。OpenAI社がChatGPTのGUIサービスを開始したのが2022年の11月末なので、ChatGPTの登場以前からAzure OpenAIは提供されています。

当初はGPT-3モデルによるText Completion（入力テキストに続く文章を予測）の機能（API）のみが提供されていましたが、現在ではチャット型テキスト生成AIであるChatGPTモデルはもちろん、画像生成AIのDALL-E、音声認識・翻訳AIのWhisperなどのモデルも使えるようになっています注3.3。

3.1.1 OpenAI社のAPIサービスとAzure OpenAI Service

ChatGPTの機能が使えるAPIサービスはOpenAI社からも提供されています。両社が提供するAPIサービスは、API仕様が一部を除き同じ構成になっていたり、共通のPython SDKが使用できたり、主要なモデル利用に関しては価格が同一になっていたりするなど、相互の乗り換えが

注3.1 API（Application Programming Interface）はソフトウェアやサービス同士が互いに通信するためのインターフェースです。たとえば、あるアプリが天気情報を表示する場合、天気予報サービスなどが提供しているAPIを通じてデータを取得します。

注3.2 「マイクロソフトとOpenAIがパートナーシップを拡大」
https://news.microsoft.com/ja-jp/2023/01/25/230125-microsoftandopenaiextendpartnership/

注3.3 Azure OpenAIはGPTのほかにも音声認識AIであるWhisperや画像生成AIのDALL-Eのモデルを提供していますが、本書ではこの2つのモデルについては割愛し、テキスト生成関連のAIのみを解説しますのでご注意ください。

容易になっています。「ではOpenAI社のAPIとAzure OpenAIは何が違うの……？」という疑問が湧くかと思いますが、それぞれに特長があります。

Azure OpenAIのメリット

まずAzure OpenAIのメリットは、安定した稼働を見込め、本番用途やエンタープライズでの利用に適している点です。Microsoft Azure（以下Azure）のセキュリティ機能（Microsoft Entra IDによる認証など）や、プライベートネットワークとの統合（閉域化）、マルチリージョンでの利用などいわゆる非機能面が充実しており、さらにSLAの適用やサポート問い合わせが可能だったりと、より安定した運用を実現できます。

ChatGPTモデルを組み込んだアプリケーション開発では、Webアプリケーションを実行する環境やデータベース、文章検索ツールなどといった、パブリッククラウドの機能を組み合わせて構築をしていくことが一般的です。Azure OpenAIでは、単にAIがAPI経由で利用できるだけではなく、Azureが持つ幅広いサービスを組み合わせた開発が容易である点でもメリットがあります。

OpenAI APIのメリット

一方で、OpenAI社のAPIのメリットはモデルや新機能のリリースの早さです。OpenAI社のAPIサービスのほうが最新をいち早く利用できるのに対し、Azure OpenAIはAzureインフラ上で安定した提供環境を整えたあとに提供されます（これまでの実績だと、早ければ数週間〜数ヵ月程度の時間差でAzure OpenAIからも提供されています）。そのためいち早く最新モデルを利用したい場合はOpenAI社のAPIを使う必要があります。

このように、それぞれ特長を持った両サービスではありますが、実開発においては2つのAPIの仕様がほとんど同じで相互乗り換えが容易ですので、最新モデルの技術検証はOpenAI社のAPI、本番稼働はAzure OpenAIとするなど、用途に合わせて使い分けると良いでしょう。

Azure OpenAIの特長を**図3.1**、**表3.1**にまとめました。

図3.1 Azure OpenAIの概要

表3.1 Azure OpenAIの特長

項目	特長
価格	モデル利用価格はOpenAI社が公開しているAPIと同価格（2023年12月時点）注3.4
APIの共通性	OpenAIとAPI仕様の互換性があり、使われるライブラリなども共通のものがある注3.5
SLA	99.9%以上の稼働率を保証注3.6
サポート	Azureサポートプランでサポートプランが利用可能注3.7
セキュリティ	・Azureのセキュリティ基準に準拠、APIキーによる認証とMicrosoft Entra ID認証に対応（第9章で解説） ・Azureのプライベートネットワークによる保護が可能（第9章で解説） ・不正利用防止のためのコンテンツフィルタリング（第10章で解説）
監視	ログ・メトリック監視およびAzure Monitorと連携したアラート発行などが可能（第9章で解説）
開発ツール	ChatGPT用のプレイグラウンドなど、GUIでの挙動検証やパラメータ調整が可能

3.1.2 Azure OpenAIの全体像

Azure OpenAIをアプリケーションに組み込む際には、APIを通じてリクエストを送ることになります。Azure OpenAIのAIモデルを利用する前に、いくつかの設定ステップを完了させる必要があります。詳細な手順についてはのちほど解説しますが、ここではまず、基本用語とプロセ

注3.4 「Azure OpenAIの価格」 https://azure.microsoft.com/ja-jp/pricing/details/cognitive-services/openai-service/
注3.5 「OpenAI Python API library」 https://github.com/openai/openai-python
注3.6 「SLAに関する詳細」 https://www.microsoft.com/licensing/docs/view/Service-Level-Agreements-SLA-for-Online-Services?lang=1
注3.7 「Azureのサポートプラン」 https://azure.microsoft.com/ja-jp/support/plans

スの概要を図解を交えて確認しましょう（図3.2）。

図3.2 Azure OpenAIの概略図

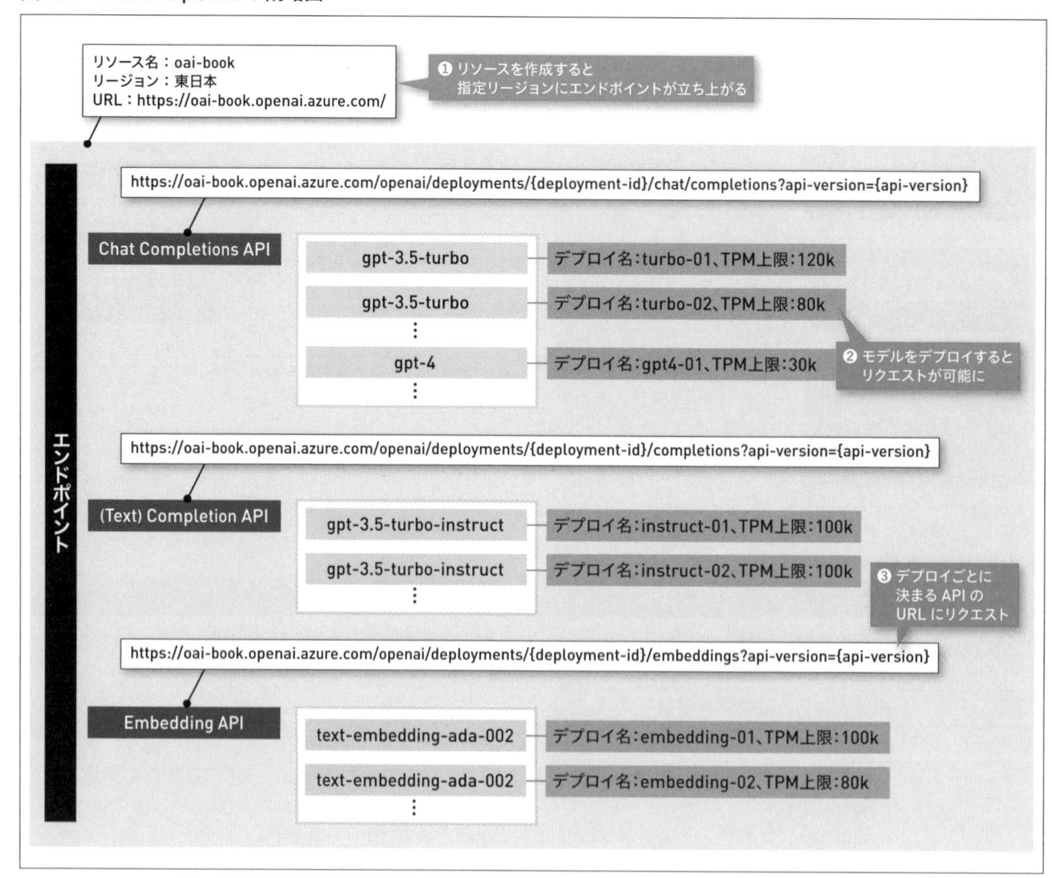

❶ リソースとエンドポイント

まずAzureの各サービスを使うには、Azure OpenAIに限らずどのサービスでも、リソース[注3.8]の作成が必要になります。リソースの作成が終わると、指定したリージョン[注3.9]にエンドポイントが立ち上がります。エンドポイントには「https://{リソース名}.openai.azure.com/」といったURLとAPIキーが付与されます。リソースとエンドポイントは一対一に対応しています。

注3.8 AzureのリソースはAzureで管理されるエンティティの単位です。たとえば、仮想マシン、ストレージアカウント、Webアプリ、データベース、可能ネットワークがそれぞれリソースとして作成・管理されます。
「Azureでのリソースアクセス管理」 https://learn.microsoft.com/azure/cloud-adoption-framework/get-started/how-azure-resource-manager-works

注3.9 Azureの計算リソースなどが配置されるデータセンターの場所。

❷ モデルのデプロイ

最終的には❶で立ち上がったエンドポイントのURLに対し、AIモデルへのテキスト生成などのリクエストを送ることになりますが、この時点ではまだリクエストを処理することはできません。Azure OpenAIにおいては、リソースの作成後にAIモデルをデプロイすることで初めて、リクエストの処理が可能になります。Azure OpenAIに特化したWebベースの開発環境であるAzure OpenAI Studioなどから、使用するモデルの種類とデプロイ名、モデルのバージョンを設定してデプロイします。1つのエンドポイントに複数のモデルをデプロイできるため、エンドポイントとモデルは一対多の関係になります。

❸ モデルの利用(リクエスト)

モデルのデプロイが実行されたら、❶で作成されたエンドポイントURLに対して、サーバへの要求(リクエスト)を行います。リクエストの際には❷のデプロイ名を指定するほか、APIとそのバージョンなどを指定する必要があります。

3.2 Azure OpenAIの始め方

前節ではAzure OpenAIを使う前に全体像について確認しました。本節から画面やコードを交え、実際にAzure OpenAIのリソースを作成し使ってみましょう。本書では、Azureのアカウントおよびサブスクリプションがすでに作成されていることを前提とします。アカウントをまだ持っていない人は参考リンク[注3.10]などからアカウントを作成するか、企業利用の場合にはAzureの管理をしているシステム管理部門などに問い合わせて作成を進めてください。Azure portalについて詳しく知りたい場合には公式ドキュメント[注3.11]を参照してください。

3.2.1 Azure OpenAI利用申請

Azure OpenAIはAzureの他の多くのサービスと異なり、リソース作成のための事前申請が必要になります。フォームの内容は頻繁に変更が入るので、本書で詳細な手続きについて触れることはしません。専用のフォーム[注3.12]から使用ユーザーの基本情報を入力したうえで申請します。Azure OpenAIは企業向けサービスとなっており、執筆時点では個人メールアドレスでの申請は承認されず、所属する企業名などを入力する必要がありますのでご注意ください。また、サブスクリプションIDの入力が必要ですので、事前にAzure portalの[サブスクリプション]から、Azure OpenAIのリソー

注3.10「Azureのアカウント作成」 https://azure.microsoft.com/pricing/purchase-options/pay-as-you-go
注3.11「Azure portalとは」 https://learn.microsoft.com/azure/azure-portal/azure-portal-overview
注3.12 "Request Access to Azure OpenAI Service" https://aka.ms/oaiapply

ス作成をアクティブにしたいサブスクリプションIDを取得しておきましょう(図3.3)。

図3.3 Azure portalにおけるサブスクリプションIDの確認画面

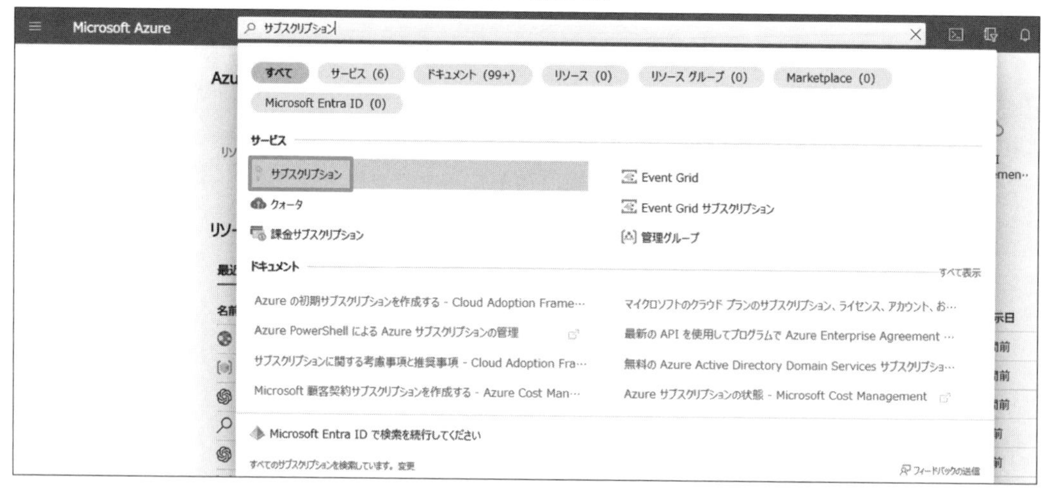

申請が終わると早ければ2、3日ほどで承認メールが届き、リソース作成が可能になります。もし長期に渡って承認が通らない場合には申請内容に不備がある可能性があるので、再申請するか、申請画面に記載のある問い合わせ先に確認しましょう。

3.2.2 リソース作成

さて準備が整ったところで、いよいよリソースを作成していきます。まず、ブラウザ上で「https://portal.azure.com/」と入力し、Azure portal画面へ進みます。

Azure portal画面の最上部に検索バーがありますので、「Azure OpenAI」と入力します。サービス欄にAzure OpenAIが表示されますのでクリックします(図3.4)。

図3.4 Azure portalで「Azure OpenAI」と検索

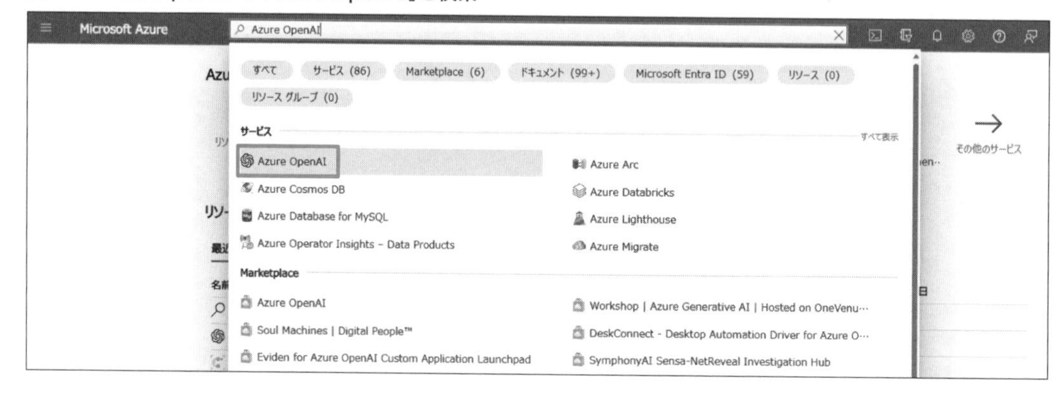

リソース管理画面に遷移したら、左上の作成ボタンをクリックします（**図3.5**）。

図3.5 新規リソース作成画面へ

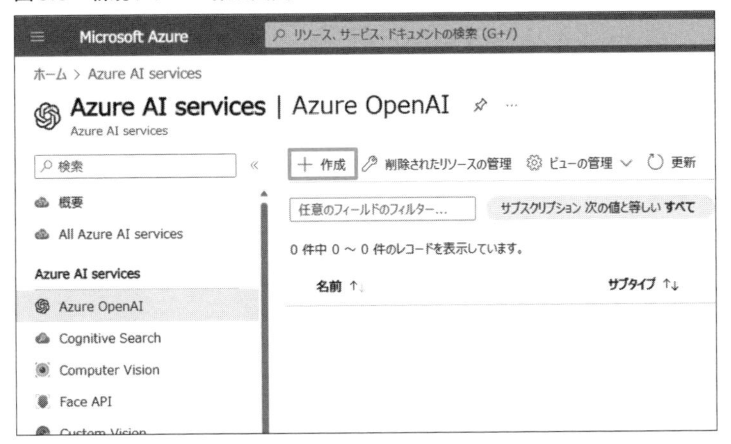

Azure OpenAIの作成画面に遷移しますので、各種の設定値を入力していきましょう（**表3.2**）。

表3.2 Azure OpenAIリソース作成時の設定項目

設定項目	概要
サブスクリプション	ご自身の作成済みのサブスクリプションを指定してください
リソースグループ	コスト管理や一括操作など、複数リソースを管理するためのグループ。Azure OpenAIだけを利用する場合にはとくに意識する必要はありません。［新規作成］をクリックし、リソースグループに付ける名前を入力しましょう（例では「rg-aoai-book」を入力しています）
リソース名	リソースに付ける名称注3.13を記載します。Azure OpenAIにおいてはここで指定した名称がそのままエンドポイントのURLにも使用されるので注意して指定しましょう。そのため、グローバルで一意の名称である必要があります。他のユーザーとリソース名の重複があるとリソースが作成できません
ネットワーク設定	エンドポイントに対するアクセス方法を設定します。Azure OpenAIはプライベートネットワーク内からの通信のみ許可する「プライベートエンドポイント」設定が可能です（詳細は第9章にて解説します）。ここではいったん［インターネットを含むすべてのネットワークがこのリソースにアクセスできます。］を選びます
タグ	リソースに対してタグを設定できます。今回はとくに設定しません

サブスクリプション、リソースグループ、リージョン、名前（リソース名）、価格レベルを指定し［次へ］をクリックします（**図3.6**）。

注3.13 Azureには各リソースに推奨される略称があります。命名時の参考になるのでチェックしておきましょう。
「Azureリソースの省略形の例」
https://learn.microsoft.com/azure/cloud-adoption-framework/ready/azure-best-practices/resource-abbreviations

図3.6 必要な項目を入力する

次はAzure OpenAIのネットワークセキュリティを設定します。[インターネットを含むすべてのネットワークがこのリソースにアクセスできます] のまま [次へ] をクリックします (図3.7)。

図3.7 ネットワークの設定

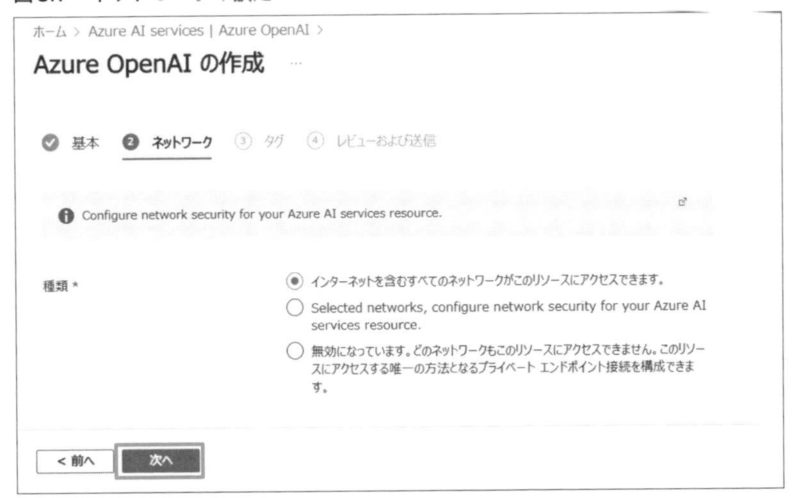

リソースにキーワードとなるタグを付けられます。タグは、複数のリソースを管理していく際にはリソースの検索やグループ化に便利な機能ですが、今回はとくに何も指定せず［次へ］をクリックします（**図3.8**）。

図3.8 タグの設定

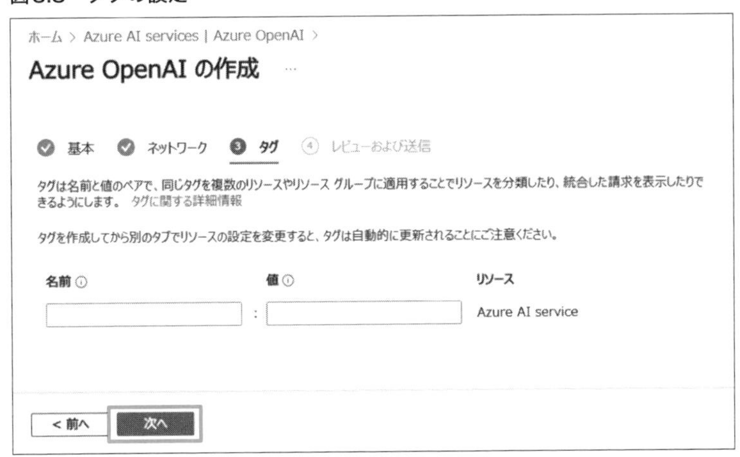

設定項目のレビュー画面が表示されます。とくに問題なければ［作成］ボタンを押します（**図3.9**）。

図3.9 設定内容のレビュー

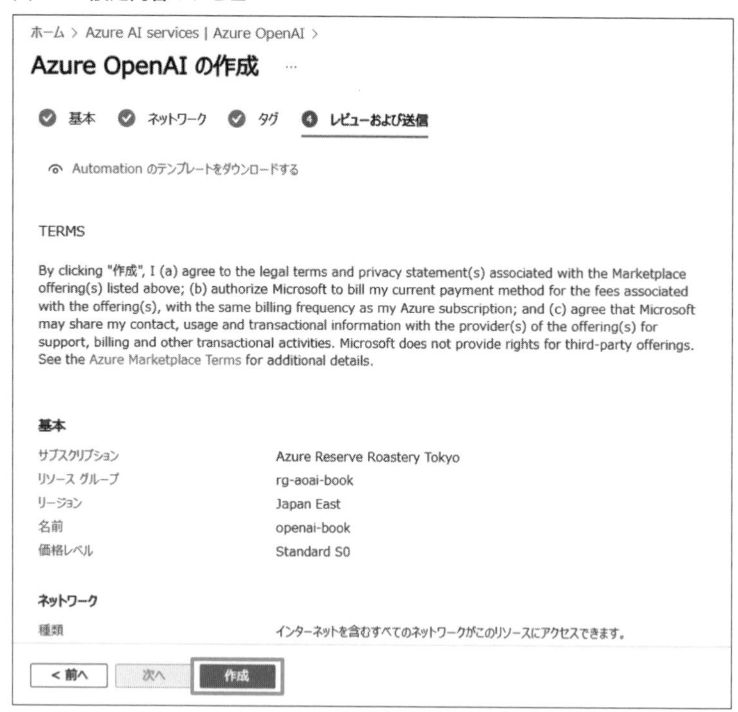

しばらくするとリソース作成(デプロイ)が完了します。[リソースに移動]をクリックすると作成を行ったリソース画面に移動します(図3.10)。

図3.10 リソース作成の完了

3.2.3　GPTモデルのデプロイ

○デプロイ手順

全体像の解説でも触れたように、Azure OpenAIでChatGPTのAPIを利用するには、リソースを準備するだけでなくモデルのデプロイという作業が必要です。モデルのデプロイを実行する手段はいくつかありますが、本書ではAzure OpenAI StudioというGUIを使って進めていきます。先ほど作成したリソースの管理画面から、[Azure OpenAI Studioに移動する]をクリックすると画面遷移します(**図3.11**)。

図3.11　リソース画面からAzure OpenAI Studioに移動する

こちらがAzure OpenAI Studioの画面です(**図3.12**)。ここでモデルデプロイの管理やチャットアプリの開発を行えます。まずはChatGPTモデルをデプロイして利用可能にするため[デプロイ]をクリックします。

図3.12　Azure OpenAI Studioのトップ画面。ここからモデルのデプロイ画面へ

まだ何もデプロイが存在しないため[新しいデプロイの作成]を選択してモデルのデプロイ画面に移動します(**図3.13**)。

図3.13　モデルデプロイの管理画面。ここから新しいデプロイの作成へ

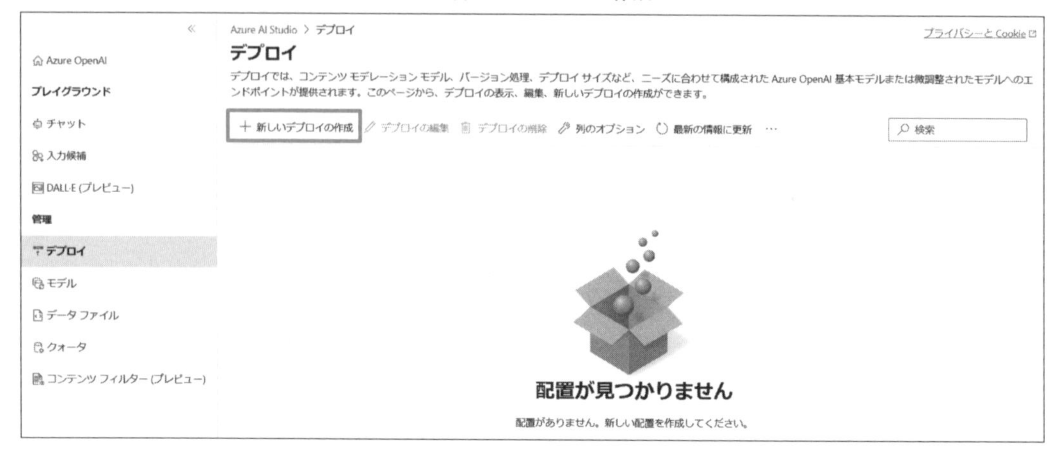

今回は会話に特化したAIモデルである「ChatGPTモデル」をデプロイしてみましょう。会話型のChatGPTモデルにはGPT-3.5 Turbo[注3.14]とGPT-4[注3.15]の2種類が存在します。それぞれ入力可能なトークン数などの仕様の違いによっていくつかのモデルが存在しています(後述の表3.3

注3.14　OpenAIから提供されているAPIではGPT-3.5-Turboモデルを利用する際は「gpt-3.5-turbo」と指定します、Azure OpenAIではピリオドを抜かして「gpt-35-turbo」と指定します。

注3.15　リージョンやタイミングによってはGPT-4が表示されていない場合があります。

で紹介)。今回はgpt-35-turboを選択します。モデル名、モデルバージョン、デプロイ名を指定したら、[作成] を選択します (**図3.14**)。

図3.14　モデルのデプロイ設定を行う

モデルのデプロイ

指定された基本モデルまたはカスタム モデルに対して API 呼び出しを行うデプロイを設定します。完了したデプロイを使用できます。配置が完了し、使用できる状態になると、デプロイの状態が成功に移行します。

モデルを選択してください
gpt-35-turbo
モデル バージョン
自動更新を既定に
デプロイ名
gpt-35-turbo
詳細設定オプション
作成　キャンセル

少し待ち、デプロイ画面に先ほど指定したデプロイ名が表示されれば成功です。これでAPIに対するリクエストが可能になりました。また、このデプロイ画面より、デプロイしたモデルの編集や削除が行えます (**図3.15**)。

図3.15　デプロイされたモデルを確認する

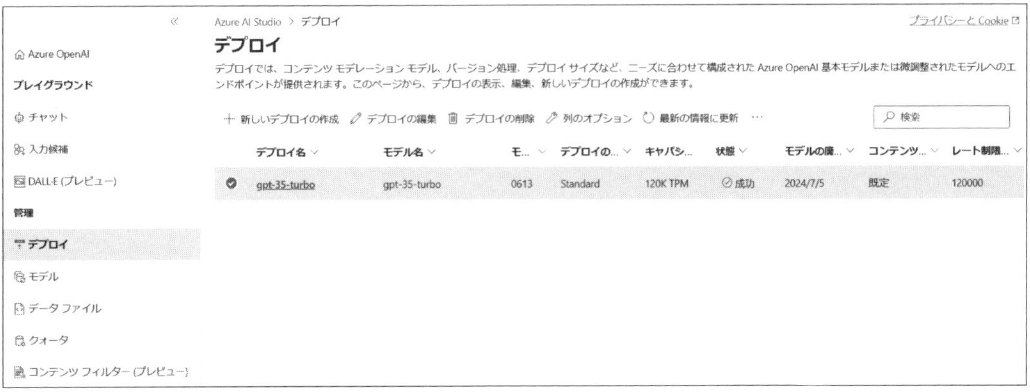

Azure OpenAI
プレイグラウンド
チャット
入力候補
DALL-E (プレビュー)
管理
デプロイ
モデル
データ ファイル
クォータ
コンテンツ フィルター (プレビュー)

Azure AI Studio > デプロイ　プライバシーと Cookie

デプロイ

デプロイでは、コンテンツ モデレーション モデル、バージョン処理、デプロイ サイズなど、ニーズに合わせて構成された Azure OpenAI 基本モデルまたは微調整されたモデルへのエンドポイントが提供されます。このページから、デプロイの表示、編集、新しいデプロイの作成ができます。

＋ 新しいデプロイの作成　デプロイの編集　デプロイの削除　列のオプション　最新の情報に更新　…　検索

デプロイ名	モデル名	モ…	デプロイの…	キャパシ…	状態	モデルの廃…	コンテンツ…	レート制限…
gpt-35-turbo	gpt-35-turbo	0613	Standard	120K TPM	成功	2024/7/5	既定	120000

○使用可能なモデル

今回はGPT-3.5 Turbo (gpt-35-turbo) のモデルをデプロイしましたが、Azure OpenAIで提供されるGPT系モデルにはさまざまな種類があります。また、それぞれのモデルにはバージョンがあり、定期的にアップデートされて精度などが向上したモデルが提供されていきます。とくに問題がなければ新しいバージョンを選択しましょう。モデルは入れ替わりが激しいため、最新のモデルやバージョンは公式ドキュメント[注3.16]で確認しておくことをおすすめします。

執筆時点で利用できるGPT系のモデルの一覧を**表3.3**にまとめました。それぞれのモデルの特長を理解し、後述する価格面も併せて検討し、開発サービスに応じたモデル選択をしてください[注3.17]。

表3.3 Azure OpenAIにおけるGPT系モデル一覧

モデル名	モデル分類	概要	許容トークン
gpt-35-turbo	ChatGPT	GPT-3.5を使った会話特化のAIモデル。安価で高速	version 0314および0613：4,096 version 1106：入力：16,385／出力：4,096
gpt-35-turbo-16k	ChatGPT	gpt-35-turboのトークン許容量拡張版。文書の参照など解釈対象のトークンが肥大化する場合に有効	16,384
gpt-4	ChatGPT	GPT-3.5（Turbo）よりもインプットの解釈性、回答精度ともに強化。ただしGPT-3.5（Turbo）よりも速度面で劣るため、リアルタイム処理要件のユースケースにおいては注意	version 0314および0613：8,192 version 1106：入力：128,000／出力：4,096
gpt-4-32k	ChatGPT	gpt-4のトークン許容量拡張版。文書の参照など、解釈対象のトークンが肥大化する場合に有効	32,768
gpt-35-turbo-instruct	InstructGPT	GPT-3.5を利用して文章の続きを予測するテキスト補完用のモデル。安価で高速。gpt-35-turboのような会話としての能力は低いが、いわゆる「しゃべり過ぎ」が抑制されており、指示どおりの出力に固定したい場合などに有効なモデル。他のChatモデルと違いCompletion APIへリクエストする必要があるので注意	4,097
text-embedding-ada-002	GPT Embedding	GPTを活用したEmbeddingモデル。入力を固定長のベクトルへ変換する。変換されたベクトル同士の類似度を計算することで文書同士がどれくらい似ているかを調べられる。マッチングなどに応用可能	8,191

3.3 チャットプレイグラウンドでChatGPTアプリを開発する

実際にAzure OpenAIをアプリやサービスに組み込む場合はAPIを利用する形になります。そのため、GUIは必ずしも必要ではないですが、Azure OpenAIにおいてはプロンプトや各種パラメータのテストのため、Azure OpenAI Studio内に**チャットプレイグラウンド**というWeb GUIベースの開発環境が用意されています。プログラミングコードを書いてモデルを利用するよりもはるかに簡単に挙動を確認できるので、まずはこちらから試してみましょう。

注3.16 「Azure OpenAI Serviceモデル」 https://learn.microsoft.com/azure/ai-services/openai/concepts/models

注3.17 GPTでは入出力の文章を扱う際に、単語や文字といった単位ではなく「トークン」と呼ばれる単位に分割して処理を行っています。詳細は3.4節をご参照ください。

Azure OpenAI Studioからチャットプレイグラウンドもしくは左のバーから［チャット］をクリックします。チャットプレイグラウンドが表示されます（**図3.16**）。画面には大きく分けて3つのセクション、［アシスタントのセットアップ］［チャットセッション］［構成］があります。

図3.16 チャットプレイグラウンドの画面

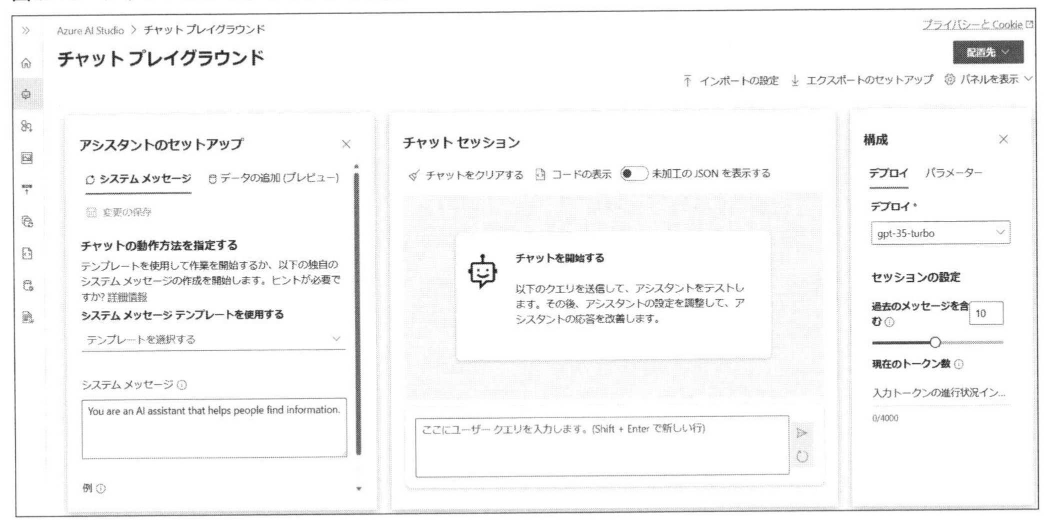

3.3.1 アシスタントのセットアップ

大きく分けて次の2つの設定が可能です。

◎システムメッセージ

［システムメッセージ］タブを選択するとGPTにどのような役割を持たせるかを指示するプロンプト（システムプロンプト）[注3.18]を設定できます（**図3.17**）。

注3.18 ユーザーがGPTに入力する指示（ユーザープロンプト）に対して、システム側でGPTに対して与えているプロンプト（システムメッセージと入出力の例）をとくに「メタプロンプト」と呼ぶこともあります。

図3.17 アシスタントのセットアップ画面

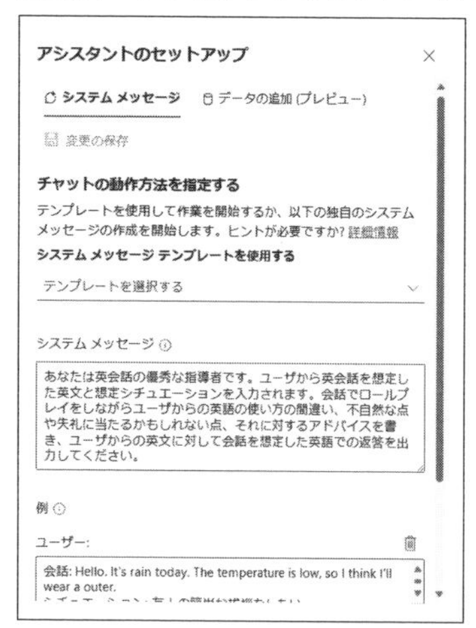

システムメッセージのテキストボックスには会話のルール、たとえば次のような内容を設定します。

- GPTへの役割の指示(例:あなたは英会話の優秀な指導者です。)
- 想定されるユーザー入力(例:ユーザーから英会話を想定した英文を入力されます。)
- 出力形式(例:ユーザーからの英文の不自然な点に対する指摘と、ユーザーからの英文に対して会話を想定した英語での返答を出力してください。)

[例]の欄にはシステムメッセージに書いたルールに則った、具体的なユーザーの入力と出力の例を書きます(図3.18)。

図3.18 入出力の例を与えられる(Few-shot Learning)

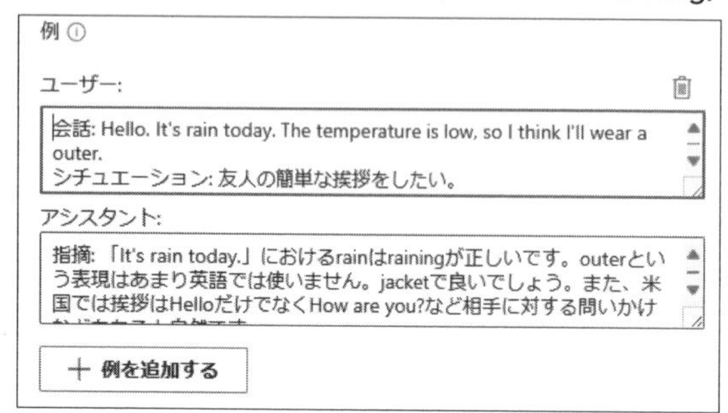

第2章でも触れたように、このような例示を大規模言語モデル(LLM)の文脈ではFew-shot Learning(Few-shotプロンプティング)と呼びます。これは想定どおりの回答をさせたい場合

に有効です。

例示はモデルのプロンプトの入力制限が許す限り追加していくことが可能です(現実的にはそこまで多量の例示をするケースは少ないです)。

◯データの追加

[データの追加]のタブを選択することで、GPTの回答をする前に独自のナレッジデータベースから必要な情報を検索し、それをもとにして回答を作成できる機能、Azure OpenAI on your data(以降on your data機能)[注3.19]が利用できます(図3.19)。こちらは、第2部で解説します。

図3.19 ユーザーのデータ(文章など)をもとに回答を生成できる

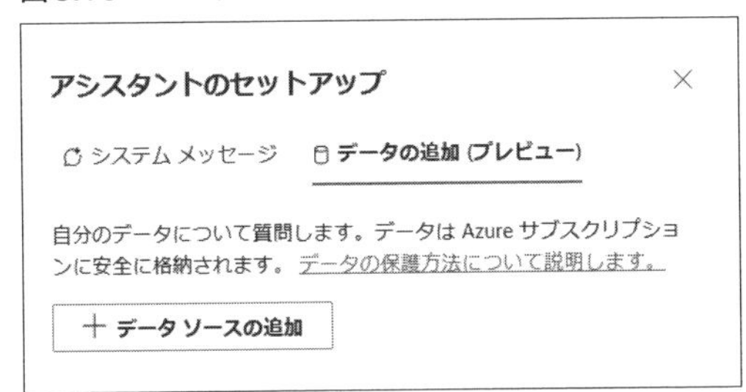

3.3.2 構成

GPTに設定するパラメータを設定します。とくにGPTの回答の創造性(出力のランダム性)をコントロールするTemperature(温度)がよく変更されます。1〜0までの値を指定でき、大きい値ほど採用されるトークンの多様性が増加され、創造的な文章になります。開発するサービスにおいて稼働するGPTがどのような役割になるかを意識し、テストしながら値を定めていくことが可能です(図3.20)。

注3.19 「独自データの利用」や「add your data」と表記される場合もあります。

図3.20 パラメータの設定画面

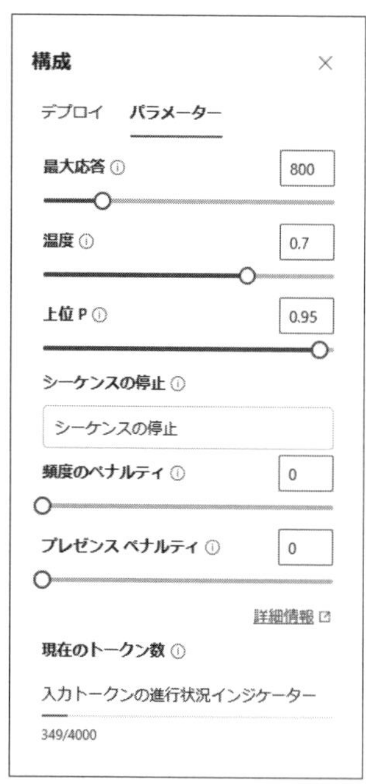

3.3.3 チャットセッション

［アシスタントのセットアップ］や［構成］での設定で実際にGPTに対してメッセージを送信し、返答を得ることができます。実際にリクエストを投げてみましょう。

表3.4はGPTに英会話講師をしてもらうつもりで簡易的に作った設定値です。

表3.4 テキスト生成テストの設定値

対象	設定値
システムメッセージ	あなたは英会話の優秀な指導者です。ユーザーから英会話を想定した英文と想定シチュエーションを入力されます。会話でロールプレイをしながらユーザーからの英語の使い方の間違い、不自然な点や失礼にあたるかもしれない点、それに対するアドバイスを書き、ユーザーからの英文に対して会話を想定した英語での返答を出力してください。
[例] - ユーザー	会話：Hello. It's rain today. The temperature is low, so I think I'll wear a outer. シチュエーション：友人の簡単な挨拶をしたい。
[例] - アシスタント	指摘：「It's rain today.」におけるrainはrainingが正しいです。outerという表現はあまり英語では使いません。jacketで良いでしょう。また、米国では挨拶はHelloだけでなくHow are you?など相手に対する問いかけなどもあると自然です。 会話への回答：Hi! Yes, it's raining today. That sounds like a good idea. It's always better to stay warm and dry in this kind of weather.
構成	使用するデプロイはgpt-35-turbo（デプロイ時に設定した名称を設定）。[Temperature]（日本語では「温度」と表記）を0.3、[top_p]（日本語では［上位p］と表記）を0.95で設定

［アシスタントのセットアップ］セクションの［変更の保存］を押し忘れないようにしましょう。設定が反映されません。この設定で、チャットに次のメッセージを送信してみます（**図3.21**）。

```
会話:Hi. Where are you from?

シチュエーション: 初対面の外国人との会話をしたい。
```

図3.21　チャットセッションにメッセージを入力して送信

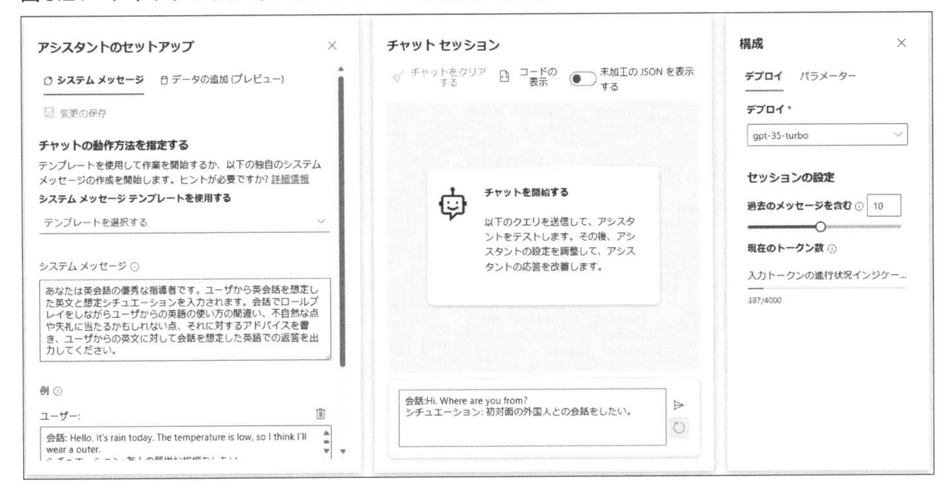

少し待つと回答が表示されます（**図3.22**）。

図3.22　ChatGPTモデルからの回答が表示される

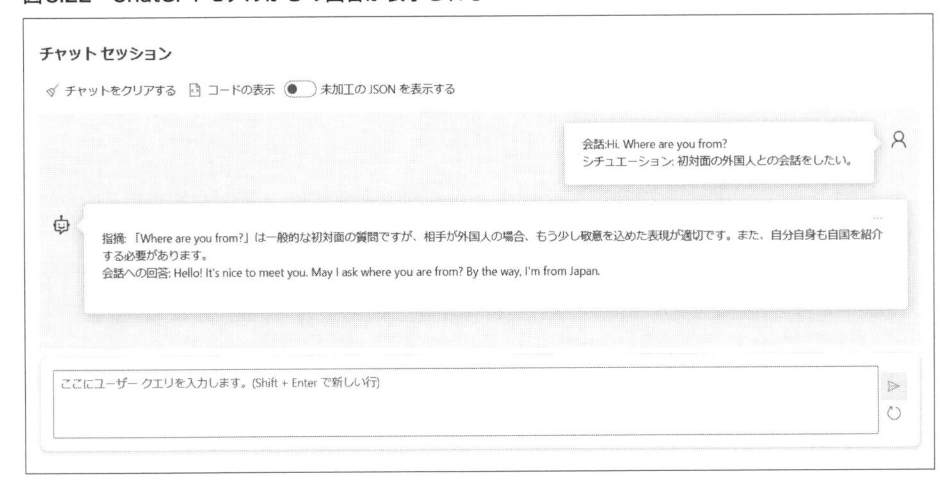

このように会話のトーンや創造性を調整しながら、開発するサービスに合わせたGPTの挙動を

作っていくことが可能です。

また、[チャットセッション]では[コードの表示]や[未加工のJSONを表示する]をクリックすることで実際にPython SDKを使ってリクエストを投げる場合のサンプルコードやリクエストのJSONを確認できます(図3.23)。

図3.23　設定を行ったプロンプトとパラメータをアプリケーションに組み込むためのサンプルコードが表示される

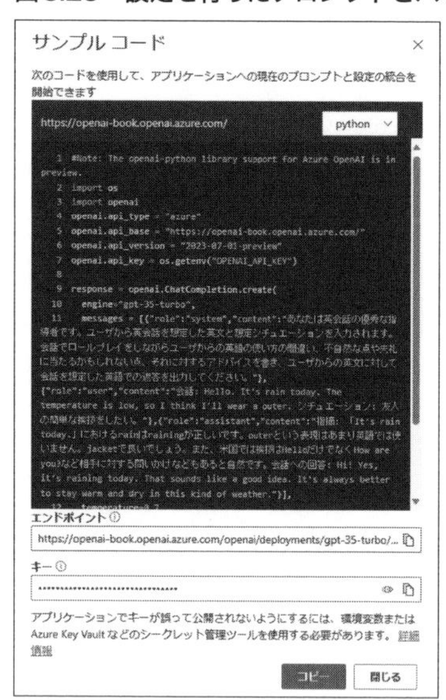

プログラミング言語を使ってAzure OpenAIをアプリに組み込んで利用する方法については第2部以降で解説するので、ここでは画面上で試した内容を即座にコードに落としてシステムへの組み込みに活用できると覚えていただければ大丈夫です。

COLUMN

チャットプレイグラウンドはどこで動作する？

チャットプレイグラウンドはローカルで動作し、APIへのリクエストを補助してくれるツールです。勘違いされやすいのですが、MicrosoftにあるWebサーバなどにプレイグラウンドのアプリが配置されているのではなく、実態としては使用しているマシンのブラウザ上で動作します。そのため、リクエストを投げる際にもローカル環境とAzure OpenAIのエンドポイントが通信できる環境にないと、プレイグラウンドでのテキスト生成リクエストは使えないので注意してください。

3.3.4 チャットアプリケーションのデプロイ

システムメッセージとパラメータの設定を行ったチャットアシスタントは、Webアプリとしてそのまま公開することが可能です。プレイグラウンド右上の［配置先］をクリックして［新しいWebアプリ ...］選択すると、WebアプリケーションをホストするためのPaaSであるAzure App Serviceへのデプロイが可能です（**図3.24**）。

図3.24　画面右上の［配置先］(Deploy to)をクリックする

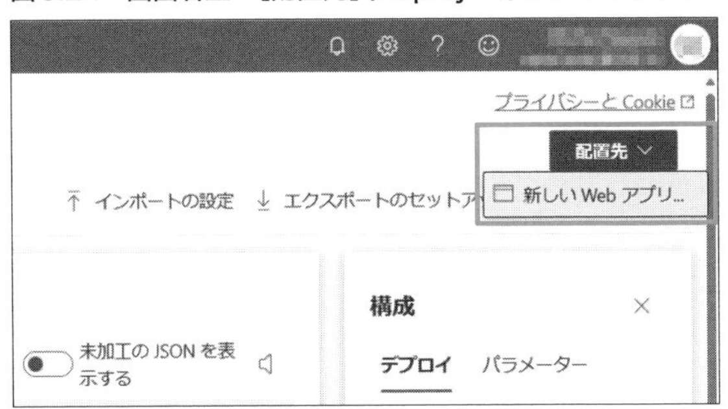

Webアプリのリソースを作成するための情報を入力し、［デプロイ］ボタンを押すことで、Webアプリが公開されます。［Webアプリでチャット履歴を有効にする］オプションを有効化してデプロイすると、AzureのアプリケーションデータベースであるAzure Cosmos DBにチャット履歴を保存するよう構成された形でデプロイされます（**図3.25**）。

図3.25　Azure App Serviceのデプロイ先を設定し、Webアプリとしてデプロイする

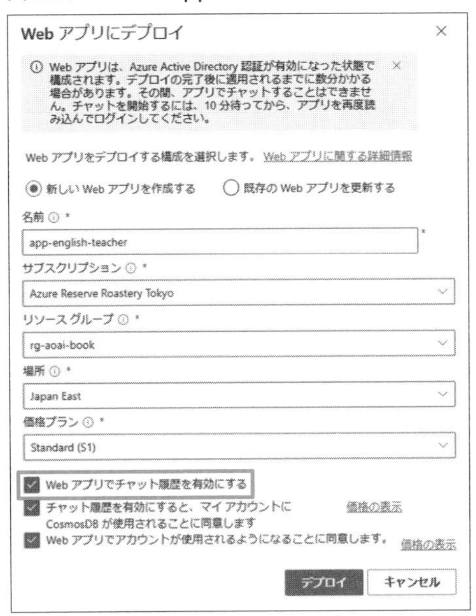

しばらく待つとデプロイが完了し、画面上で通知されます。デプロイが完了するとプレイグラウンド画面にも［配置先］の右に［Webアプリを起動する］というメニューが表示され、クリックするとデプロイされたWebアプリが起動します注3.20（**図3.26**）。

図3.26　デプロイされたWebアプリを起動する

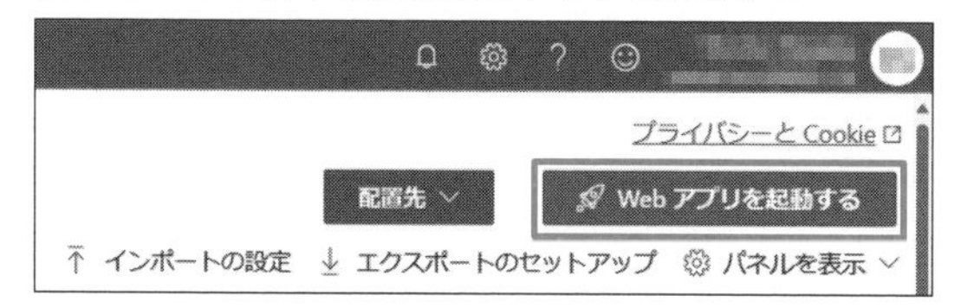

初回の起動時に、アクセス許可を求める画面が出る場合があります。［承諾］を選択します（**図3.27**）。

図3.27　アクセス許可を与える

このWebアプリはMicrosoft Entra ID認証機能付きでデプロイされているため、認証画面が表示されます。ご自身のアカウントでサインインを行います。無事にサインインが完了したら、Webアプリ画面が開きます。ここで今回作成した英会話講師として振る舞うAIアシスタントとチャットを行えます（**図3.28**）。

注3.20　図3.25で指定したWebアプリ名をもとに生成されたURLから直接アクセスできます。本章の例だと「https://app-english-teacher.azurewebsites.net」になります。

図3.28 デプロイされたAIアシスタントアプリの起動画面

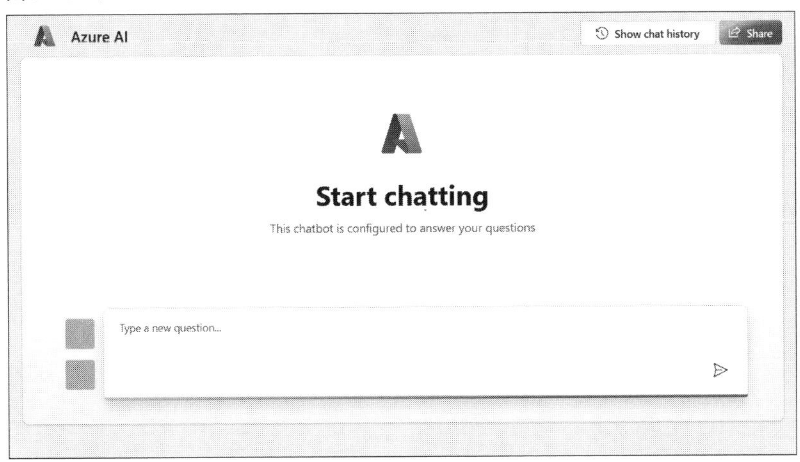

また、本章では簡単にしか紹介しなかったon your data機能で、社内の文章をデータソースとして検索する設定を行った場合も、そのまま社内文章検索アシスタントとしてデプロイできます。

今回はChatGPTモデルにシステムメッセージ（プロンプト）を通して英会話講師としての役割を与えました。実際に組織でChatGPTを活用する際は、特定の機能を持つAIチャットとして振る舞うWebアプリを簡単に構築して展開できます。なお、メタプロンプトやパラメータの設定は、Webアプリとしてデプロイを行ったあとは実際にアプリを利用するユーザーには隠蔽され、変更できません。

高度な専門性を要するLLMアプリの開発においては、個々のユーザーで機能を一から開発するのはたいへんな作業になるので、このようなGUIを使った開発は大きな助けになります。機能拡張もどんどん進んでいる機能なので、今後のアップデートにも期待しましょう。

COLUMN

プレイグラウンドからデプロイされたWebアプリのソースコード

チャットプレイグラウンドからデプロイされたWebアプリの元となったソースコードはGitHubリポジトリ[注3.a]で公開されています。ここでどのようなソースコードになっているか確認できます。必要に応じてコードを修正し、追加の機能を持ったWebアプリとしてデプロイすることもできます。

注3.a Microsoft公式のサンプルチャットアプリのリポジトリ
"[Preview] Sample Chat App with AOAI" https://github.com/microsoft/sample-app-aoai-chatGPT.git

3.4 考慮するポイント

3.4.1 コストの考え方

Azure OpenAIは基本、トークン課金という料金形態となります[注3.21]。入出力の文章を**トークン**という単位に分割し、その際のトークンカウントに応じて課金が発生します。

トークンの分割方法や出現頻度は言語ごとに異なるので、厳密に1文字でどれくらいのトークン数になるかは決められません。ただ、いくつかの文章をトークン化したときの平均を計算した場合、日本語では1文字が1.1トークン程度という結果が出ているので、1つの参考値として覚えておくと良いでしょう[注3.22]。厳密なトークンカウントを取りたい場合には、OpenAI社が提供している`tiktoken`というライブラリ[注3.23]を使うことで算出が可能です。

APIにおいて、リクエストでインプットとして処理したトークンと、生成されたトークンの両方に対して課金が発生します。また、第6章で扱うFunction calling機能を使った場合は関数の定義テキスト、on your data機能を使った場合には検索結果として使われたテキストもトークン課金の対象になります。

たとえば執筆時点で、`gpt-35-turbo`（トークンコンテキスト4Kモデル）はインプットとなるプロンプトには1,000トークンごとに$0.0015、出力テキストは1,000トークンごとに$0.002の課金が発生します。つまり、1回のリクエストでプロンプト1,000トークン、出力テキスト1,000トークンが処理された場合、コストは$0.0015+$0.002=$0.0035ということになります。

3.4.2 リクエスト制限

一般的に、クラウドサービスにおいてはリソースを作成したら無制限にAPIコールができるわけではなく、サービスごとに使用制限（クォータ）が決まっています。Azure OpenAIも例外ではなく、公式ドキュメント[注3.24]には詳しくクォータの上限値が記載されています。

運用上、最も気をつけるべきは**1分あたりの処理トークン制限（TPM：Token-Per-Minute）**です。TPMは1つのサブスクリプションで、各リソースにリージョンごとの総TPM値が決められており、モデルデプロイ時にこのTPMをどれくらい割り当てるかを設定できます（**図3.29**）。

注3.21 利用トークン量に基づく従量課金のほかに、モデル処理容量を予約購入する課金方法（プロビジョンドスループット機能）もあります。

注3.22 OpenAIモデルに対して日本語文章の平均トークン数を計算した結果が紹介されているブログ記事です。
「OpenAI 言語モデルで日本語を扱う際のトークン数推定指標」 https://zenn.dev/microsoft/articles/dcf32f3516f013

注3.23 "tiktoken" https://github.com/openai/tiktoken

注3.24「Azure OpenAI Serviceのクォータと制限」 https://learn.microsoft.com/azure/ai-services/openai/quotas-limits

図3.29　TPMの割り当て

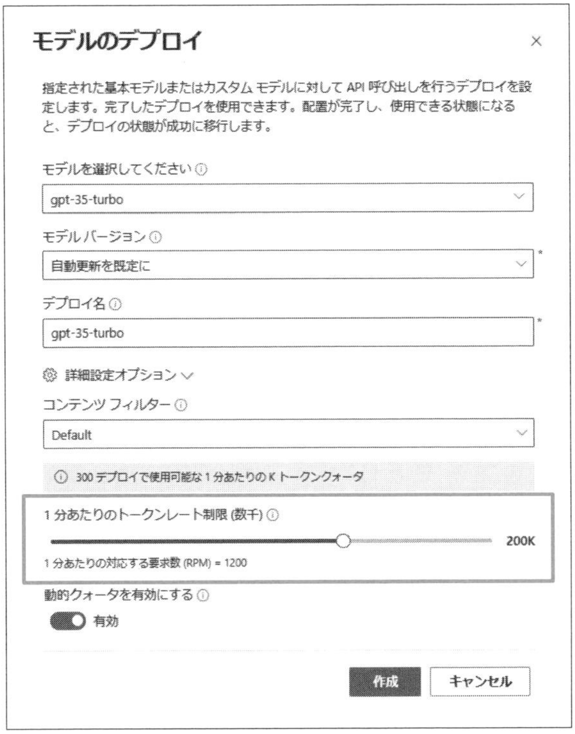

たとえば、執筆時点で東日本リージョンだと1つのリソースごとに、`gpt-35-turbo`は300K TPM、`gpt-4`は40K TPMといったように総TPMの値が決まっています。`gpt-35-turbo`で考えた場合、1つのデプロイに300K TPMを丸々割り当てることも可能ですし、3つのデプロイに100K TPMずつ割り当てることも可能です。

また、TPMは**1分あたりのリクエスト数制限（RPM：Request-Per-Minute）**とも連動しており、1K TPMあたり6RPMが設定されます。たとえば、あるデプロイに300K TPMを割り当てた場合、RPMは1,800、つまり1分間にリクエストが可能な上限は1,800回ということになります。

TPM、RPMが上限を超えてしまう場合にはAzure OpenAI Studioからクォータ制限の緩和申請が可能です（**図3.30**）。

図3.30　クォータ上限緩和申請

昨今のGPUの供給不足により上限が緩和されるには基準が厳しく、なかなか申請が承認されないことがあります。しかし、リージョン間でのリクエストを分散することで、実質的なTPM上限緩和が可能です。本書でも第9章で解説しますが、アプリ側で負荷分散を行う実装をしても良いですし、AzureにおいてはAPI管理プラットフォームであるAzure API Managementを簡易的な負荷分散に利用するか、Azure Application GatewayやAzure Front Doorなどの負荷分散サービスを利用すると良いでしょう（**図3.31**）[注3.25]。

注3.25「Azure OpenAI Serviceへの負荷分散」
https://logico-jp.io/2023/06/08/request-load-balancing-for-azure-openai-service/

図3.31　1分あたりのトークン制限と複数リージョンでのリクエスト分散を行うイメージ

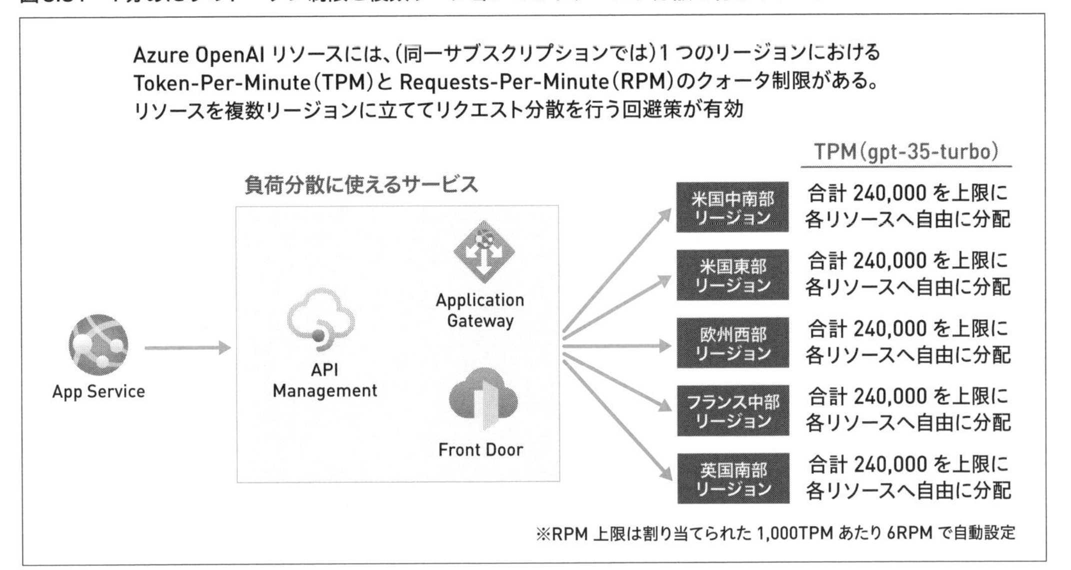

リージョン間で負荷分散を構成することはTPM制限の回避だけでなく、リージョン障害に対する可用性の確保にも有効です。

3.5　まとめ

本章ではChatGPTモデルをシステムに組み込んでいく際に根幹となるAzure OpenAI Serviceについて解説しました。実際にシステムの開発を行う際にはREST APIやCLI/SDK経由で利用することになるかもしれませんが、スタジオ機能で手軽にOpenAIモデルを試し、Webアプリへのデプロイまで行えるので、ぜひ触ってみてください。

第 2 部

RAGによる 社内文章検索の実装

- 「RAG」の概念理解から実際の社内文章検索アプリの展開まで体験
- Azure AI Searchを中心に、社内文章検索アプリのキーとなるAzureサービスの紹介や実際のアーキテクチャについて解説
- 検索精度や回答生成精度の改善アプローチについて紹介

第4章 RAGの概要と設計

これまでの章ではMicrosoft AzureでのChatGPTの機能について解説してきました。しかし、ChatGPT単体では、ChatGPTが知らない情報について答えることができません。本章では、外部から情報を取得して回答を生成するRetrieval-Augmented Generationという概念に焦点を当て、そのシステムを構成する各要素について解説します。

4.1 ChatGPTの問題点と解決手法

ChatGPTはインターネット上の多数のドキュメントをもとに学習していますが、2021年9月までの情報しか取り込んでいません[注4.1]。したがって、それ以降の情報や、インターネットに掲載されていない情報には回答できません。たとえば、ChatGPTに「2023年のWBCの優勝国はどこですか？」と質問しても、「2023年のWBCの優勝国はまだわかりません。」という旨の回答が返されます（図4.1）。

図4.1 Azure OpenAI Studioの画面（gpt-3.5-turboモデル）

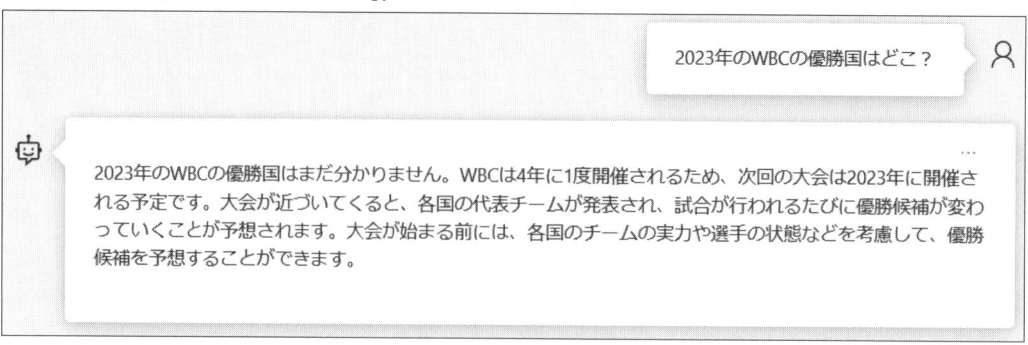

これは、ChatGPTが2021年9月以降の情報を持っていないため、正確に回答できない、または誤った情報を回答してしまうことを意味します。また、企業の公開されていない社内情報などについても正しく回答できません。

このように、ChatGPT単体では未知の情報について応答することはできませんが、外部の情報

注4.1 本書執筆中の2023年11月に、OpenAIよりGPT-3.5 TurboおよびGPT-4 Turboモデルのバージョン1106が発表されています。バージョン1106では2023年4月までの情報を取り込んでいます。

を検索する仕組みを組み込み、その検索結果をプロンプトに取り込んで回答を生成することで、未知の情報についても応答できるようになります。

このような仕組みを有している例として、Bing Chat (Copilot)[注4.2]があります。Bing Chatに「2023年のWBCの優勝国はどこですか？」と質問すると、「2023年のワールド・ベースボール・クラシック（WBC）の優勝国は、日本です」と答えてくれます（**図4.2**）。

図4.2 Bing Chatの画面

Bing Chatは入力された質問に対し、Bingのインターネット検索機能を使用して答えが記述されているドキュメントを検索します。そのあと、GPTを利用してその検索結果を要約し、回答を生成します（**図4.3**）。

図4.3 Retrieval-Augmented Generationのアーキテクチャ例

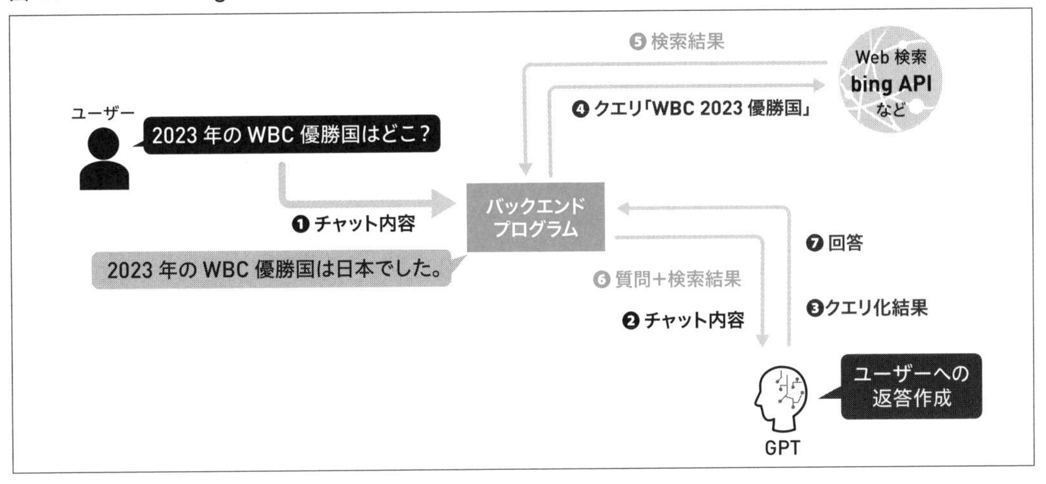

注4.2 2023年11月にBing ChatはCopilotへの名称変更が発表されています。

このように、大規模言語モデル（LLM）が知らない情報を外部の検索システムで検索し、その検索結果を情報源として回答を生成する手法は、一般的に**Retrieval-Augmented Generation（RAG）**として知られており[注4.3]、大規模言語モデルを活用したシステム開発では重要な概念です。また、大規模言語モデルに外部情報を連携することは**グラウンディング**と呼ばれています。

4.2 Retrieval-Augmented Generationとは

ここからはRAGの主要な概念について詳しく見ていきます。RAGを活用することで、大規模言語モデルが知らない情報について回答を生成できますが、この手法にはおもに2つの利点があります。1つめは、モデルが最新かつ信頼性の高い情報にアクセスできること。2つめは、ユーザーがモデルの参照情報源を認識でき、生成結果の正確さを確認・検証できることです。これにより、モデルからの回答や生成内容が信頼性を持つものとなり、ハルシネーション（幻覚）への対策としても有効です。

それではRAGのアーキテクチャとその要素について見ていきましょう（図4.4）。

図4.4　Retrieval-Augmented Generationのアーキテクチャ

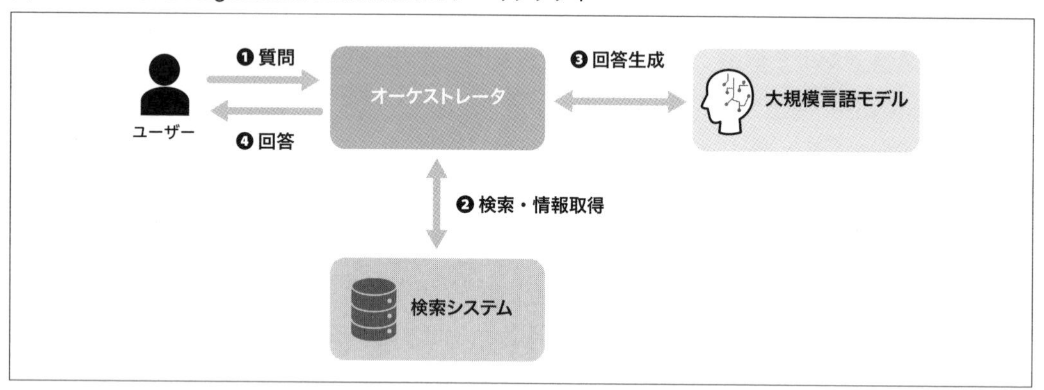

ユーザーの質問を受けて関連するドキュメントを検索したり、大規模言語モデルに回答作成の指示を与えたりするモジュールは**オーケストレータ**と呼ばれます。RAG全体の処理やプロンプトを定義し、検索システムや大規模言語モデルとの仲介になるため、重要な要素となります。

大規模言語モデルに知識を与えるためのシステムを**検索システム**と定義します。検索システムではユーザーの質問に対して、関連するドキュメントを正確に返すことが重要です。Bingのようなインターネット検索エンジンを使う場合もあれば、**Azure AI Search**（旧称：Azure

注4.3　"Retrieval-Augmented Generation for Knowledge-Intensive NLP Tasks"　https://arxiv.org/abs/2005.11401

Cognitive Search）を使って社内文章の検索システムを構築する場合もあります。

プロンプトに対して回答を生成する処理は**大規模言語モデル**で行います。大規模言語モデルでは与えられたプロンプトの意味を理解し、短い時間で正確な回答を出力することが重要です。

RAGのこれらの要素はAzureでどのように実装すれば良いのでしょうか？　本章で使用するAzureのサービスは下記のとおりです。

- 検索システム
  - Azure AI Search
- オーケストレータ
  - Azure OpenAI on your data
  - Azure Machine Learningプロンプトフロー
  - フルスクラッチ（自前で実装）
- 大規模言語モデル
  - Azure OpenAI API

本章ではこれらの要素技術の概念を解説します。なお、次章ではサンプルリポジトリを使ったRAGアプリケーションの実装とRAGの精度改善について解説していきます。

4.3 検索システム

検索システムは、GoogleやBingなどのインターネット検索エンジンから社内のドキュメント検索まで多岐にわたります。ユーザーが必要とする情報がデータベース内にある場合、それも検索システムとして考えることができます（図4.5）。

図4.5　検索システムのパターン

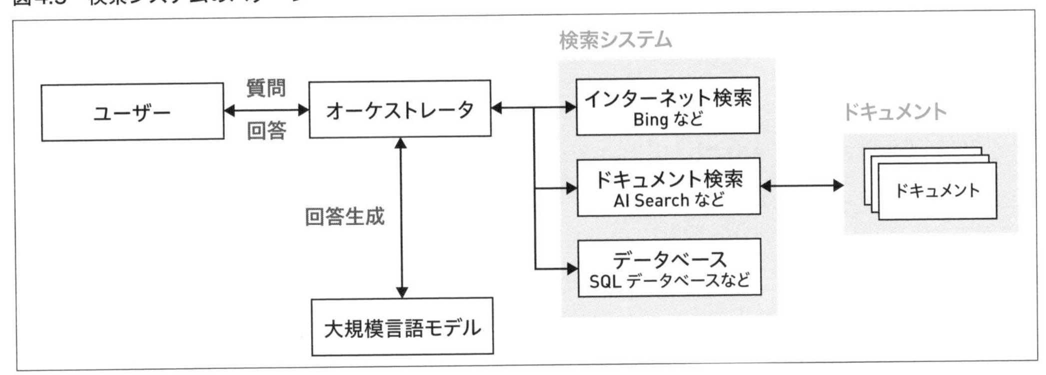

これらの検索システムは目的やユースケースに応じて適切に選択する必要があります。たとえ

ば、世の中の最新の情報を回答させたい場合はBingのようなインターネット検索エンジンを利用します。企業や組織の内部で使われているドキュメントについて回答させたい場合は、専用のドキュメント検索システムの構築が求められます。また、顧客情報について何か回答させたい場合は、検索システムを一から構築するのではなく、既存の顧客データベースと連携させるほうが効率的な場合もあります（**表4.1**）。

表4.1　検索システムの種類

種類	内容
インターネット検索	インターネット全体の情報からユーザーの検索クエリに関連する情報を提供する。Webページの内容を定期的にクロールし、情報を更新している
ドキュメント検索	企業や組織の内部情報を検索対象とし、文書やデータの中から関連する情報を高速に取り出せる。とくにビジネスの文書管理や情報検索に適している
データベース検索	構造化データを中心に、特定のクエリでデータを取り出すことが目的。たとえば、顧客情報や商品データを効率良く検索、抽出するのに役立つ

ただし、RAGにおいて検索システムを選定・構築するうえで気をつけるべき点が2点あります。

- **ドキュメントの文字数**
  ユーザーが検索システムで情報を取得し、回答を生成する際、検索したドキュメントの文字数が大き過ぎる場合、大規模言語モデルのトークン量の制限に引っかかりエラーとなる。そのような場合、ドキュメントを事前に複数のチャンクに分割しておくなどの対策が必要となる
- **文の意味に基づいた検索**
  RAGの場合、ユーザーの質問はキーワードではなく文章である。文章の意味を考慮して関連するドキュメントを検索するためには、ベクトル検索という手法が有効であり、この検索方法は4.4.2で解説する

次節からは、ドキュメント検索に焦点を当て、Azureで高精度な検索システムを構築できるAzure AI Searchに関して解説していきます。

4.4 Azure AI Search

Azure AI Search（旧称：Azure Cognitive Search）は、高度な全文検索が可能なPaaS（Platform as a Service）型サービスです。

検索システムがない場合、ドキュメントの全文を調べ、関連する単語を探さなければならないため、検索が非効率的です。Azure AI Searchではドキュメントの内容を事前に**インデックス**として登録しておき、検索時はインデックスからドキュメントを引き当てることができるため、高速に検索を

行うことが可能です（**図4.6**）。

図4.6 検索システムの役割

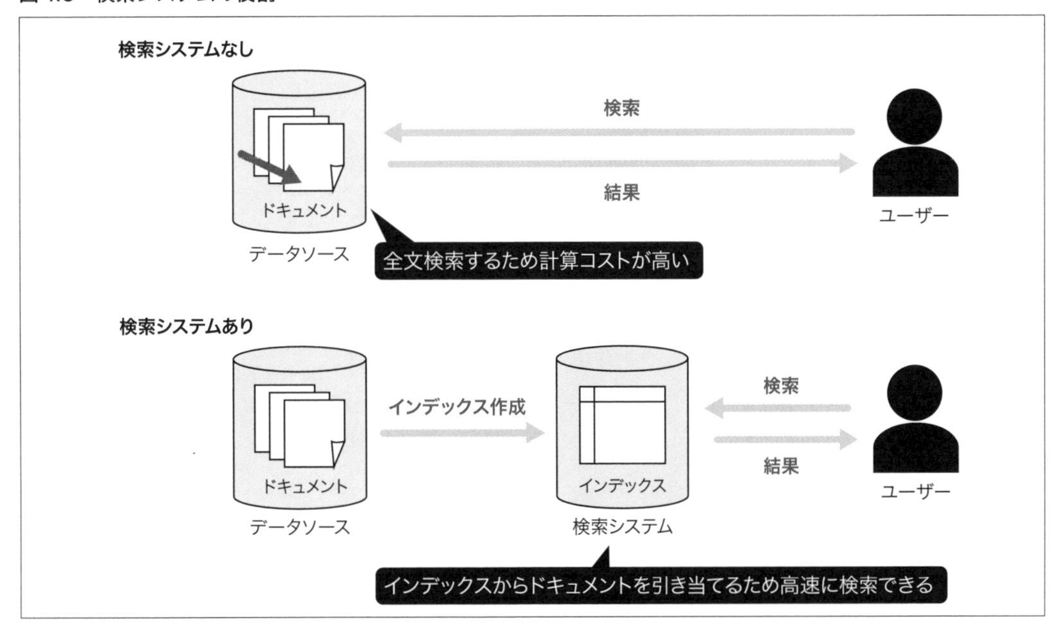

Azure AI Searchの処理フローは大きく2つのステップに分かれています（**図4.7**）。

(1) インデックス作成
　PDFやデータベースなどの情報源からデータを読み取り、検索用のインデックスを作成する

(2) ドキュメント検索
　作成されたインデックスを使用して全文検索やベクトルベースの検索を行い、関連する情報を返す

図4.7 Azure AI Search全体の処理フロー

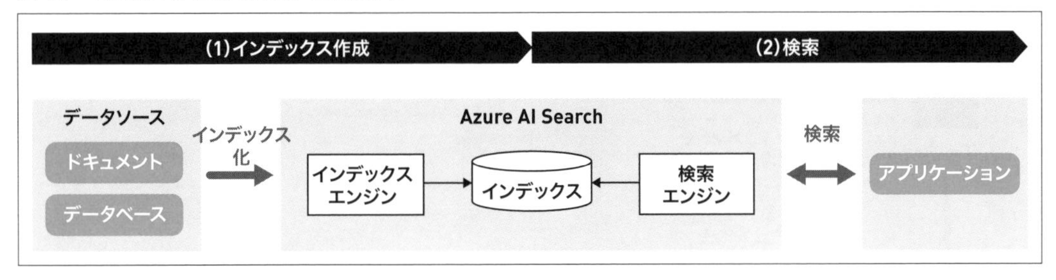

Azure AI Searchを使用する主なメリットは次のとおりです。

- 多様なデータソースとフォーマットの対応
  PDFやテーブルデータ、JSONなど多種多様なデータフォーマットに対応しており、Azure Blob StorageやAzure Cosmos DBなどさまざまなデータソースにも対応
- スケーラビリティ
  インデックスのパーティション数やレプリカ数を調整し、負荷に応じて柔軟にスケールアウト可能
- 豊富な検索機能
  フルテキスト検索に加え、Bingの検索エンジンで使用されるAI搭載のセマンティック検索やベクトル検索にも対応

4.4.1 インデックス作成

Azure AI Searchにおけるインデックス作成の流れと方法を説明します。インデックスを作成するにはおもに2つの方法があります。インデクサーを利用する方法とAPIを利用する方法です(**図4.8**)。

- インデクサーの利用
  Azure Blob StorageなどのAzure AI Searchが対応しているデータソースを指定する。インデクサーは定期的にデータソースをスキャンし、インデックスを更新する(Pull型のアプローチ)。削除や差分更新にも対応している。PDFをテキストに変換する処理なども内部で自動的に実行される
- APIの利用
  インデックスのレコードの内容を直接APIリクエストのボディとして送信し、インデックスを作成する(Push型のアプローチ)。ドキュメントからテキストを抽出する処理はユーザー側で行う必要はあるが、Pull型に比べてリアルタイムなインデックスの更新が可能となる

図4.8 インデックスの作成方法

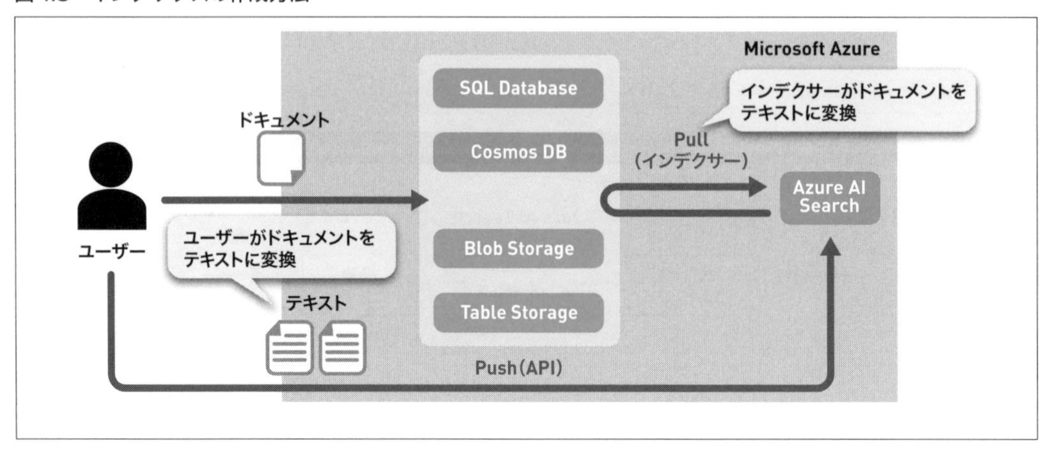

それでは、インデクサーを利用したインデックスの作成の流れについて詳しく見ていきましょう。

インデックス作成の流れ

まず、インデクサーはデータソースに対して定期的にスキャン実行し、データソースに差分がないか確認します。次に、データソースに配置されたデータがPDFなどの非構造データの場合、ドキュメント解析を行い、テキストに変換します。また、キーワード抽出やベクトル化などの処理をスキルセットとして定義しておくことで、テキストに対して何かしらの処理を実行し、処理結果をインデックスとして登録することが可能です。インデックスライターは、アナライザーを使ってドキュメントのテキストを単語に分割し、インデックスとして登録します（図4.9）。

図4.9　インデックスの作成フロー

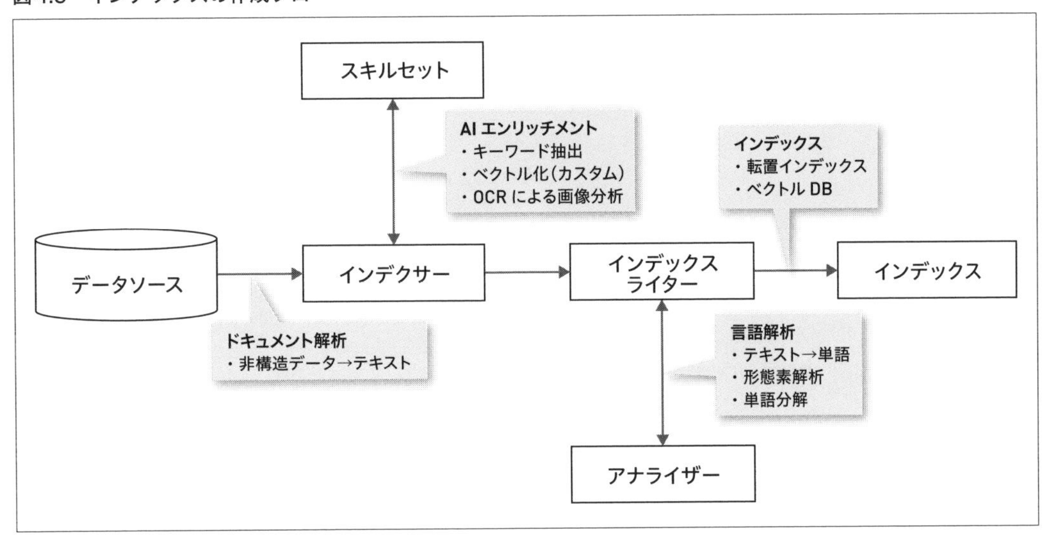

データソース

インデクサーが対応している主なデータソースは次のとおりです[注4.4]。

- Azure Blob Storage
- Azure Data Lake Storage Gen2
- Azure Cosmos DB
- Azure SQL Database
- Azure Table Storage

注4.4　「サポートされるデータソース」
https://learn.microsoft.com/ja-jp/azure/search/search-indexer-overview#supported-data-sources

- Azure SQL Managed Instance
- Azure Virtual MachinesにおけるSQL Server

PDFなどの非構造データはAzure Blob StorageやAzure Data Lake Storage Gen2へ保存し、インデックス化することができます。また、Azure SQL DatabaseやAzure Cosmos DBといったデータベースのサービスにも幅広く対応しています。データベースのインデックスを作成する利点は、データベース本体への負荷が減らせること、Azure AI Searchの豊富な検索機能が利用できることです。

◯データフォーマット

Azure Blob StorageやAzure Data Lake Storage Gen2のインデクサーが対応しているドキュメントのフォーマットは次のとおりです[注4.5]。

- CSV
- JSON
- HTML
- Microsoft Office
  - Word (DOCX/DOC/DOCM)
  - Excel (XLSX/XLS/XLSM)
  - PowerPoint (PPTX/PPT/PPTM)
- PDF
- プレーンテキスト

基本的には、1ドキュメントに対して1レコードのインデックスが作成されます。CSV[注4.6]とJSON[注4.7]に関しては、各行や項目が1レコードとして登録されます。

◯スキルセット

インデクサーによって取得されたテキストに対し、スキルセットを活用することでキーフレーズ抽出などさまざまな処理を行うことが可能です。これらのAI技術を使って新しいフィールド

注4.5 「サポートされるドキュメントの形式」 https://learn.microsoft.com/ja-jp/azure/search/search-howto-indexing-azure-blob-storage#supported-document-formats

注4.6 「区切りテキスト解析モードを使用してCSV BLOBおよびファイルにインデックスを作成する」 https://learn.microsoft.com/ja-jp/azure/search/search-howto-index-csv-blobs

注4.7 「Azure AI SearchでJSON BLOBとファイルのインデックスを作成する」 https://learn.microsoft.com/ja-jp/azure/search/search-howto-index-json-blobs

を定義することで、検索性を向上させることができます。組込みで使える主なスキルセットは**表4.2**のとおりです[注4.8]。

表4.2 主な組込みスキル一覧

スキル名	説明
カスタムエンティティの参照	ユーザーが定義した単語を検索・抽出
キーフレーズ抽出	語句の配置、言語規則、他の語句との近さに基づいて、重要なフレーズを検出
エンティティの認識（v3）	人名や地名、組織などのエンティティを検出
PII（個人情報）検出	人の名前や電話番号、住所などの個人情報を抽出し、マスクされたテキストを返却
テキスト分割	コンテンツを徐々に強化、または拡張できるようにテキストをページに分割
テキスト翻訳	テキストをさまざまな言語に翻訳
画像分析	画像検出アルゴリズムを使用して画像の内容を識別し、テキストの説明を生成

スキルセットで処理された情報は、インデックスライターによりインデックスに保存されます。

○アナライザー

検索対象のフィールドは、アナライザーによってテキストから単語に分解されてからインデックスに保存されます（**図4.10**）。

図4.10 アナライザーの処理

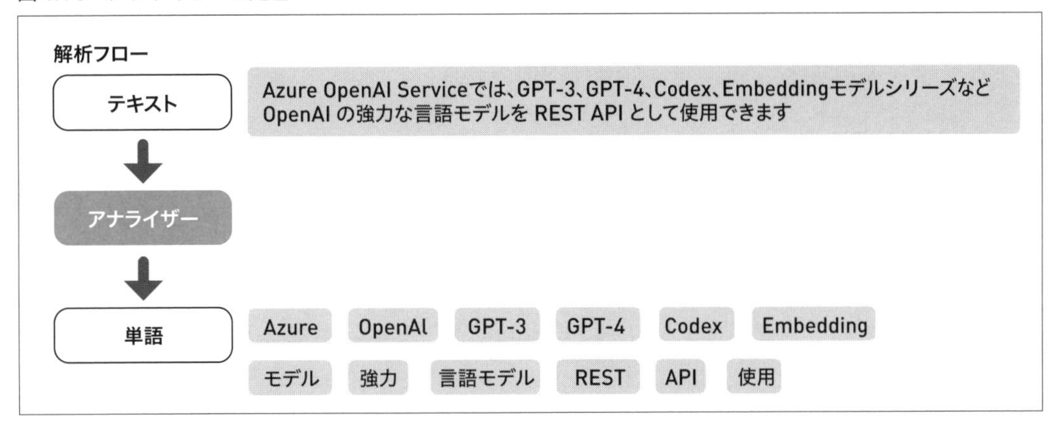

アナライザーはインデックス作成時に利用されるだけでなく、クエリ実行時にも利用されます。また、アナライザーは単なる単語の分割だけでなく、次のような処理も担います。

注4.8 「インデックス付け中に追加処理を行うスキル（Azure AI Search）」
https://learn.microsoft.com/ja-jp/azure/search/cognitive-search-predefined-skills

- 不要な単語（ストップワード）や句読点の削除
- フレーズやハイフン付きの単語を個々の要素に分解
- 大文字の単語を小文字に変換
- 単語をその基本形に簡略化し、異なる時制でも一致を容易にする

アナライザーは言語ごとにローカライズされているため、ドキュメントの言語に合わせて選択することが重要です。たとえば、日本語ドキュメントにはja.luceneまたはja.microsoftのアナライザーを選択して設定してください。

◯インデックスのスキーマ

インデックスにどのようなデータが格納されるかを見てみましょう。**リスト4.1**ではインデックスのレコードには、ファイル名、ドキュメントの内容、ベクトル値などが登録されています。

リスト4.1　インデックスのレコードの一例

```
{
    "id": "1",
    "filename": "Azure OpenAI Service とは.pdf",    } ファイル名
    "title": "Azure OpenAI Service とは",
    "length": 537,
    "text": "Azure OpenAI Service では、GPT-3、GPT-4、    ┐
             Codex、Embeddingモデルシリーズなど          │ データの中身
             OpenAIの強力な言語モデルをREST API          │
             として使用できます",                        ┘
    "embedding": [                                     ┐
    -0.001309769,                                      │
    -0.02933054,                                       │
    -0.006315172,                                      │ ベクトル値
    -0.005642611,                                      │
    …                                                  │
    ]                                                  ┘
}
```

インデックス内では、各フィールドにデータ型と属性をスキーマとして持たせます。たとえば、フィールドを検索の対象に含めたい場合、［検索可能］の属性を選択します。検索結果でフィールドの情報を含めたい場合は［取得可能］の属性を選択します（**図4.11**）。

図4.11 インデックスのスキーマ(Azure portal上のインデックス・フィールド確認画面)

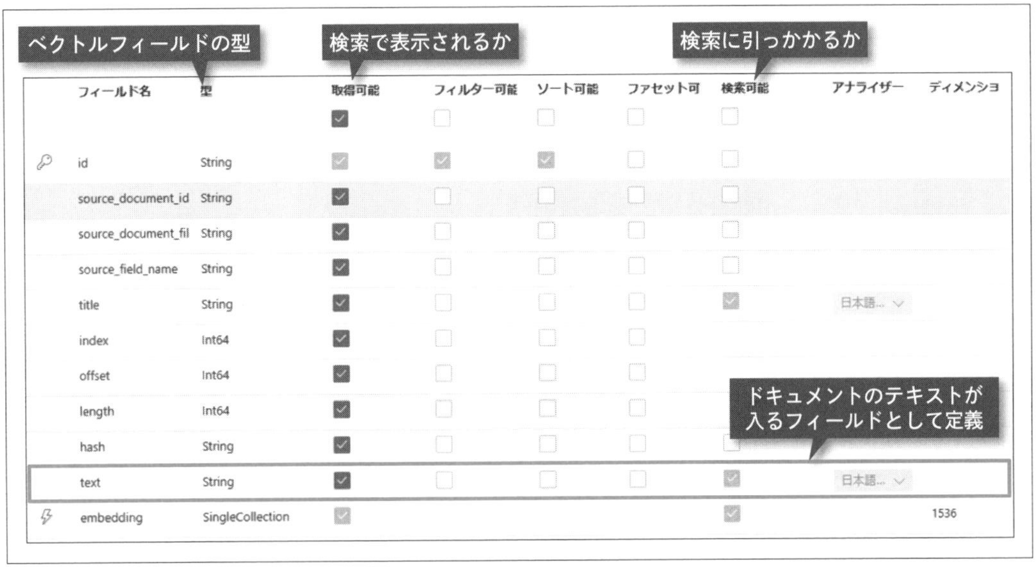

ベクトルフィールドの型
検索で表示されるか
検索に引っかかるか
ドキュメントのテキストが入るフィールドとして定義

	フィールド名	型	取得可能	フィルター可能	ソート可能	ファセット可	検索可能	アナライザー	ディメンショ
			☑	☐	☐	☐	☐		
	id	String	☑	☑	☑	☐	☐		
	source_document_id	String	☑	☐	☐	☐	☐		
	source_document_fil	String	☑	☐	☐	☐	☐		
	source_field_name	String	☑	☐	☐	☐	☐		
	title	String	☑	☐	☐	☐	☑	日本語...	
	index	Int64	☑	☐	☐	☐			
	offset	Int64	☑	☐	☐	☐			
	length	Int64	☑	☐	☐	☐			
	hash	String	☑	☐	☐	☐	☐		
	text	String	☑	☐	☐	☐	☑	日本語...	
	embedding	SingleCollection	☑				☑		1536

フィールドの属性には**表4.3**のものがあります。詳細は公式サイト[注4.9]でご確認ください。

表4.3 フィールドの属性

データ型	説明
キー(key)	インデックス内のドキュメントの一意識別子
検索可能 (searchable)	フルテキスト検索可能
フィルター可能 (filterable)	フィルタークエリで利用可能
並べ替え可能 (sortable)	デフォルトでは結果スコアで並べ替えるが、フィールドに基づいて並べ替えが可能
ファセット可能 (facetable)	カテゴリ別のヒット数として検索結果に含めることが可能
取得可能 (retrievable)	検索結果に含めるかどうか

サポートされる主なデータ型は**表4.4**のとおりです。詳細は公式サイト[注4.10]でご確認ください。

注4.9 「フィールド属性」 https://learn.microsoft.com/ja-jp/azure/search/search-what-is-an-index#field-attributes

注4.10 「サポートされているデータ型 (Azure AI Search)」 https://learn.microsoft.com/ja-jp/rest/api/searchservice/Supported-data-types#edm-data-types-used-in-azure-cognitive-search-indexes-and-documents

表4.4 サポートされる主なデータ型

データ型	説明
Edm.String	テキストデータ
Edm.Boolean	trueまたはfalse
Edm.Int32	32ビット整数値
Edm.Int64	64ビット整数値
Edm.Double	倍精度IEEE 754浮動小数点値
Edm.ComplexType	JSONなどの構造化階層データ
Collection (Edm.Single)	ベクトルフィールドで使用される単精度IEEE 754浮動小数点値のリスト

○チャンク分割

RAGの仕組みの中で検索システムを構築する際は、モデルのトークン量の制限を考慮して、インデックスを作成する必要があります。ドキュメントのサイズが大きい場合は、チャンクに分割してインデックスを作成する必要があります。たとえば、トークン量の制限が約4,000文字のモデルを使用し、検索結果上位3件をプロンプトに埋め込みたい場合は、逆算するとチャンク分割のサイズを1,000文字程度にしておくと良いでしょう（**図4.12**）。

図4.12 チャンク分割

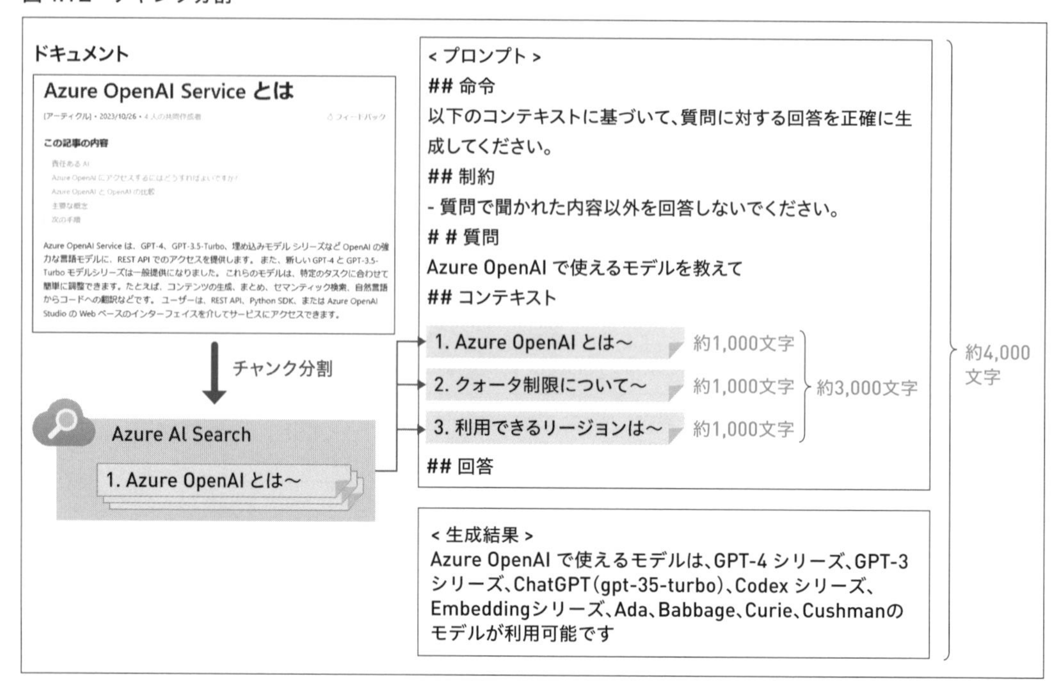

また、Azure AI Searchでは、検索性を向上させるための手法として、ベクトル検索に対応しています（4.4.2項で解説）。ベクトル検索を利用するためには、事前にドキュメントのベクトル値を計算し、インデックスとして登録しておく必要があります。

Azure AI Searchでは、チャンク分割とベクトル化のスキルセットが2023年12月時点でプレビュー版として利用可能です。Azure portalのAzure AI Searchから「データのインポートとベクター化」をクリックすることで簡単にチャンク分割とベクトル化に対応したインデックスを作成することが可能です（図4.13）。

図4.13　データのインポートとベクター化

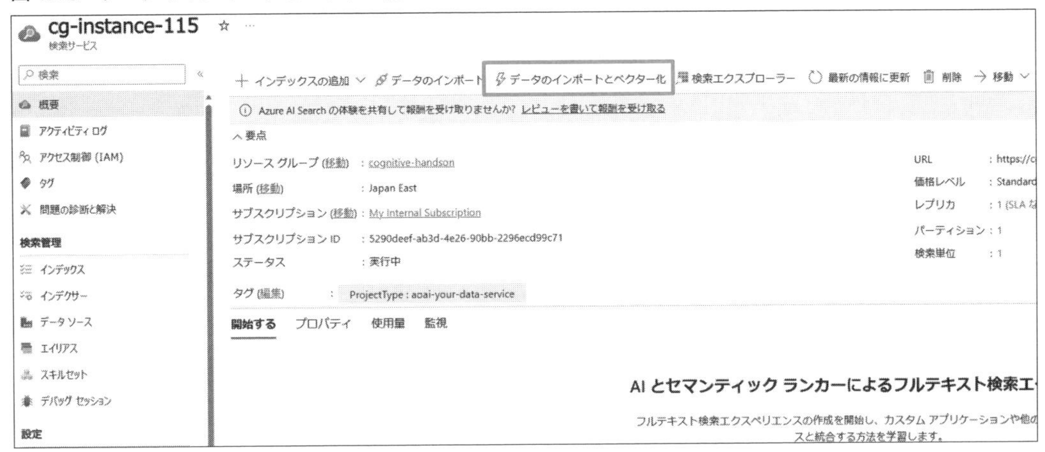

4.4.2 ドキュメント検索

Azure AI Searchはさまざまな検索手法をサポートしています。具体的にはフルテキスト検索、ベクトル検索、およびセマンティック検索を提供しています。

○フルテキスト検索

フルテキスト検索とは、文章（フルテキスト）で検索できる機能です。たとえば、インターネットではキーワード検索が使われることが多いですが、フルテキスト検索は文章で検索することができます。内部では文章を単語に分解し、インデックスに登録されたドキュメント内での頻出度を考慮して検索を実行します（図4.14）。

図4.14 フルテキスト検索の仕組み

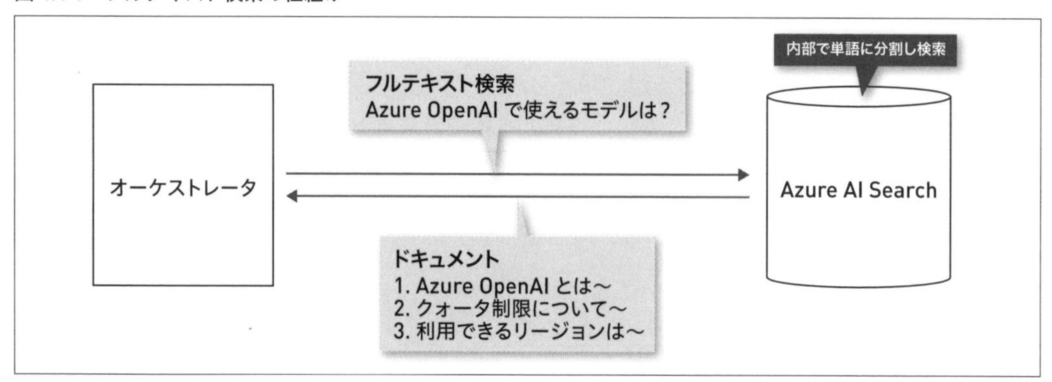

検索の流れは以下のとおりです(図4.15)。

(1) ユーザーがクエリを発行すると、クエリパーサーがクエリを解析し、検索文を抜き出す
(2) アナライザーが検索文を単語に分解
(3) 検索を実行し、検索スコアに基づいて結果をソート

図4.15 フルテキスト検索の処理フロー

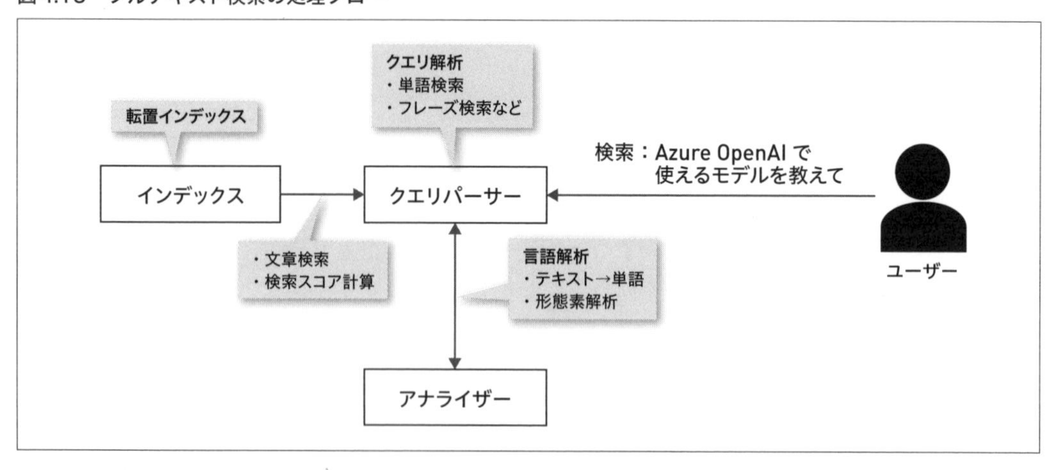

検索スコアの導出には「BM25」というアルゴリズムが使用されています。BM25では、ドキュメント内でその単語がどれだけ頻出しているか(単語の頻出度)とその単語がほかのドキュメントに出現していないか(逆文書頻度)が考慮された形でスコアが算出されます[注4.11]。

注4.11「フルテキスト検索(BM25)の関連性スコアリング」
https://learn.microsoft.com/ja-jp/azure/search/index-similarity-and-scoring

ベクトル検索

フルテキスト検索は単語の出現頻度や独自性を考慮した検索方法ですが、単語の完全一致をベースとしているため、単語の表現の違いや文章の全体的な意味を理解することは難しいです。この問題に対しては、文章をベクトル値に変換する（ベクトル空間に埋め込む）手法であるEmbeddingを活用したベクトル検索が有効です。

Embeddingモデルによって変換されたベクトル値（Embeddingsと呼ばれる）には、単語や文章の意味が含まれています。ベクトル間の類似度計算を行うことで、意味の近い文章を検索できます。ベクトル間の類似度計算にはコサイン類似度が一般的に使われます（図4.16）。

▼図4.16　コサイン類似度

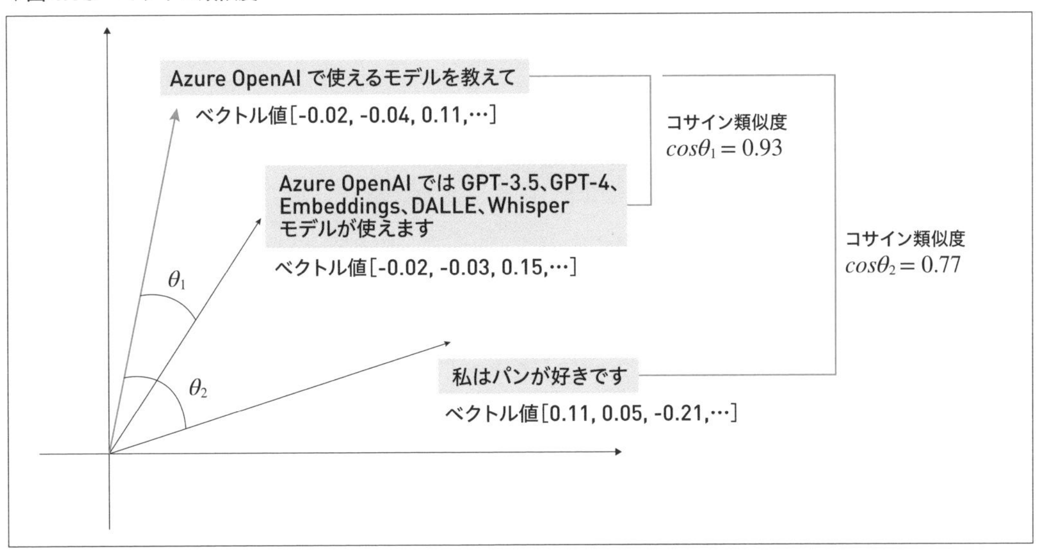

ベクトル検索では、事前にドキュメントのベクトルを検索システムに保存し、入力されたクエリのベクトルと比較して類似度を計算、その結果からスコアが高いドキュメントを検索します（図4.17）。

図4.17 ベクトル検索の仕組み

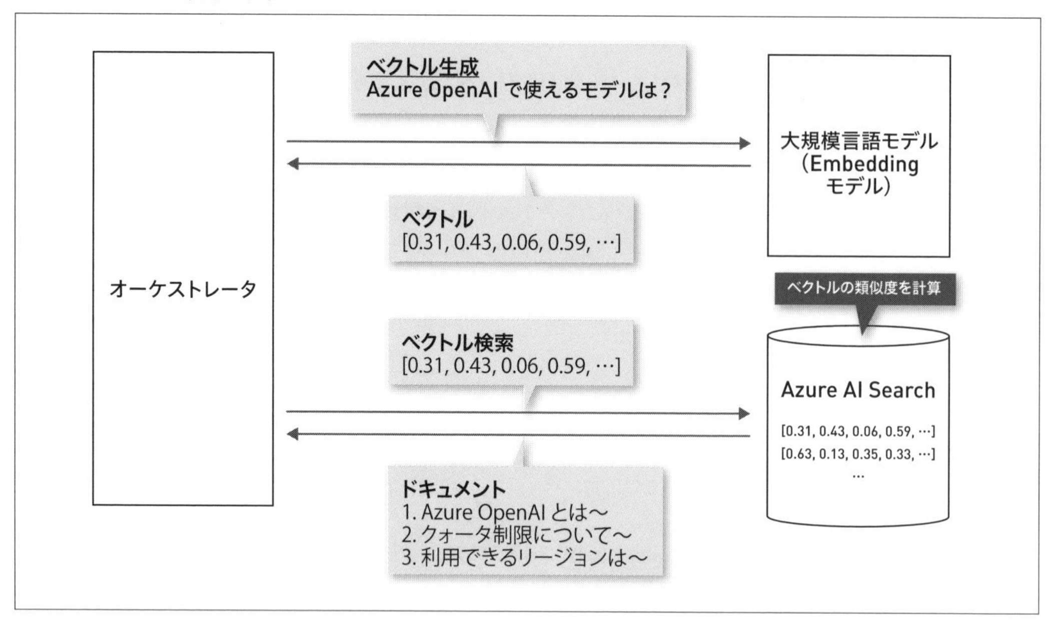

ベクトル検索を行うことで、単語の表現の微妙な違いや文章の意味を考慮した検索を実現できます。Azure AI SearchではベクトルDBの機能が搭載されているので、Azure OpenAIのEmbeddingモデルと組み合わせることでベクトル検索を実装できます。

Azure AI Searchでは2種類の検索アルゴリズムがサポートされています。

- Hierarchical Navigable Small World (HNSW)
  階層グラフ構造により高速でスケーラブルな検索を実現。検索精度と計算コストのトレードオフを調整可能
- Exhaustive K-nearest neighbors (KNN)
  すべてのデータ点の類似度を計算。計算コストが高いので小規模データが推奨

基本的にはHNSWを利用し、検索精度が悪くて小規模データの場合はKNNに切り替えるアプローチを推奨します[注4.12]。

セマンティック検索

セマンティック検索は、フルテキスト検索で検索された結果に対し、独自のAIモデルによって

注4.12「ベクトル検索での関連性とランク付け」 https://learn.microsoft.com/ja-jp/azure/search/vector-search-ranking

関連する結果を並び変える検索手法です。Microsoft Bingでも使用されているディープラーニングのモデルを利用することで関連性の高い結果を並び変えることができます（図4.18）。

図4.18 セマンティック検索の処理フロー

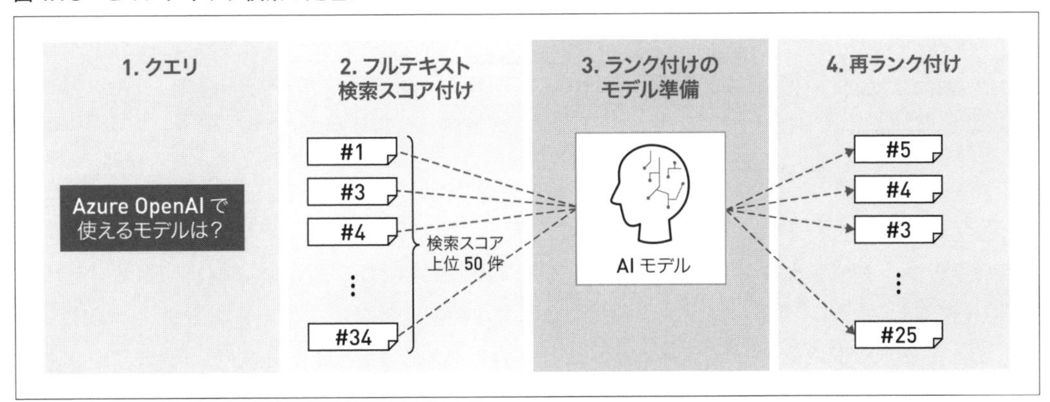

セマンティック検索を有効にするためにはAzure AI Searchのリソースからセマンティック検索のプランを選択します。そして、インデックスでセマンティック検索を有効にするフィールドを設定します。検索時は`queryType=semantic`を指定して、検索を実行します。

○ハイブリッド検索

これまで紹介してきた検索手法は併用することが可能です。フルテキスト検索とベクトル検索のハイブリッド検索を利用するために、ユーザーはテキストとそのベクトル値をクエリとして用意します。検索を実行すると、フルテキスト検索とベクトル検索でそれぞれの検索スコアに基づいてランク付けされます。次に、それぞれの検索手法において$1/(rank+k)$という式で計算される逆順位を算出し、検索手法ごとの逆順位の和を最終的な検索スコアとして導出します。ただし、kは定数であり、一般的には60などの小さな値に設定されています。この検索スコアの導出方法はReciprocal Rank Fusion（RRF）と呼ばれています。（図4.19）[注4.13]。

注4.13「Reciprocal Rank Fusion（RRF）を使用したハイブリッド検索での関連性スコアリング」
https://learn.microsoft.com/ja-jp/azure/search/hybrid-search-ranking

図4.19 ハイブリッド検索のフロー

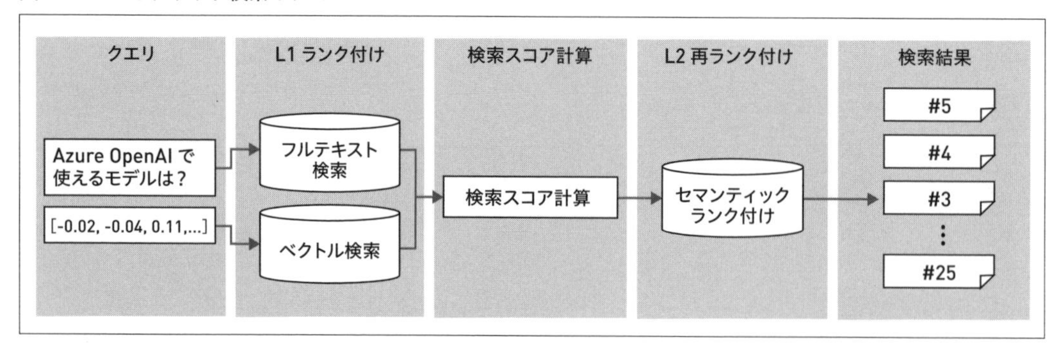

ハイブリッド検索にセマンティック検索を適用する場合は、RRFで計算された検索スコアの上位50件に対し、セマンティックランク付けによって、検索結果を並び替えることが可能です。

このハイブリッド検索とセマンティックランク付けの検索手法は、ほとんどのクエリで非常に高い検索精度を実現できることが報告されています[注4.14]。このような豊富な検索手法を組み合わせて利用できることがAzure AI Searchを利用する大きなメリットとなります。

4.5 オーケストレータ

ここまで検索システムの概要とAzureのドキュメント検索サービスであるAzure AI Searchについて解説してきました。本節では、その検索システムを呼び出すためのオーケストレータについて、その役割とAzureでの実装方法の概要について解説します。

オーケストレータは大規模言語モデルと検索システムの仲介を果たしています。その具体的な処理フローについて見ていきましょう（図4.20）。

注4.14 "Azure Cognitive Search: Outperforming vector search with hybrid retrieval and ranking capabilities" https://techcommunity.microsoft.com/t5/ai-azure-ai-services-blog/azure-cognitive-search-outperforming-vector-search-with-hybrid/ba-p/3929167#querytype

図4.20 RAGの処理フロー

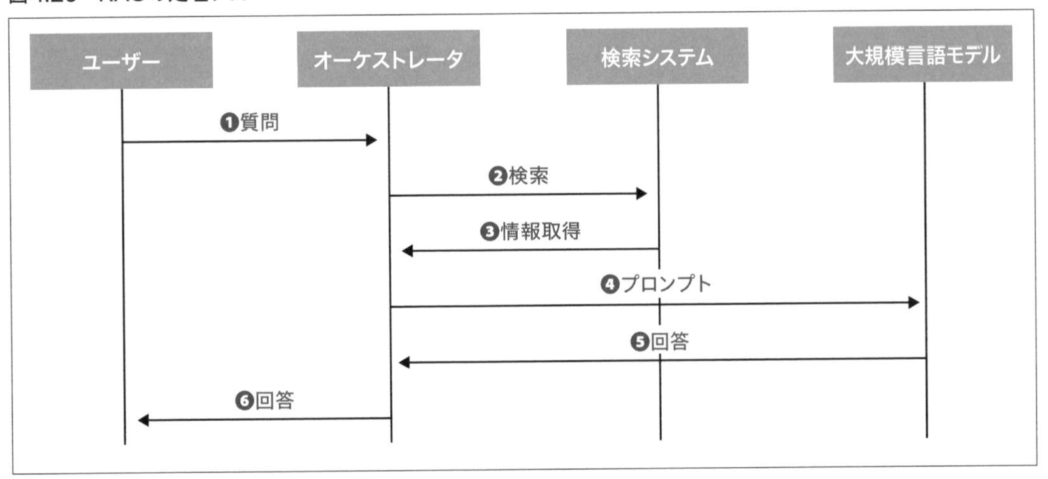

検索システムには事前にドキュメントが格納されているとし、ユーザーが何かしらRAGシステムに質問した場合を考えます。オーケストレータは次の流れで回答を生成します。

(1) ユーザーからの質問に基づき、関連するドキュメントを検索システムから取得
(2) 検索結果の中からスコアが高いドキュメントを選ぶ
(3) 検索結果をプロンプトに埋め込み、大規模言語モデルから回答を取得
(4) 生成された回答を最終的にユーザーに返却

これらの処理は多くのプログラミング言語やフレームワークで実装できます。Azureで実装する場合の選択肢としては、大きく3種類の方法が挙げられます。

- Azure OpenAI on your data
- Azure Machine Learningプロンプトフロー
- フルスクラッチ（自前で実装）

4.5.1 Azure OpenAI on your data

Azure OpenAI on your dataは、Azure OpenAI StudioのWebブラウザから利用できるRAGのサービスです（図4.21）。

図4.21 Azure OpenAI on your dataの画面

検索システムへのドキュメント登録などもブラウザ上から行うことができ、簡単にRAGの仕組みを実装できます。オーケストレータ自体をAzure OpenAI側で担ってくれるため、簡単に実装できる分、精度に関するチューニングには制限があります。

4.5.2 Azure Machine Learningプロンプトフロー

Azure Machine Learningプロンプトフローは、オーケストレータをローコードで作成できるサービスです[注4.15]。Webブラウザから Azure Machine Learning スタジオにアクセスして利用できます(**図4.22**)。また、CLI/SDKやVisual Studio Code (VS Code) の拡張機能からも利用可能です。

注4.15 プロンプトフローについては4.7節で解説します。

図4.22 Azure Machine Learningプロンプトフローの画面

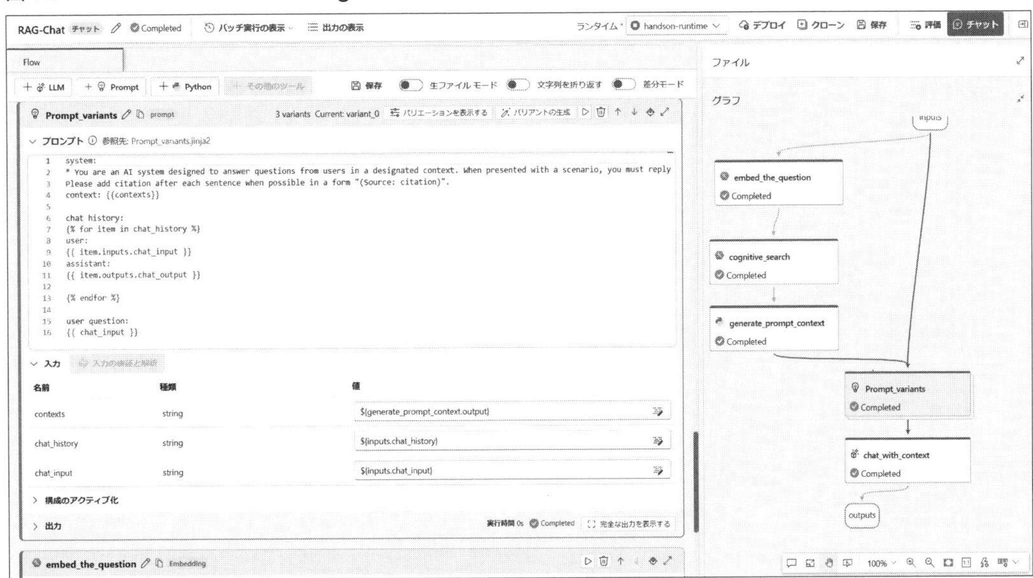

Azure OpenAI on your dataと違って、ひとつひとつの処理を自分で作成していくため、プロンプトのチューニングが可能となります。また、テンプレートを活用するとプログラミング不要でオーケストレータが作成できることもメリットです。

4.5.3 フルスクラッチ（自前で実装）

最後に紹介する手法は、プログラミング言語を使ってすべて自前で実装する手法です。Azure OpenAIのREST APIやSDKなど使いながらオーケストレータを自前で実装します。LangChainやSemantic Kernelなど、実装を便利にするライブラリも出てきています。また、Microsoft公式のサンプルリポジトリも豊富に存在するので、うまく活用することで実装工数を抑えることができます。

次節以降ではAzure OpenAI on your dataとAzure Machine Learningの概念と使い方について簡単に解説します。

4.6 Azure OpenAI on your data

Azure OpenAI on your data（以下on your data）は、Azure OpenAIが独自に提供するサービスです。Azureのさまざまなサービスと連携してRAGを実現できます。執筆時点では対応データソースがAzure AI Searchのみですが、今後サードパーティのデータソースにも対応予定です（**図4.23**）。

図4.23　Azure OpenAI on your dataの仕組み

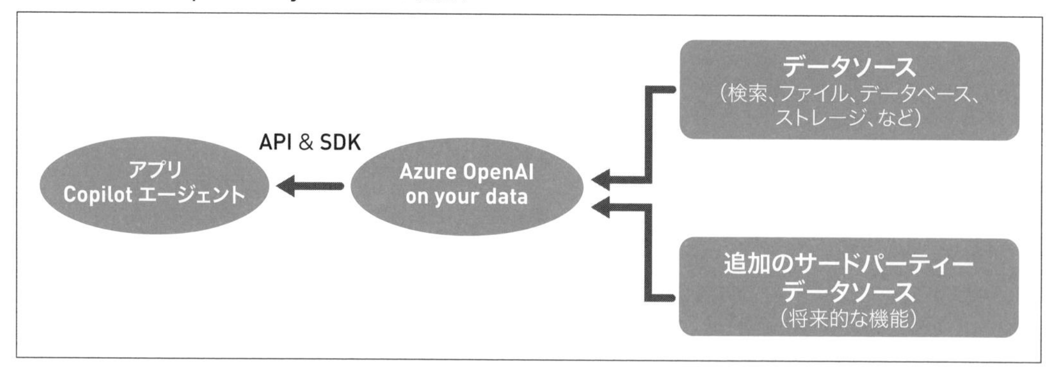

on your dataの重要なポイントは、Azure OpenAIが直接データソースと連携しているということです。これによりオーケストレータの実装が不要になり、簡単にRAGを実装できます。

本節ではGUIを使った本機能の操作方法について簡単な解説をしていきます[注4.16]。

4.6.1　データソース

on your dataでは検索対象のデータソースを選択できます。具体的な指定方法はのちほど画面をベースに紹介しますが、全体感の把握のため、どんなデータソースが選べるのか先に紹介しておきます（**表4.5**）。

注4.16　on your data機能はAPIからも利用できます。詳細は以下を参考にしてください。
「入力候補の拡張機能」　https://learn.microsoft.com/ja-jp/azure/ai-services/openai/reference#completions-extensions

表4.5 on your data機能における検索データソース

項目	事前準備	概要
Azure AI Search	Azure AI Searchのリソース	構築済みのAzure AI Searchをそのままアタッチすることができます。検索対象ドキュメントのインデックスは作成済みで、検索が可能な状態である必要があります。すでにAzure AI Searchを使ったナレッジデータベースが別プロジェクトで開発済みであったり、インデックスの項目などを細かく自分で作り込んだりしたい場合はこのデータソースを選択します
Azure Blob Storage	Azure AI Searchのリソース、ストレージアカウントのリソース	Azure Blob Storageに格納されているファイルを自動で分割（チャンク）し、Azure AI Searchのインデックス化をして検索対象として利用します
Upload files	Azure AI Searchのリソース、ストレージアカウントのリソース	ローカルのファイルを指定することで、Azure Blob Storageにそれを格納し、自動で分割してAzure AI Searchのインデックス化をし、検索対象として利用します

いずれも、最終的にAzure AI Searchで検索可能な状態になる点は変わりませんが、Azure Blob StorageやUpload filesを指定するとチャンク作業など面倒な処理を自動化できます。一方で、これらを選択した場合、チャンク幅やインデックス項目に細かな調整ができないので、検索精度を見ながらどの選択肢を選ぶべきか検討すると良いでしょう。

4.6.2 使用方法

on your dataはAzure OpenAI Studioのチャットプレイグラウンドを使って設定が可能です。

まず、プレイグラウンドの［アシスタントのセットアップ］から［データの追加］のタブを選択し（**図4.24**）、［データソースの追加］をクリックしましょう（**図4.25**）。

図4.24　on your data機能の手順(1)

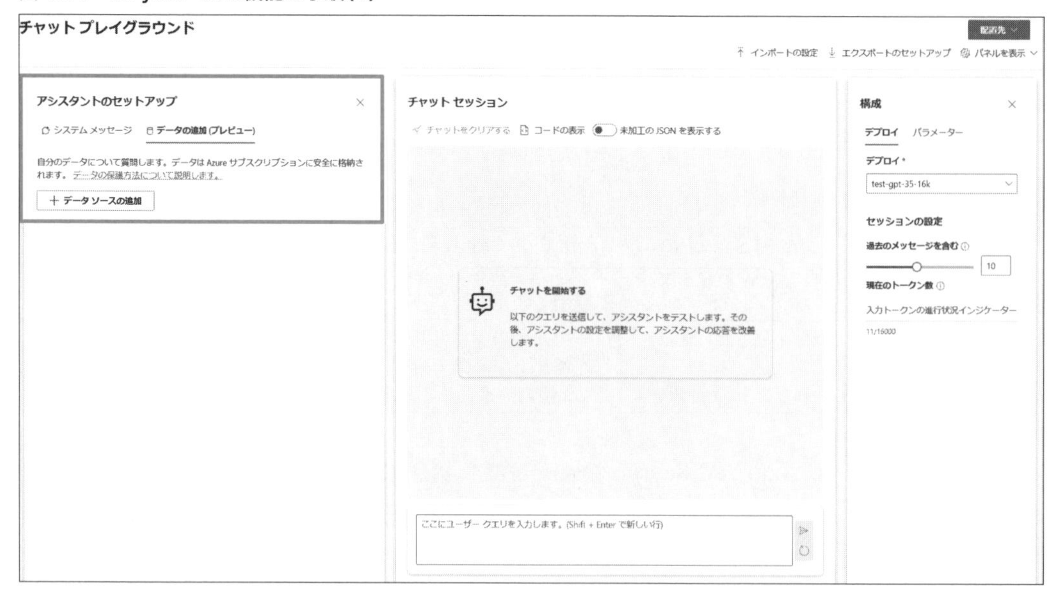

図4.25　on your data機能の手順(2)

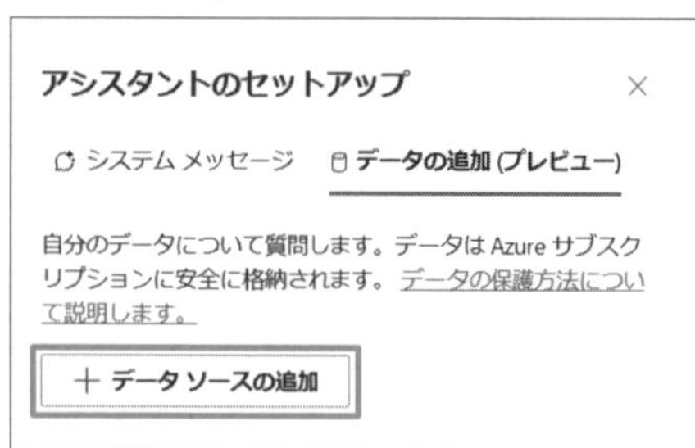

［データソースを選択する］のプルダウンではAzure Cognitive Search (Azure AI Search)、Azure Blob Storage、Upload filesが選択できます (**図4.26**)。今回はUpload filesを選択します。

図4.26 on your data機能の手順(3)

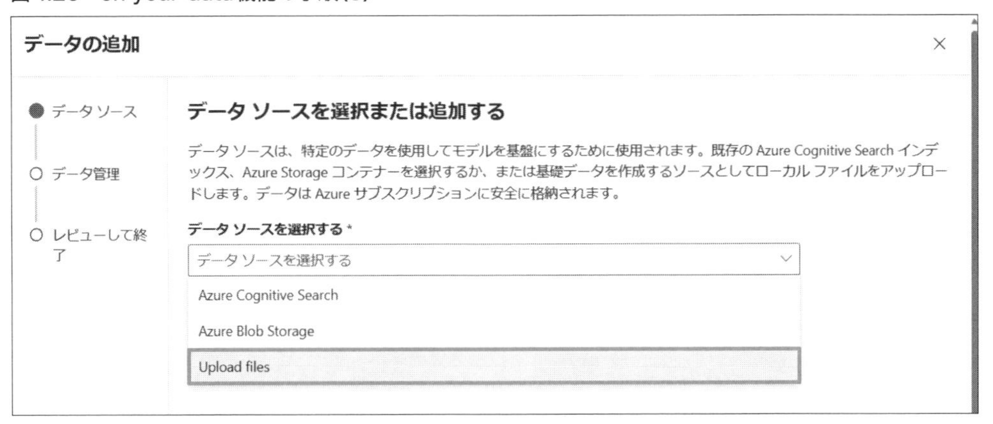

作成済みのBlob StorageとAzure AI Searchのリソース名を指定し、任意のインデックス名を入力してください(**図4.27**)。

図4.27 on your data機能の手順(4)

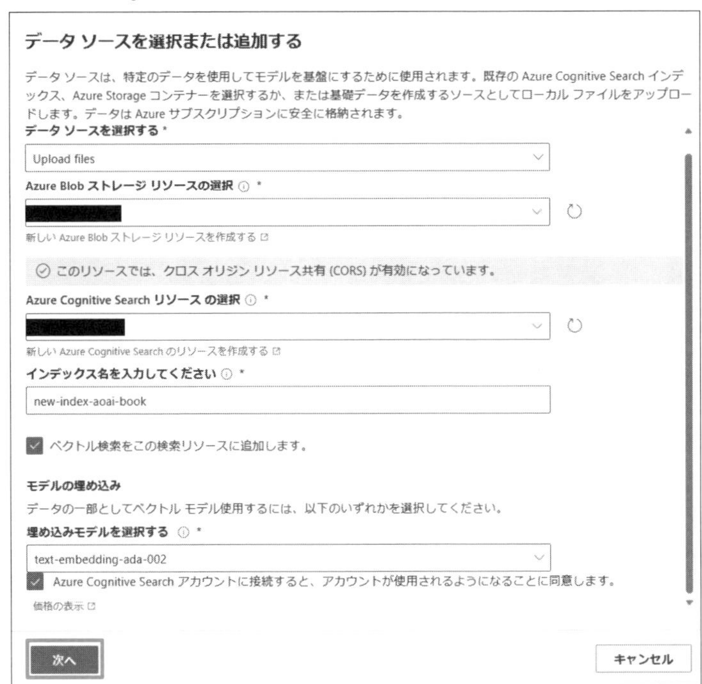

指定したリソースへ新規にインデックスが作成されます。また、[ベクトル検索をこの検索リソースに追加します。] にチェックを入れていますが、これによりデプロイ済みのEmbeddingモデル(埋

め込みモデル）を選択することで検索時にベクトル検索を利用できます。

［Azure Cognitive Searchアカウントに接続すると、アカウントが使用されるようになることに同意します。］にもチェックを付け、［次へ］をクリックします。

検索対象にしたいドキュメントをドラッグ＆ドロップし、［ファイルのアップロード］のボタンをクリック後、［次へ］をクリックします（図4.28）。

図4.28　on your data機能の手順(5)

［検索の種類］としてベクトルを選択し、注意事項のチェックボックスにチェックを入れ、［次へ］をクリックします（図4.29）。

図4.29　on your data機能の手順(6)

［保存して閉じる］をクリックして少し待つと、準備が完了します（図4.30）。

図4.30　on your data機能の手順(7)

チャットセッションのセクションから、実際に挙動を確認してみます。今回はAzure AIに関する英語の文章を検索対象にしているので、Azure AIに関する質問をして日本語で答えるようにプロンプトを入力します（図4.31）。

図4.31　on your data機能の手順(8)

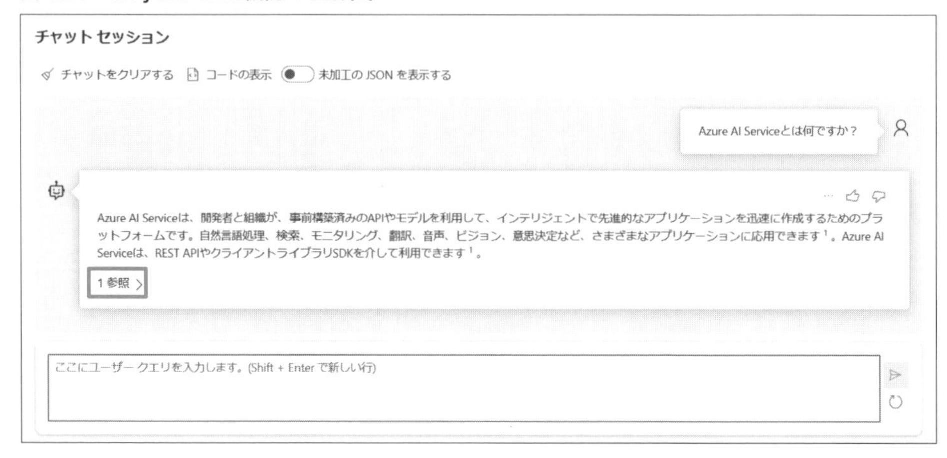

対象ドキュメントをバックエンドで検索したうえで、その情報をもとにGPTが質問に回答してくれます。

回答結果にはどのドキュメント（正確には分割されたドキュメント）を参照したかの引用が表示されます。［参照］をクリックすると、参照したテキストの内容を表示できます（**図4.32**）。

図4.32 on your data機能の手順(9)

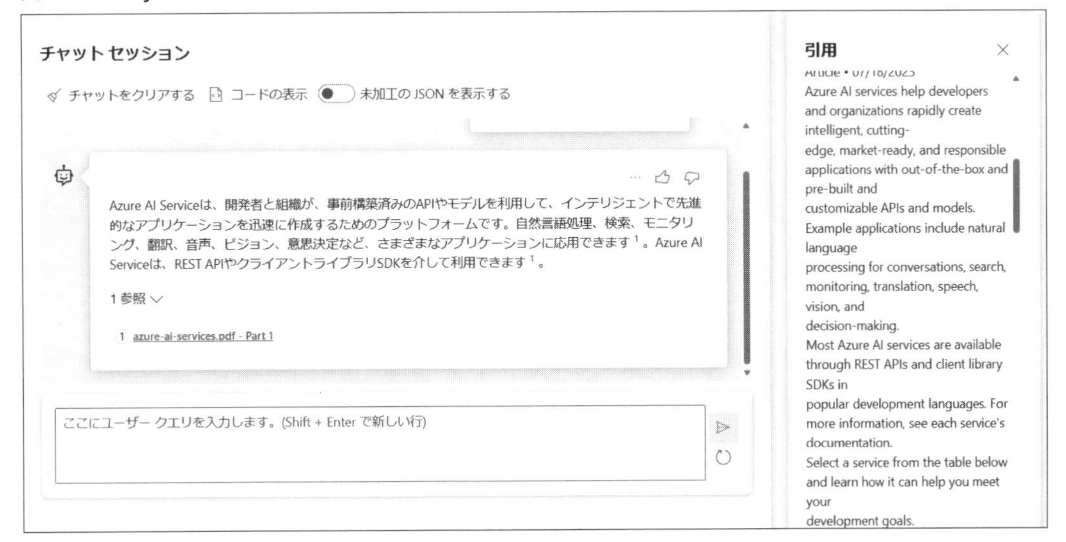

また、on your dataで検証したチャットシステムは、3.3.4で解説した方法で、アプリケーションとして公開することも可能です。このようにon your dataを活用することで、RAGのアプリケーションがほとんどコードを書かずに実現できました。高度な専門性を要するLLMアプリの開発においては、個々のユーザーが機能を一から開発するのはたいへんな作業になるので、このようなGUIを使った開発は大きな助けになります。機能拡張もどんどん進んでいるので、今後のアップデートにも期待しましょう。

4.7 Azure Machine Learningプロンプトフロー

Azure Machine Learningプロンプトフロー(以下プロンプトフロー)とは、Azure Machine Learningで提供されるLLMアプリケーション作成のための開発ツールです。

LLMへの入力となるプロンプトの設計や文章検索ツールなどの外部ツールとの連携を含め、AIアプリケーションのプロトタイプ作成から、試行錯誤、完成後のデプロイまで包括的にサポートしています(図4.33)。

図4.33 Azure Machine Learningプロンプトフローの画面

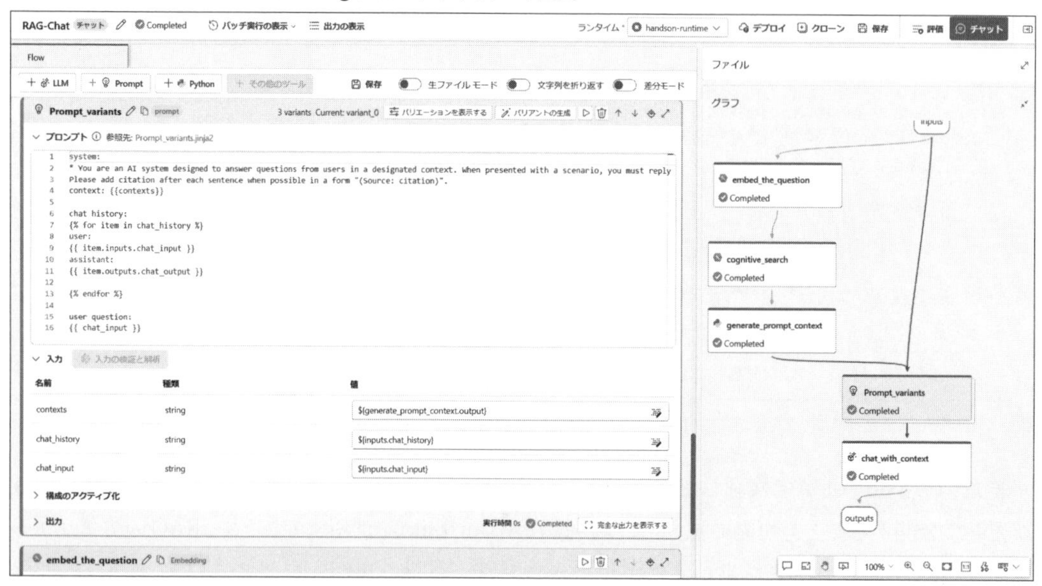

プロンプトフローではおもに次の機能が提供されています[注4.17]。

- LLM、プロンプト、Pythonツールを組み合わせた実行可能なフローの作成と可視化を行う
- チームで共同でフローのデバッグや共有を行う
- さまざまなプロンプトのバリエーションをプロンプトバリアントとして作成し、それぞれの実行結果を一括でテストし、パフォーマンスを評価する
- 作成されたフローをマネージドなリアルタイムエンドポイントにデプロイする

注4.17 プロンプトフローの最新・詳細情報はこちらをご参照ください。
「Azure Machine Learningプロンプトフローとは」
https://learn.microsoft.com/azure/machine-learning/prompt-flow/overview-what-is-prompt-flow

4.7.1 利用の流れ

それでは実際に、Azure AI Searchと連携してRAGを実現するアプリケーションを作成するステップを見ていきましょう。ここではあくまで概念の理解を優先してもらうため、Azure Machine Learningのリソース構築やプロンプトフローの設定の詳細なステップは省いています。また、Azure OpenAI ServiceやAzure AI Searchなどのプロンプトフローと連携するリソースについても、すでに作成されている前提で解説します。

◎実行ランタイムの設定

プロンプトフローではフローの作成やデバッグ時における計算環境（実行ランタイム）として、Azure Machine Learningの「コンピューティングインスタンス」を利用できるようになっています。コンピューティングインスタンスはAzure Machine Learningで提供されている仮想マシンベースのマネージド計算リソースです。

コンピューティングインスタンスをランタイムとして利用することで、仮想マシンのセットアップはもちろん、LLMを組み込んだアプリケーション開発に必要なライブラリ群の管理が不要になります。ユーザーが追加でライブラリを必要とする場合は、カスタマイズされた環境を構築して利用することもできます。

◎外部ツールとの接続

プロンプトフローはAzureサービスやサードパーティーのサービスを含め、各種外部サービスと連携できるようになっています（図4.34）。

図4.34　プロンプトフローの接続管理画面

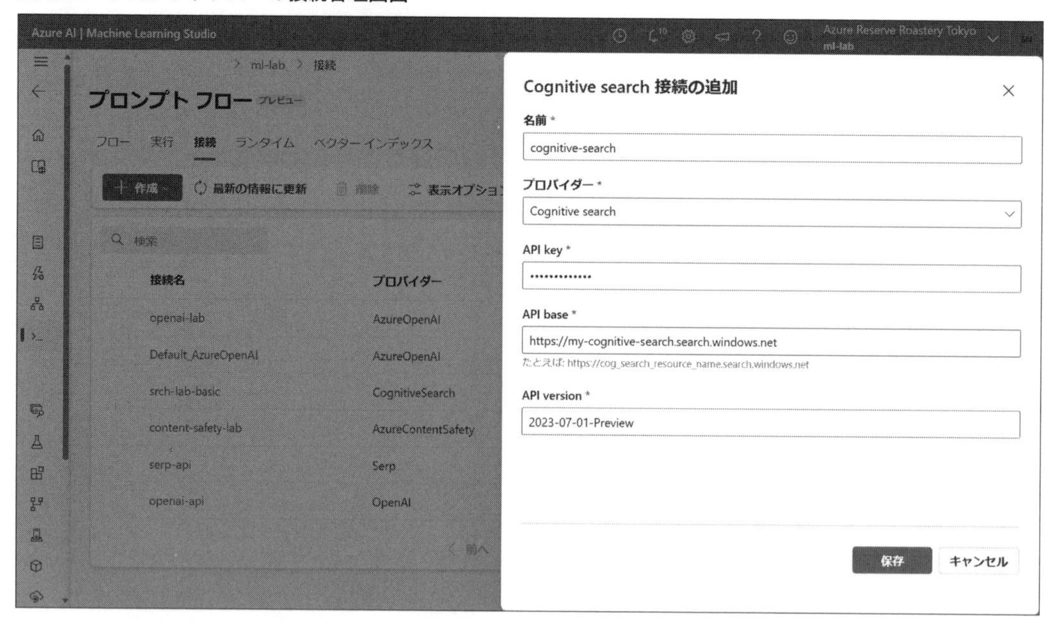

執筆時点でカスタム接続を含めて9種類の接続に対応しており、その数は今後も増えていくと予想できます（**表4.6**）。

表4.6　プロンプトフローが対応している外部ツールの接続一覧

接続	内容
Azure OpenAI	LLM
OpenAI API	LLM
Azure AI Content Safety	有害な入出力の検知
Azure AI Search	文章検索ツール
Serp API	Bing検索やGoogle検索などのWeb検索ツールの横断検索
Qdrant	ベクトルデータベース
Weaviate	ベクトルデータベース
カスタム	任意の接続を定義可能

ギャラリーからサンプルフローを取得

プロンプトフローを使った場合、ゼロからフローを作成する必要はありません。代表的なユースケースに対してのサンプルフローがギャラリーとして用意されており、それらのフローをベースにカスタマイズして利用できます（**図4.35**）。

図4.35 ギャラリーのサンプルから新しいフローを作成

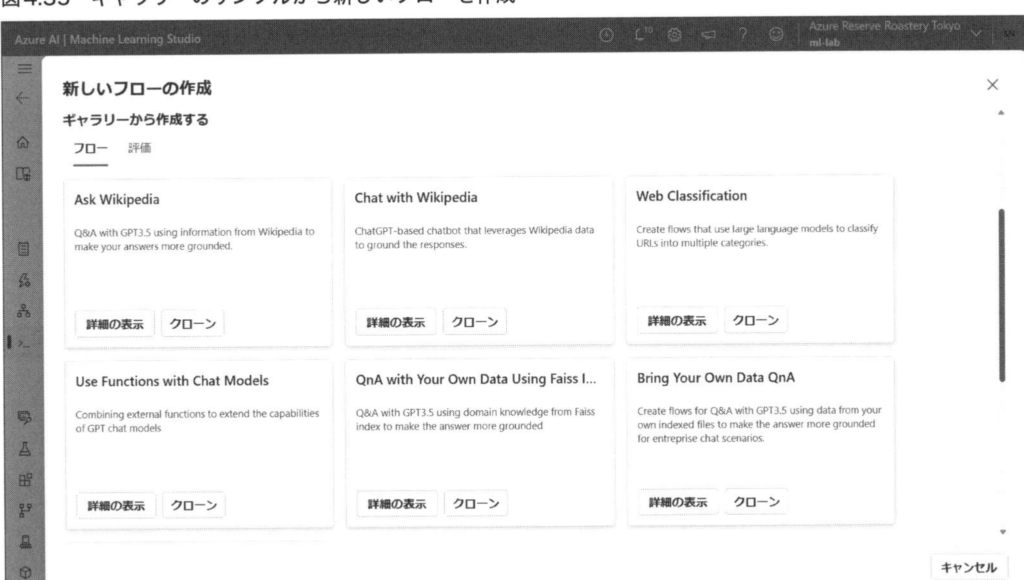

たとえば、次のようなフローがサンプルとして提供されています。

- Ask WikipediaまたはChat with Wikipedia
  ユーザーの質問に対し、Wikipediaに検索を行い、その結果をもとにLLM（GPT 3.5モデル）で回答文を生成するフロー
- Web Classification
  LLMで対象とするWebページ群のカテゴリを分類するフロー
- Use Functions with Chat Models
  ユーザーの質問に対し、天気情報の取得APIなど、外部のAPIをGPTモデルから呼び出すフロー
- Bring Your Own Data QnA
  ユーザーの質問をもとに、検索対象文章のインデックス（索引）に対してベクトル検索を行い、検索結果をふまえた回答文を生成するフロー

また、プロンプトフローでは「標準フロー」「チャットフロー」「評価フロー」の大きく3種類のフローが定義されています。

- 標準フロー
  LLMとPythonコード、それに外部ツールを組み合わせたアプリケーションを作成するため

の標準のフロー

- **チャットフロー**
  標準フローに加えてユーザーとのチャット履歴をサポート。デバッグ時にチャットベースのインターフェースも利用可能。プロンプトフローでは構築したフローがユーザーの意図に沿った出力を行うかのパフォーマンスを評価する機能が備わっている(後述)
- **評価フロー**
  標準フローやチャットフローの評価に使えるフロー

前述のサンプルフローによっては、標準フローとチャットフロー両方がギャラリーで提供されているケースもあります。

フローの作成・編集

フローを新規作成、あるいはギャラリーからサンプルフローをクローンすると、**図4.36**のような画面が表示されます。

図4.36 フローの編集画面(全体)

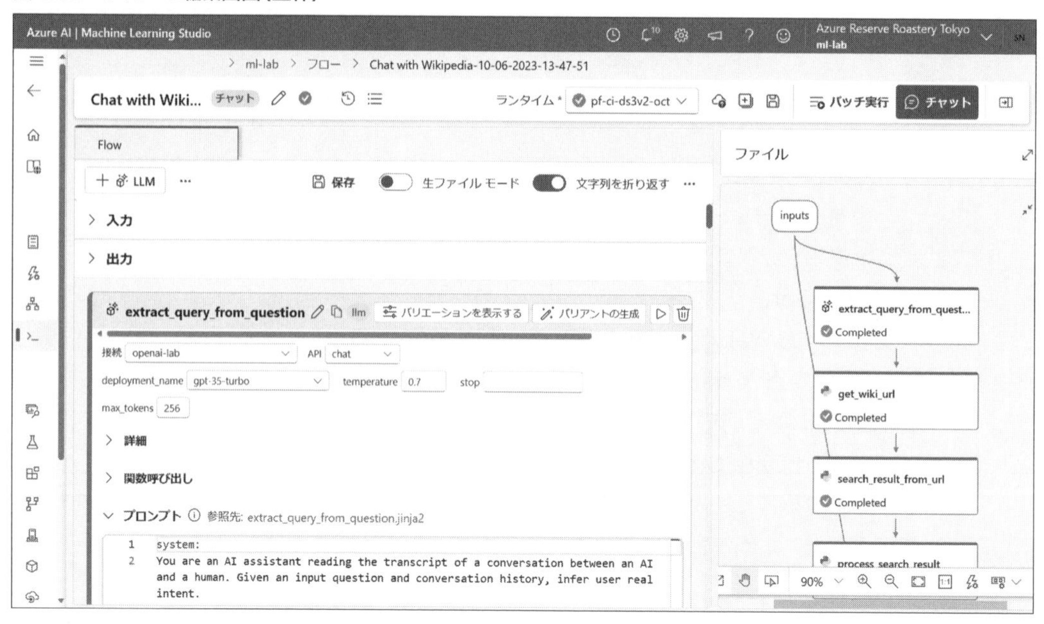

左側の「フラットビュー」は、フローを編集するメインの作業領域です。ノードの追加、プロンプトの編集、フローの入力データの選択などを行えます。フラットビューの各ノードで編集を行う以外にも、生ファイルモードをオンにして、コードベースでの編集も行えます。右側には視覚化用の「グラフビュー」があり、各ノードの関係性が視覚化されて表示されます。

ここでは「Bring Your Own Data Chat QnA」のフローを例として取り上げます。これは、ユーザーの質問をもとに、検索対象文章のインデックスに対してベクトル検索を行い、検索結果をふまえた回答文を生成してユーザーと対話を行うフローです。

フローの中身を簡単に紹介します。このフローではユーザーの入力とインデックスに対する検索としてベクトル検索を行っているため、まずユーザーの入力をベクトル化（ベクトル空間への埋め込み）する必要があります。ベクトル化を行うためには、Azure OpenAIのEmbedding（埋め込み）モデルを使用します。このノードで接続先のAzure OpenAIリソースと、入力パラメータを指定しています（**図4.37**）。

図4.37　フローの編集画面（ユーザー質問のベクトル化を行うノード）

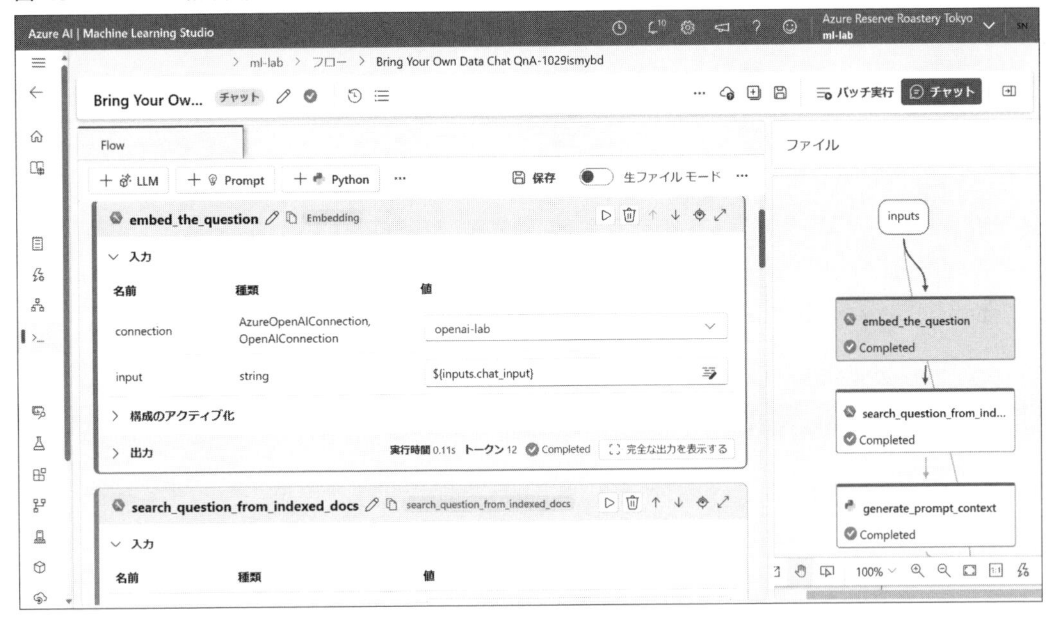

続いて、ベクトル化された質問文を、**ベクトルインデックス**に対して検索します。ベクトルインデックスは検索対象文章がベクトル化されて格納されているインデックスです。プロンプトフロー機能の中で、事前にAzure AI SearchインデックスやFaissインデックス[注4.18]を対象に作成しておきます。

このノードでベクトルインデックスが置かれているストレージのパスと、入力となるクエリ（前のノードでベクトル化を行ったユーザー質問文）などのパラメータを指定しています（**図4.38**）。

注4.18 Faissはベクトル検索ライブラリの1つ。　"Faiss"　https://github.com/facebookresearch/faiss

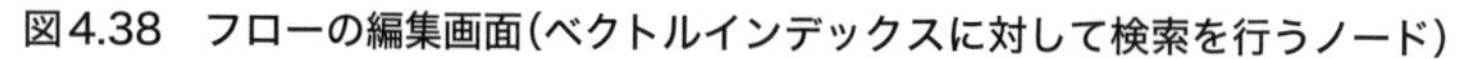

図4.38 フローの編集画面(ベクトルインデックスに対して検索を行うノード)

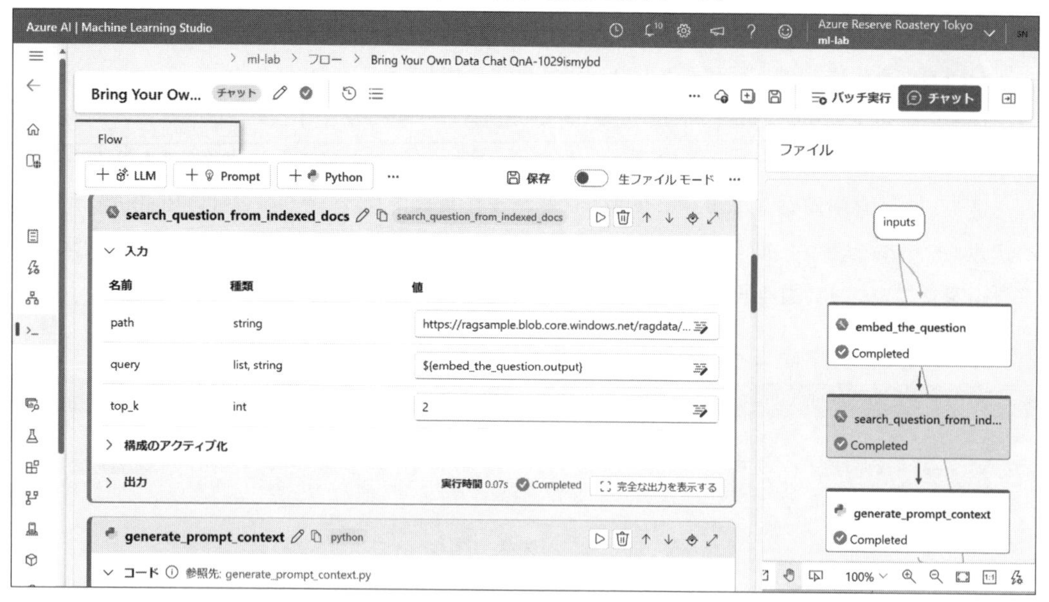

そのあと、前ノードでの検索結果から、LLMに入力するプロンプトに必要な情報をPythonコードで抽出しています(図4.39)。

図4.39 フローの編集画面(検索結果から必要な情報を抽出するPythonコードのノード)

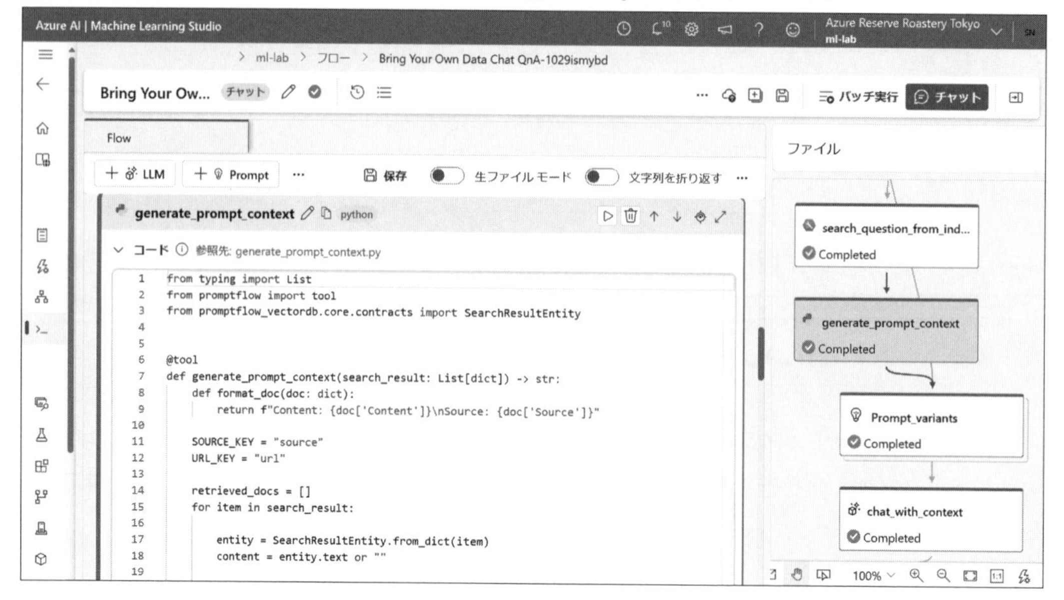

「文章の中身」と「文章のソース（由来）」をコンテキストとして抽出し、整形するイメージです。

そして、検索結果から抽出された情報（コンテキスト）をもとにLLM（ChatGPT）に入力するプロンプトを定義しています（**図4.40**）。

図4.40　フローの編集画面(LLMに入力するプロンプトを定義しているノード)

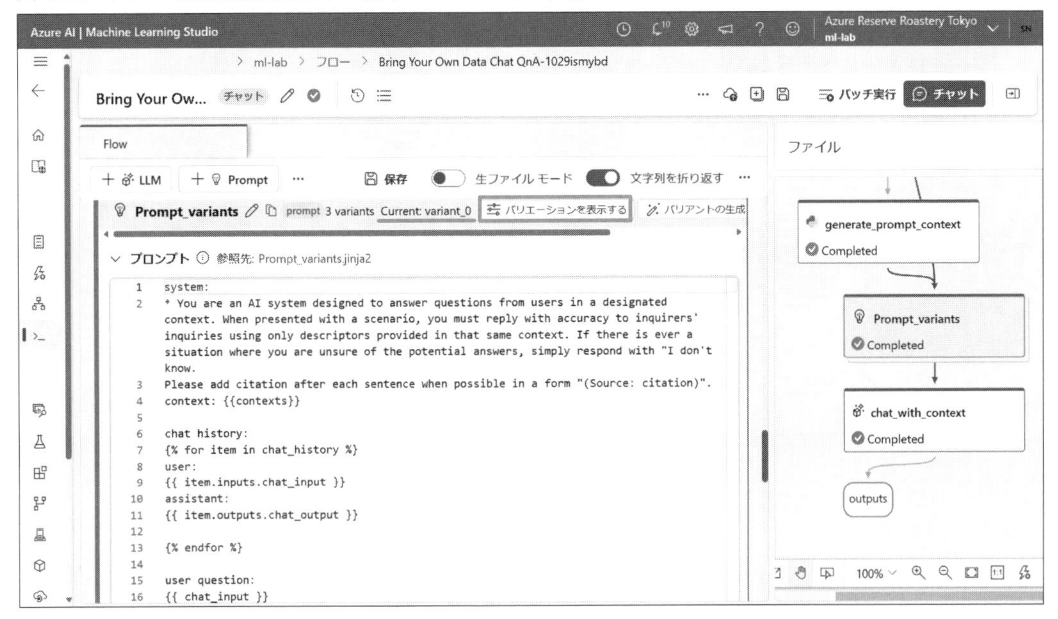

「You are an AI system designed to answer questions from users in a designated context.（あなたは指定されたコンテキストでユーザーからの質問に答えるように設計されたAIシステムです）」から始まるシステムプロンプトや、これまでの会話履歴、実際のユーザーの入力などが定義されています。

最後のノードは、前ノードで定義されたプロンプトを実際にLLMに入力するノードです（**図4.41**）。

図4.41　フローの編集画面（LLMへのプロンプト入力を構成しているノード）

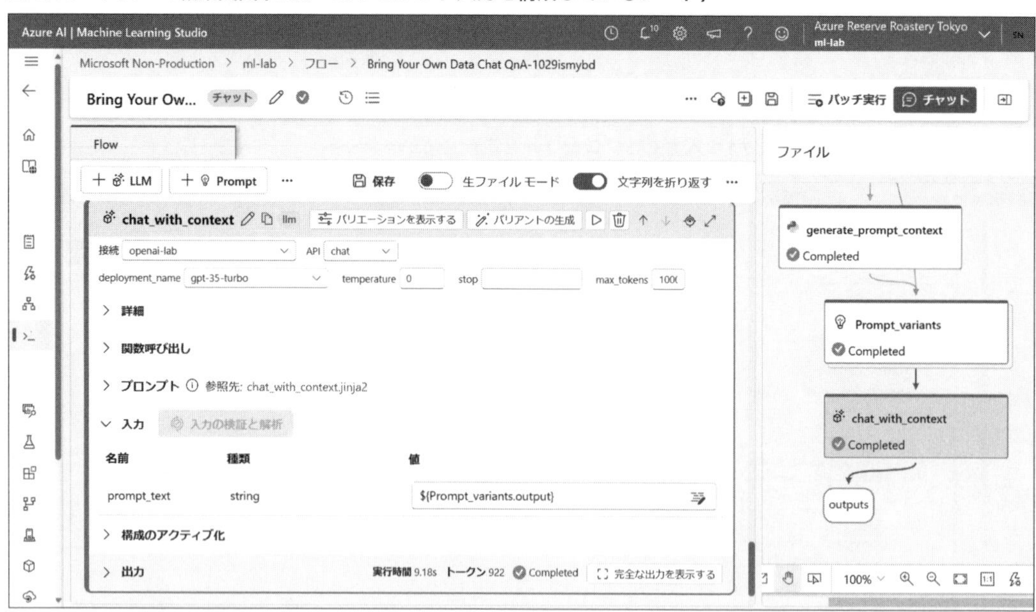

LLMへの接続や入力パラメータを指定します。今回はAzure OpenAIのChatGPT（`gpt-35-turbo`モデル）を指定しています。LLMの出力結果を左右させる`temperature`などの各種パラメータもここで指定できます。

○バリアントによるプロンプト内容の試行錯誤

プロンプトフロー機能の大きな特徴の1つが、プロンプトのバリアント（派生形）を定義し、さまざまなプロンプトの試行錯誤を一度に実行できることです。

先ほどの、プロンプトを定義しているノードにある「バリエーションを表示する」ボタン（図4.40囲み部分）を選択すると、複数のプロンプトが表示されます。デフォルト値として表示されている`variant_0`（図4.40下線部分）では、システムプロンプトの書き始めが「You are an AI system designed to answer questions from users in a designated context.（あなたは指定されたコンテキストでユーザーからの質問に答えるように設計されたAIシステムです）」となっていました。

`variant_1`のほうを見てみると、書き始めが「You are an AI agent tasked with helping users by responding with relevant and accurate answers based on the available context.（あなたは利用可能なコンテキストに基づいて適切かつ正確な回答を返すことによってユーザーを支援することを任務とするAIエージェントです）」となっていることがわかります（**図4.42**）。

図4.42 プロンプトのバリアント

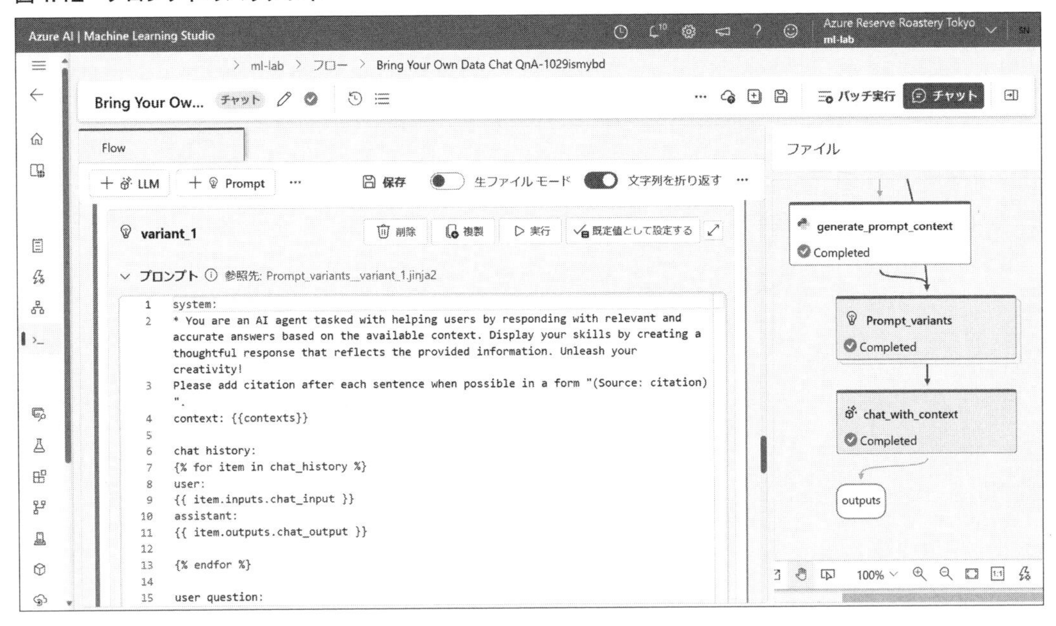

このように、バリアント機能を使うことでさまざまなプロンプトを定義して同時に実行させ、その結果を確認することでプロンプトの改善につなげられます。また、バリアントはLLMの入力パラメータに対しても作成できるため、LLMの生成結果に影響を与えるパラメータを複数試したい場合にも活用できます。

○さまざまな指標によるフローの一括評価

こうして作成されたフローに対して、テストデータを用いたバッチ実行とその評価ができるようになっています[注4.19]。プロンプトフローでは、ユーザーの質問に対して適切な回答を行っているかなど、フローのパフォーマンスを評価するための8つの評価方法が組み込まれています（図4.43）。

注4.19 プロンプトフロー組み込みの評価機能については第5章で詳しく解説します。

図4.43　バッチ実行におけるフローの評価設定

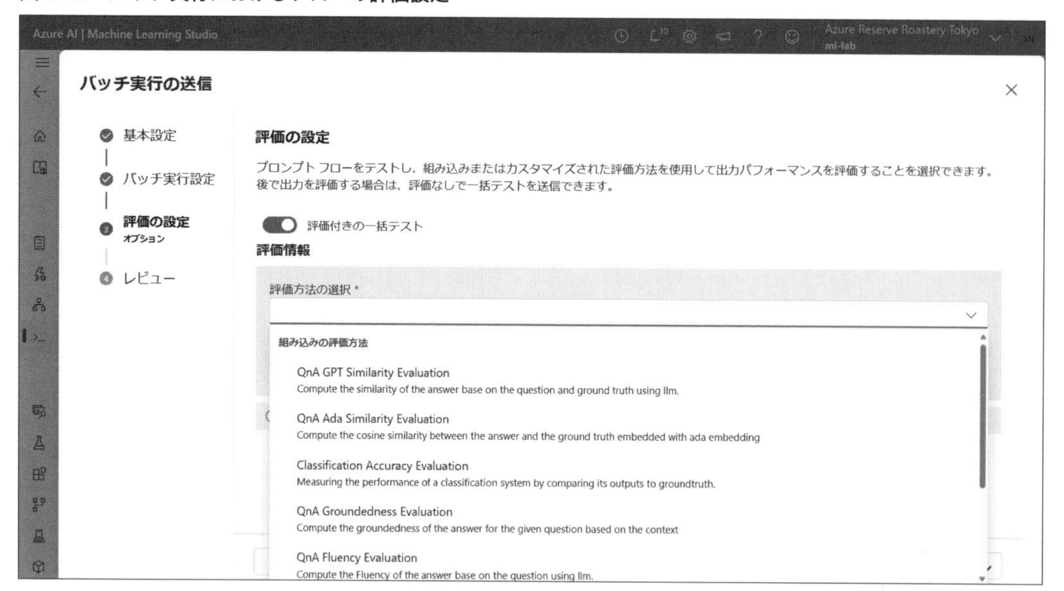

フローを実行して生成された結果をすべて人間が確認するのは、非常にコストがかかります。フローの一括評価機能を活用することで、さまざまなプロンプトやモデル入力パラメータを一度に試し、その結果を評価して比較することが容易になります。

フローのデプロイ

作成が終わったフローは、そのままAzure Machine Learningのマネージドオンラインエンドポイント上へデプロイできます（図4.44）。

図4.44 プロンプトフローをマネージドオンラインエンドポイントへデプロイ

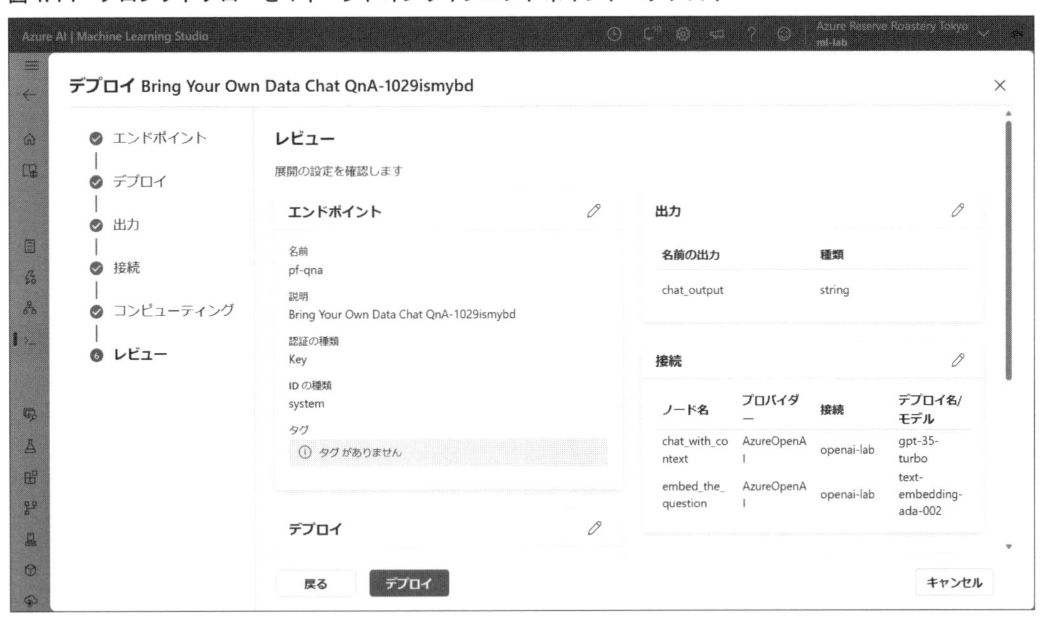

マネージドオンラインエンドポイントとは、リアルタイム（オンライン）推論用に提供されている、マネージドな推論用計算リソースです。ユーザーはインフラ部分の管理を気にすることなく、オートスケーリングや、blue/greenデプロイ、トラフィックのコピー（ミラーリング）によるシャドウテストなどの幅広い機能を活用できます[注4.20]。

マネージドオンラインエンドポイントへのデプロイを行うと、REST APIのエンドポイントが作成されるため、そのままユーザーのアプリケーションからエンドポイントを利用できるようになります。

また、高度なモデルモニタリング機能も備えており、プロンプトフローの実行結果や入力されるデータ自体の変化を検知し、フローの改善につなげられるため、LLMの効率的な運用（LLMOps）の実現といった観点でも強力な機能になっています。

注4.20 オンラインエンドポイントの詳細についてはこちらを参照してください。
「運用環境での推論のためのエンドポイント」 https://learn.microsoft.com/azure/machine-learning/concept-endpoints

COLUMN

Azure Machine Learningとは

ここではプロンプトフローが搭載されているAzure Machine Learning自体について簡単に紹介します。Azure Machine Learning[注4.a]は、Microsoftが提供するクラウドベースの機械学習プラットフォームです。

データサイエンティストや機械学習エンジニア、AIアプリ開発者はこのプラットフォームを使用することで、機械学習モデルを構築、トレーニング、デプロイできます。

Azure Machine Learningは、データ準備、自動機械学習、モデル管理、モデル解釈、モデルデプロイなどの機能を提供しています。これらの機能により、データサイエンティストや開発者は、機械学習モデルの作成に必要な時間を大幅に短縮し、生産性を向上させることができます。

具体的には主に下記機能を備えています。

- 機械学習の学習、推論を行うためのマネージド計算リソース（コンピューティングインスタンス、コンピューティングクラスタ、マネージドエンドポイント）
- 機械学習のジョブ・実験管理（ジョブ、実験）
- 再利用可能な機械学習パイプラインを作成して実行する機能（コンポーネント、パイプライン）
- Jupyter Notebookを強化した組込みノートブック機能
- GUIで機械学習ジョブ・パイプラインを構成する機能（デザイナー）
- 機械学習で扱うアセット類（データ、モデル、環境、コンポーネント）をワークスペースを越えて共有する機能（レジストリ）
- 生成AI/LLMを活用したアプリケーションを簡単に構築するための機能（モデルカタログ、プロンプトフロー）

また、PythonやRなどの一般的なプログラミング言語をサポートしており、OSSを中心にさまざまなツールやライブラリを使用できます。これにより、データサイエンティストや開発者は、自分たちが使い慣れた環境をベースに、最適な開発環境を選択できます。

注4.a 「Azure Machine Learningとは」
https://learn.microsoft.com/azure/machine-learning/overview-what-is-azure-machine-learning

4.8 大規模言語モデル

ここまでRAGにおけるオーケストレータの役割と実装方法について解説しました。本節では大規模言語モデルを呼び出す際の考慮点について解説します。

テキスト生成の大規模言語モデルを選ぶ際は、以下の点を検討することが重要です。

- **生成精度**
  質問に対してユーザーが意図する回答を正確に生成できるか。コンテキストを引用して矛盾なく回答を生成しているか
- **応答速度**
  ユーザーのリクエストに対してすばやく応答できるか
- **コスト**
  タスクの難易度に応じて適切なモデルが選択できているか

これらの点を考慮し、Azure OpenAIではまずコスト効率と速度を兼ね備えたGPT-3.5 Turboを利用することを推奨します。GPT-3.5 Turboでは十分な生成精度が得られない場合、GPT-4を検討してください。GPT-4は、高い生成精度が得られる反面、応答速度が遅くなり、コストも高くなるため、注意が必要です。Azure OpenAIに関するモデルの詳細は第3章、そのほか公開モデルは第7章で詳しく解説されているので、ご参照ください。

4.9 Azure OpenAI API

Azure OpenAIのモデルを外部から呼び出す場合には、REST APIや各プログラミング言語のSDKを利用します。GPT-3.5などのチャット形式のテキスト生成モデルを使う場合はChat Competions APIを利用します。また、テキストのベクトル変換にはEmbeddings APIを利用します。この説では2つのREST APIのリクエストとレスポンスについて詳しく紹介します。

4.9.1 Chat Completions API

URLにはAzure OpenAIのリソース名、モデルのデプロイ名、APIのバージョンを埋め込みます（図4.45）。

図4.45 Chat Completions APIのリクエスト(APIバージョン:2023-12-01-preview)

APIキーで認証する場合はAzure OpenAIのリソースのAPIキーを取得します。リクエストボディの`messages`に、会話の履歴を含めたプロンプトをJSONのリスト形式で指定します。`role`には、`system`、`user`、`assistant`の大きく3種類が存在します。`system`ではChatGPTの振る舞いをシステムメッセージとして設定し、`user`には入力のプロンプトを埋め込みます。`assistant`はAIの出力(レスポンス)を表します。`temperature`などの設定項目に関しては第3章で解説されているとおりです(**リスト4.2**)。

リスト4.2 Chat Completions APIのリクエスト例

```
# URL
POST https://{{resource_name}}.openai.azure.com/openai/deployments/{{deployment_name
}}/chat/completions?api-version={{api_version}}
# Header
Content-Type: application/json
api-key: {{api_key}}
# Body
{
  "messages": [
    {
      "role": "system",
```

```
      "content": "You are an AI assistant that helps people find information."
    },
    {
      "role": "user",
      "content": "日本の首都を教えて"
    }
  ],
  "temperature": 0.7,
  "top_p": 0.95,
  "frequency_penalty": 0,
  "presence_penalty": 0,
  "max_tokens": 800,
  "stop": null
}
```


次にAPIのレスポンスを見ていきましょう（図4.46）。

図4.46 Chat Completions APIのレスポンス（APIバージョン：2023-12-01-preview）

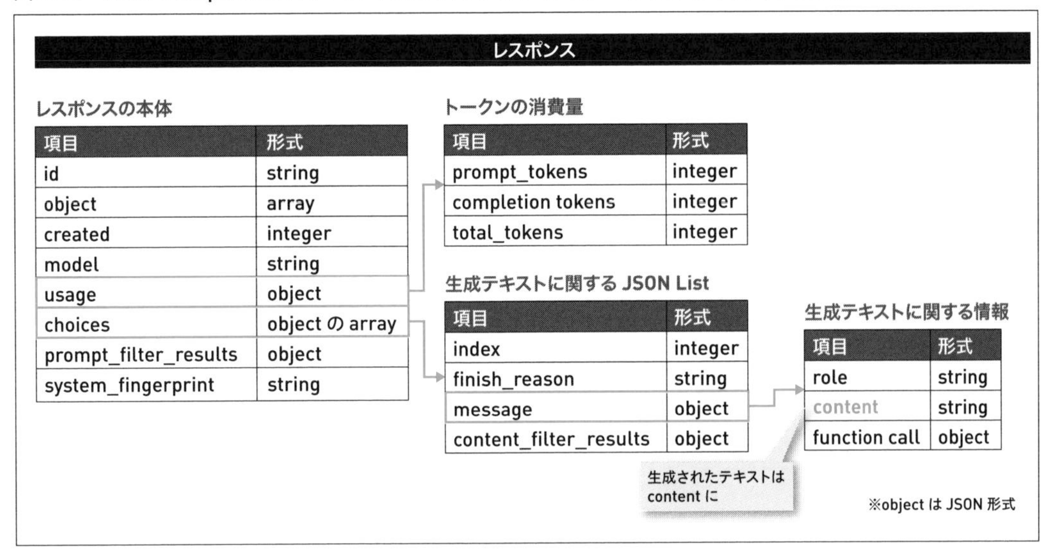

項目	形式
id	string
object	array
created	integer
model	string
usage	object
choices	object の array
prompt_filter_results	object
system_fingerprint	string

項目	形式
prompt_tokens	integer
completion tokens	integer
total_tokens	integer

項目	形式
index	integer
finish_reason	string
message	object
content_filter_results	object

項目	形式
role	string
content	string
function call	object

usageにはトークンの消費量が格納されています。prompt_tokensには入力されたトークン量、completion_tokensには出力に消費したトークン量が格納されています。これらのトークン量はAzure OpenAIの従量課金の算出に使用されます。生成結果はchoices[0].message.contentの中に格納されます。prompt_filter_results、choices[0].content_filter_resultsにはコンテンツフィルタリングの結果が格納されています（リスト4.3）。コンテンツフィルタリングの詳細は第10章で解説しています。

リスト4.3　Chat Completions APIのレスポンス例

```
{
  "id": "chatcmpl-8Ioi2H6uoix4WOIw9Kvmqw9qsXIlO",
  "object": "chat.completion",
  "created": 1699495522,
  "model": "gpt-35-turbo",
  "prompt_filter_results": [
    {
      "prompt_index": 0,
      "content_filter_results": {
        "hate": {
          "filtered": false,
          "severity": "safe"
        },
        "self_harm": {
          "filtered": false,
          "severity": "safe"
        },
        "sexual": {
          "filtered": false,
          "severity": "safe"
        },
        "violence": {
          "filtered": false,
          "severity": "safe"
        }
      }
    }
  ],
  "choices": [
    {
      "index": 0,
      "finish_reason": "stop",
      "message": {
        "role": "assistant",
        "content": "アメリカの首都はワシントンD.C.です。"
      },
      "content_filter_results": {
        "hate": {
          "filtered": false,
          "severity": "safe"
        },
        "self_harm": {
          "filtered": false,
          "severity": "safe"
        },
        "sexual": {
          "filtered": false,
          "severity": "safe"
```

```
        },
        "violence": {
          "filtered": false,
          "severity": "safe"
        }
      }
    }
  ],
  "usage": {
    "prompt_tokens": 57,
    "completion_tokens": 18,
    "total_tokens": 75
  }
}
```


さらに会話を続けたい場合は、入力プロンプトのmessages、role: assistantとして会話履歴を埋め込みましょう（**リスト4.4**）。

リスト4.4　会話履歴を考慮したリクエスト

```
{
  "messages": [
    {
      "role": "system",
      "content": "You are an AI assistant that helps people find information."
    },
    {
      "role": "user",
      "content": "日本の首都を教えて"
    },
    {
      "role": "assistant",
      "content": "日本の首都は東京です。"
    },
    {
      "role": "user",
      "content": "アメリカは？"
    }
  ]
}
```

「アメリカは？」という質問に対して、過去の会話を考慮して「アメリカの首都」を答えてくれました（**リスト4.5**）。

リスト4.5　会話履歴を考慮したリクエストのレスポンス

```
{
 "choices": [
  {
    "message": {
      "role": "assistant",
      "content": "アメリカの首都はワシントンD.C.です。"
    }
  }
}
```

このように過去の会話履歴を含めることで、自然な会話を実現できます。

ただし、会話のターン数が増えるごとに入力トークン量が増えるため、アプリケーションを設計する際はトークン量の制限を超えないように会話のリセット機能を実装する必要があります。

4.9.2 Embeddings API

Embeddings APIのURLもChat Completions APIと同様にリソース名などを埋め込みます。inputに入力となるテキストを指定し、embeddingからベクトル値を受け取ります（**リスト4.6**）。

リスト4.6　Embeddings APIのリクエストとレスポンス

```
# URL
POST https://{{resource_name}}.openai.azure.com/openai/deployments/{{deployment_name
}}/embeddings?api-version={{api_version}}
# Header
Content-Type: application/json
api-key: {{api_key}}
# Body
{
  "input": "Azure OpenAIで使えるモデルを教えて"
}
# Response
{
  "object": "list",
  "data": [
    {
      "object": "embedding",
      "index": 0,
      "embedding": [
        -0.004548803,
        -0.014307688,
        ...
        0.01034001,
      ]
    }
```

```
  ],
  "model": "ada",
  "usage": {
    "prompt_tokens": 16,
    "total_tokens": 16
  }
}
```

4.10 まとめ

本章では大規模言語モデルに学習されている知識だけはなく、外部から情報を検索して回答を生成するRAGの概要とAzureでの実装方法について紹介しました。

COLUMN

RAG vs. ファインチューニング

大規模言語モデルのシステム開発において、タスクの精度向上が見込めない場合、学習データを使って大規模言語モデルのパラメータをチューニングすることができます。この手法はファインチューニングと呼ばれており、Azure OpenAIの「GPT-3.5 Turbo」などのモデルでファインチューニングを実施できます。ファインチューニングでは、特定のタスクに関するプロンプトと、その理想となる出力がペアとなった学習データを用意し、モデルの学習に利用できます。ここで注意したいのは、ファインチューニングはあくまで出力形式や特定タスクの精度強化を目的とするもので、知識やロジックを覚えさせたい、という用途には向いていないことです。

そもそもGPTのモデルではFew-shot Leaningの考え方で、いくつかプロンプトに入出力例を記述することで、タスクの精度を飛躍的に向上させられます。Few-shot Learningでは生成精度が足りず、より多くの学習データを使ってタスクを覚えさせたい、という場合にはファインチューニングを検討しましょう。

また、ファインチューニングは大量のGPUを使うので、運用後も継続的に再学習のコストが掛かることを注意しましょう。その点、RAGに関しては、実行ごとに検索システムにドキュメントを問い合わせ、プロンプトに埋め込んでいるので、検索システムを最新に保っておけば再学習の必要はありません。

したがって、知識の獲得を目的とする場合はRAGを活用し、出力形式の調整やタスクの精度強化がFew-shot Learningではうまくいかない場合はファインチューニングを活用することを推奨します（**表4.7**）。

▼表4.7　知識獲得の手段としてのファインチューニングとRAGの比較

	ファインチューニング（API経由）	RAG
推奨用途	①出力形式・トーンの調整 ②タスク精度の強化 ③トークンの節約	知識やロジックの獲得
コスト	①GPU学習時間に応じたコスト ②専用エンドポイントの稼働時間に応じたコスト	①検索エンジン利用料 ②インプットへの情報追加によるリクエストごとのトークンコスト増
生成速度への影響	入力トークン処理量が減少するため生成速度への影響はなし	検索へのアクセスやプロンプトの入力トークン増などでファインチューニングと比較するとトータルの時間を要する
データ取り込み時間	データセットのサイズに依存し数分～数時間の学習時間が必要	検索エンジンへのデータ取り込みが実行されれば即時反映
リソース達	GPUが必要となるため限られたリージョンでのみ利用可能	検索エンジンは多くのリージョンで利用可能であり比較的容易
技術	一定のニューラルネットワークの学習方法の知見、トレーニングデータの作成や品質確保のための手間や技術が必要	チャンクチューニング、ベクトル検索、プロンプトエンジニアリングの知識が必要

※データやタスクにも依存するのであくまで目安です。また、ChatGPTのAPIに限った比較であり、LLM全般に当てはまるものではありません。

第5章 RAGの実装と評価

本章ではRAGの具体的な実装について、社内文章検索アプリのサンプルコードを交えながら解説します。また後半では、実装したシステムの評価についても見ていきます。

5.1 アーキテクチャ

社内文章を格納するナレッジベースとしてはAzure AI Searchを使用します。社内文書をAzure AI Searchのインデックスに取り込み、チャットUIからの質問に対して回答できるようなシステムを構築します（図5.1）。

図5.1　Azure AI Searchを利用したRAGアーキテクチャ

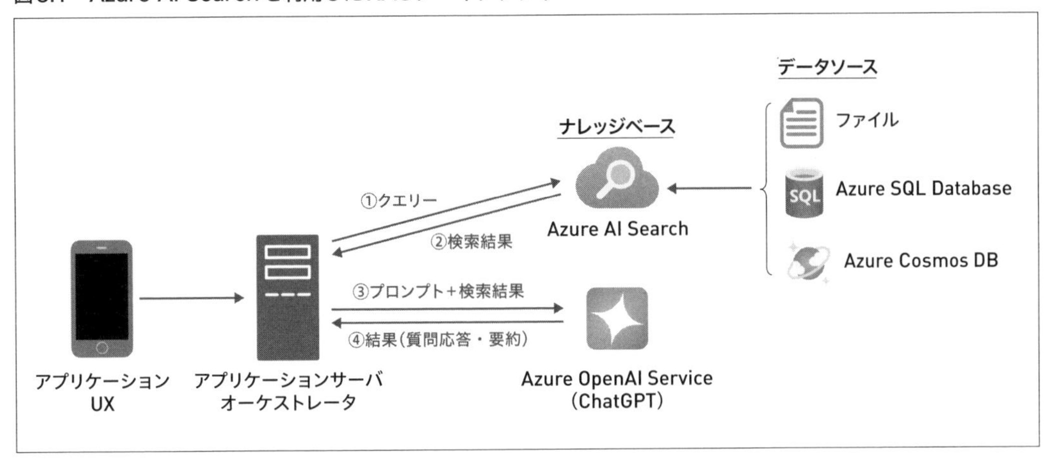

Azure AI Searchを利用した最も基本的なRAGアーキテクチャの内部処理を見ていきましょう（図5.2）。

図5.2 RAGアーキテクチャの検索部分詳解

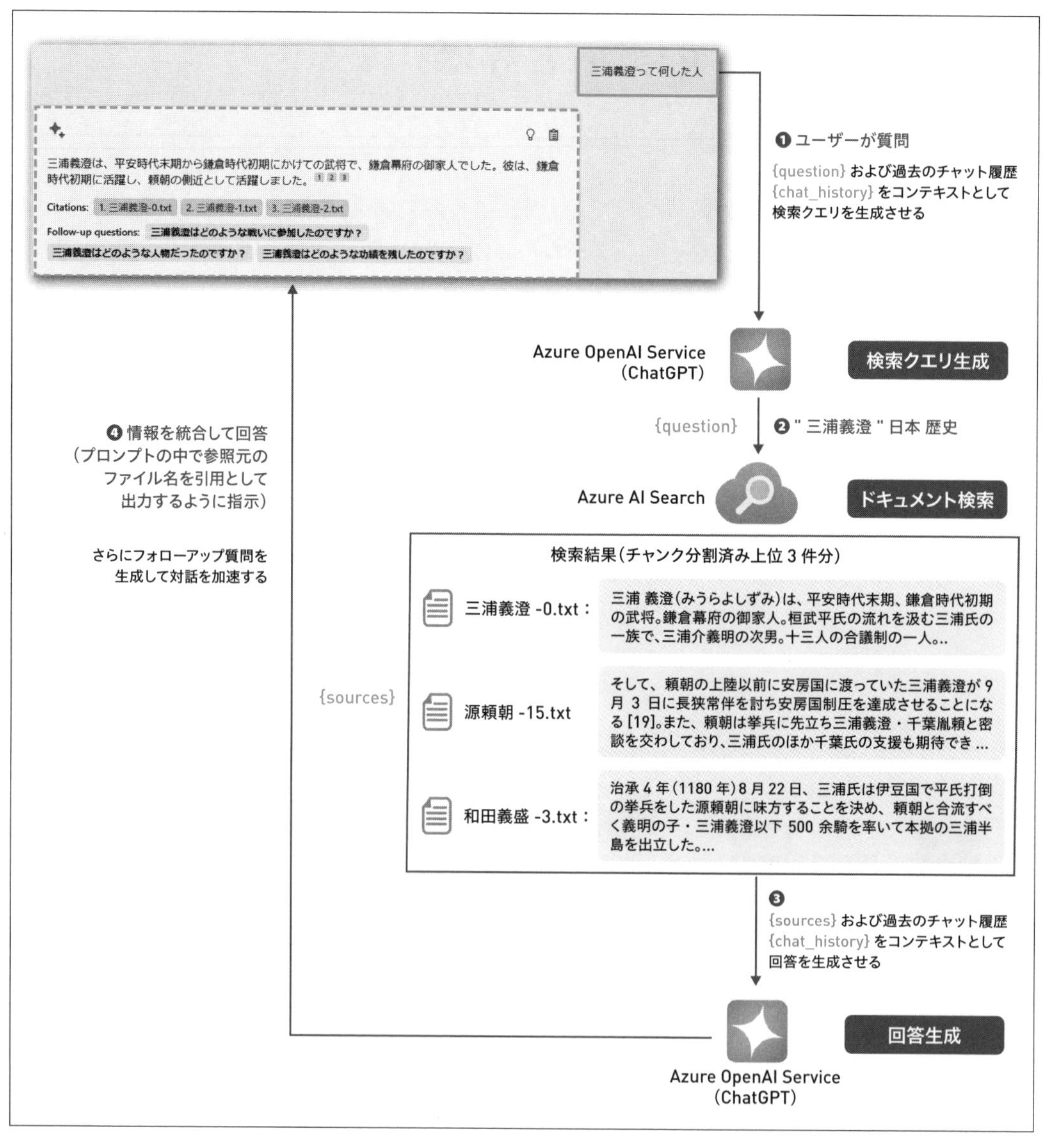

この処理の内、検索部分の処理を以下に示します。

(1) ChatGPTを利用した検索クエリの生成

最新の質問とチャット履歴をもとにGPT-3.5 Turbo/GPT-3.5 Turbo Instructモデルを利用したプロンプトエンジニアリングによってフルテキスト検索クエリを生成（**リスト5.1**）

▼リスト5.1　検索クエリの生成

```
# ==============================================================================
# STEP 1: チャット履歴と最後の質問に基づいて、GPTで最適化されたキーワード検索クエリを生成します。
# ==============================================================================
user_q = 'Generate search query for: ' + history[-1]["user"]
messages = self.get_messages_from_history(
    self.query_prompt_template,
    self.chatgpt_model,
    history,
    user_q,
    self.query_prompt_few_shots,
    self.chatgpt_token_limit - len(user_q)
    )

# Chat Completions API で検索クエリーを生成する
chat_completion: ChatCompletion = await self.openai_client.chat.completions.create(
    messages=messages,
    model=self.chatgpt_deployment if self.chatgpt_deployment else self.chatgpt_model,
    temperature=0.0,
    max_tokens=100,
    n=1)

query_text = chat_completion.choices[0].message.content
if query_text.strip() == "0":
    query_text = history[-1]["user"] # より良いクエリを生成できなかった場合は、最後に入力されたク
エリを使用する。
```

(2) 検索インデックスから関連文書を取得

上記 (1) で生成した検索クエリを使ってAzure AI Searchからドキュメント（たとえば上位3件分）を取得（**リスト5.2**、本章では応用として、フルテキスト検索だけでなくベクトル検索やハイブリッド検索を活用した実装も紹介します）

▼リスト5.2　関連文書の取得

```
# ==============================================================================
# STEP 2: GPT で生成したクエリを使用して、検索インデックスから関連するドキュメントを取得します。
# ==============================================================================
# 検索モードにベクトルが含まれている場合は、クエリの埋め込みを計算します。
if has_vector:
    embedding = await self.openai_client.embeddings.create(
        model=self.embedding_deployment,
        input=query_text
    )
    query_vector = embedding.data[0].embedding
else:
    query_vector = None

# 検索モードがテキストを使用する場合は、テキストクエリのみを保持し、それ以外は削除します。
```

```
if not has_text:
    query_text = None

# 検索モードがテキストまたはハイブリッド（ベクトル+テキスト）の場合、リクエストに応じてセマンティックリランカーを使用する。
if overrides.get("semantic_ranker") and has_text:
    r = await self.search_client.search(search_text=query_text,
        filter=filter,
        query_type=QueryType.SEMANTIC,
        semantic_configuration_name="default",
        top=top,
        query_caption="extractive|highlight-false" if use_semantic_captions else
None,
        vector_queries=[VectorizedQuery(vector=query_vector, k_nearest_neighbors=
top, fields="embedding")] if query_vector else None)
else:
    r = await self.search_client.search(search_text=query_text,
        filter=filter,
        top=top,
        vector_queries=[VectorizedQuery(vector=query_vector, k_nearest_neighbors=
top, fields="embedding")] if query_vector else None)

if use_semantic_captions:
    results =[" SOURCE:" + doc[self.sourcepage_field] + ": " + nonewlines(" . ".join
([c.text for c in doc['@search.captions']])) async for doc in r]
else:
    results =[" SOURCE:" + doc[self.sourcepage_field] + ": " + nonewlines(doc[self.c
ontent_field]) async for doc in r]
content = "\n".join(results) # 検索結果
```

(3) ChatGPTを利用した回答の生成

Azure AI Searchの検索結果やチャット履歴を利用して、コンテキストや内容に応じた回答を生成。ここでプロンプトを使って出典を出力するように指示している。出典にはAzure AI Searchのファイル名のフィールドの値を使用。また、「フォローアップ質問」という、先に行われた質問や話題に対してさらに詳細な情報や補足を求めるための質問も生成させている（**リスト5.3**）

▼リスト5.3 回答の生成

```
# ==============================================================================
# STEP 3: 検索結果とチャット履歴を使用して、文脈や内容に応じた回答を生成します。
# ==============================================================================

follow_up_questions_prompt = self.follow_up_questions_prompt_content if overrides.ge
t("suggest_followup_questions") else ""
# プロンプトテンプレートを上書きする
# クライアントがプロンプト全体を置き換えたり、接頭辞に >>> を使用して既存のプロンプトに注入したりできるよ
```

```
うにする。
prompt_override = overrides.get("prompt_template")
if prompt_override is None:
    system_message = self.system_message_chat_conversation.format(injected_prompt="",
follow_up_questions_prompt=follow_up_questions_prompt)
elif prompt_override.startswith(">>>"):
    system_message = self.system_message_chat_conversation.format(injected_prompt=pr
ompt_override[3:] + "\n", follow_up_questions_prompt=follow_up_questions_prompt)
else:
    system_message = prompt_override.format(follow_up_questions_prompt=follow_up_que
stions_prompt)

print(system_message) # 合成されたシステムプロンプトの確認用

messages = self.get_messages_from_history(
    system_message,
    self.chatgpt_model,
    history,
    history[-1]["user"]+ "\n\n " + content, # モデルは長いシステムメッセージをうまく扱えない。
フォローアップ質問のプロンプトを解決するために、最新のユーザー会話にソースを移動する。
    max_tokens=self.chatgpt_token_limit)
msg_to_display = '\n\n'.join([str(message) for message in messages])

extra_info = {"data_points": results, "thoughts": f"Searched for:<br>{query_text}<br
><br>Conversations:<br>" + msg_to_display.replace('\n', '<br>')}

# Chat Completions API で回答を生成する
chat_coroutine = self.openai_client.chat.completions.create(
    model=self.chatgpt_deployment if self.chatgpt_deployment else self.chatgpt_model,
    messages=messages,
    temperature=overrides.get("temperature") or 0.0,
    max_tokens=1024,
    n=1,
    stream=should_stream
)
return (extra_info, chat_coroutine)
```

このようなシステムを構築するメリットとして、検索結果の中から自分で質問の回答を探す手間が省ける、ニーズに応じてサマライズして回答できる（3点で要約して、小学生でもわかるように要約してなど）、検索結果のファイル名を引用元として表示できる、すでに企業内にフルテキスト検索エンジンが存在する場合の親和性の高さなどが挙げられます。

5.2 社内文章検索の実装例

図5.3に示すようなWebアプリケーションアーキテクチャを実際に構築していきましょう。

図5.3　Azure PaaSで実現するRAGアーキテクチャ

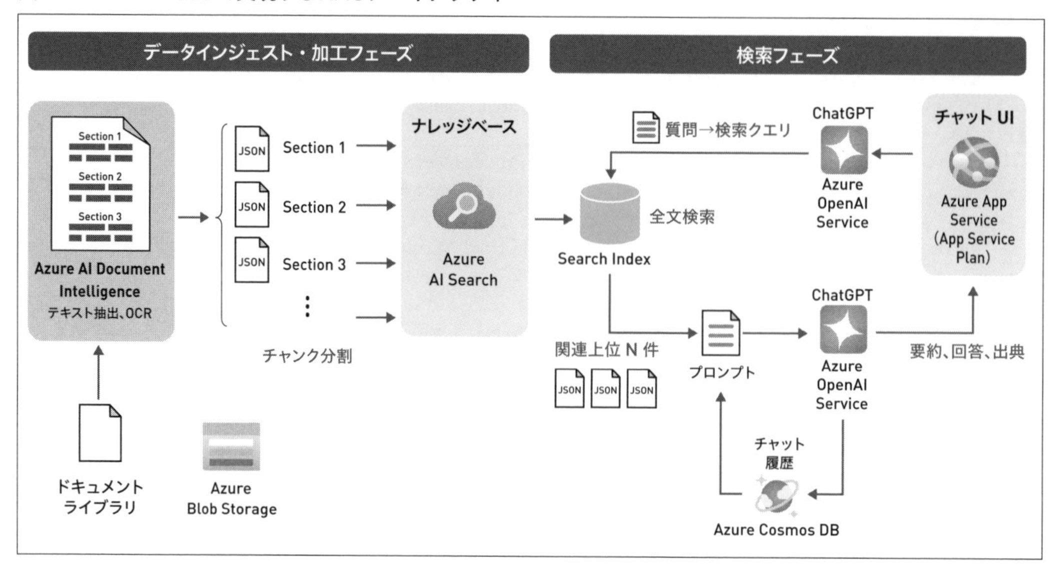

必要となるリソースは6つあり、手作業で構築すると時間がかかるため自動的に構築するスクリプトを用意しています。

5.2.1　使用するAzureサービス一覧と料金

サンプルコードの実行にはAzure OpenAI Service承認済みAzureサブスクリプションが必要です。**表5.1**のとおり料金が掛かりますのでご注意ください。

表5.1 使用するAzureサービスと料金

サービス	使用目的	プランとスペック	料金体系
Azure OpenAI Service	検索クエリの生成と回答の生成にgpt-35-turbo-16k、Embeddnigsの生成にtext-embedding-ada-002モデルを使用（どちらにも30K TPMのクォータの空きが必要）	Standard S0プラン	使用した1,000トークンあたりの課金で、1問あたり少なくとも1,000トークンが使用される。簡単なテストであれば100円/日程度
Azure App Service	チャットUIアプリケーションのホスティングに使用	Basic B1プラン。1CPUコア、1.75GB RAM	1時間あたりの従量課金で、約3円/時間
Azure AI Document Intelligence	PDFの読み取りと構造化を高精度に行う。事前構築済みレイアウトモデルを使用	Standard S0プラン	100ページで約146円
Azure AI Search	検索インデックスおよびベクトルインデックスとして使用	Basicプラン	1レプリカ、無料レベルのセマンティック検索。約20円/時間
Azure Blob Storage	PDFファイルの保管に使用	Standard LRS（ローカル冗長）	従量課金制、ストレージと読み取り操作ごとの価格。約10円/月
Azure Cosmos DB（オプション）	チャット履歴の保管に使用	標準プロビジョニング済みスループット、400RU/s	従量課金制、約6円/時間

料金は付属のサンプルデータを使用した試算で、実際の使用量によって異なります。Azureポータルから作成したリソースグループを選択し、左メニューから［コスト分析］をクリックすると、現在の料金を確認できます。

コストを削減するためにサンプルの`infra`フォルダの下のパラメータファイルを変更することで、Azure App Service、Azure AI Search、Azure AI Document Intelligenceの無料プランに切り替えることができます。

たとえば、無料のAzure AI Searchリソースは1サブスクリプションにつき1つまでで、無料のAI Document Intelligenceリソースは各ドキュメントの最初の2ページのみを分析します。また、`data`フォルダ内のドキュメント数を減らすことでもコスト削減できます。

> **Notice**
>
> 不要なコストを避けるために、アプリが使われなくなったら忘れずにアプリを削除してください、Azure portalでリソースグループを削除するか、`azd down`を実行してください。

5.2.2 ローカル開発環境を構築する

ローカルで開発環境を構築するには、次のコンポーネントが必要です。

- Azure Developer CLI
- Python 3.10以上
- Node.js 18以上
- Git
- PowerShell 7以上 (pwsh)　※Windowsユーザーのみ

詳しいインストール手順は付録Aを参照してください。

○自動構築スクリプトの起動

図5.1のアーキテクチャ一式が実装されたチャットアプリケーションを構築しましょう。サンプルコードのライセンスはMIT Licenseです。PowerShellを起動して次のコマンドを実行します。

```
git clone https://github.com/shohei1029/book-azureopenai-sample.git
cd book-azureopenai-sample/aoai-rag
```

自動的にAzure上にリソースを構築し、サンプルデータをアップロードするスクリプトを用意していますので、下記コマンドを実行します。サンプルデータはdataフォルダに格納したものがアップロードされます。

```
azd auth login
azd up
```

コンソールの対話モードで質問に答えて Enter キーを押下します。今回は東日本リージョン(japaneast)内にすべてのリソースをデプロイします。

```
? Enter a new environment name: 任意の環境名
? Select an Azure Subscription to use: 1. サブスクリプション名(サブスクリプションID)
? Select an Azure location to use: 9. (Asia Pacific) Japan East (japaneast)
```

再びOpenAIリソースについての質問に答えて Enter キーを押下します。

```
? Enter a value for the 'openAiResourceGroupLocation' infrastructure parameter: 1. (
Asia Pacific) Japan East (japaneast)
Save the value in the environment for future use No:
```

下記のとおり、1つのリソースグループと6つのリソースが作成されれば完了です。

```
  (✓) Done: Resource group: rg-環境名
  (✓) Done: App Service plan: plan-yua7i2sg6cpkc
```

```
  (✓) Done: Form recognizer: cog-fr-yua7i2sg6cpkc
  (✓) Done: Storage account: styua7i2sg6cpkc
  (✓) Done: Azure OpenAI: cog-yua7i2sg6cpkc
  (✓) Done: Search service: gptkb-yua7i2sg6cpkc
  (✓) Done: App Service: app-backend-yua7i2sg6cpkc
```

リソースのデプロイが完了すると、自動的にPython仮想環境が構築されて、`scripts/prepdocs.py`が起動します。このスクリプトは`data`フォルダに格納されているサンプルPDFファイルからテキストを抽出してチャンクの断片に分割後、Azure AI Searchの検索インデックスとして登録します。

検索結果画面のファイルプレビュー用にページ単位で分割したPDFファイルもAzure Blob Storageにアップロードします。

アプリケーションが正常にデプロイされると、コンソールに以下のような形でURLが出力されます。

```
Endpoint: https://app-backend-yua7i2sg6cpkc.azurewebsites.net/
```

そのURLをクリックして、ブラウザでアプリケーションを操作します。アプリケーションが完全に展開されるまでに数分かかる場合があります。

`:( Application Error`画面が表示された場合は、少し待ってページを更新してください。構築に問題が発生した場合、お手数ですがGitHub[注5.1]のIssuesに報告いただければ幸いです。

App Serviceにホスティングされるチャットアプリケーションを停止させるには、Azure portalからリソースグループを開き、App Serviceリソースをクリックして［停止］をクリックします。

◎アクセス制限を掛ける

Azure portalから、［rg-環境名］のリソースグループを開き、App Serviceリソースをクリックします。

左側のメニューの［認証］をクリックして、［IDプロバイダー］に「Microsoft」を選択して内容を確認し、［アクセスを制限する］では「認証が必要」にチェックが入っていることを確認し、［追加］をクリックします（**図5.4**）。

注5.1 "book-azureopenai-sample" https://github.com/shohei1029/book-azureopenai-sample.git

図5.4 IDプロバイダの追加

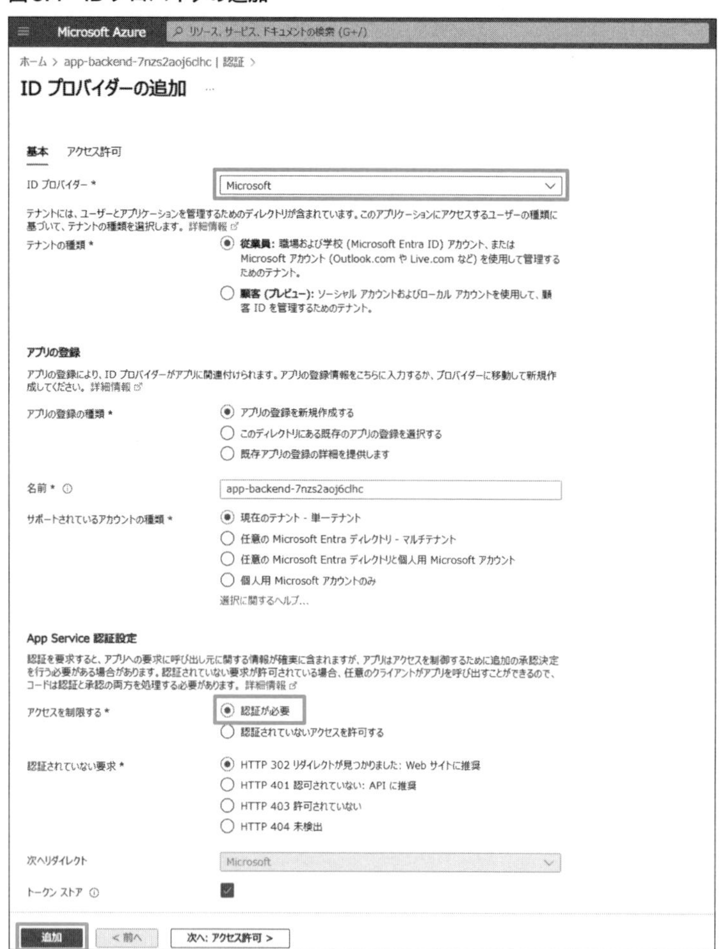

また、IPアドレスの制限を追加することもできます。App Serviceリソースの左側のメニューの[ネットワーク]をクリックし、[受信トラフィック]の[アクセス制限]をクリックします。自分のマシンや組織のIPアドレスなどの許可するIPアドレスの規則を追加して[規則の追加]、[保存]とクリックします(**図5.5**)。

図5.5 IPアドレス制限の追加

Notice

適切なアクセス制限を掛けずに実際の社内文書をアップロードしないでください。情報漏洩のリスクがあります。

5.2.3 ローカル開発環境で実行する

チャットアプリケーションをローカル開発環境で開始するには、Bash/ZshやPowerShellから下記コマンドを実行してプロジェクトをローカルで開始します。

- Bash/Zsh (Linux/macOS)

```
cd app
bash start.sh
```

- PowerShell (Windows)

```
cd app
.\start.ps1
```

自動的にPython仮想環境が起動し、.azureフォルダの各環境名の中の.envファイルから環境変数をロードし、バックエンドサーバの起動とフロントエンドのビルドを行います（図5.6）。

図5.6 App Serviceにホスティングされているチャットアプリケーションの内部構成

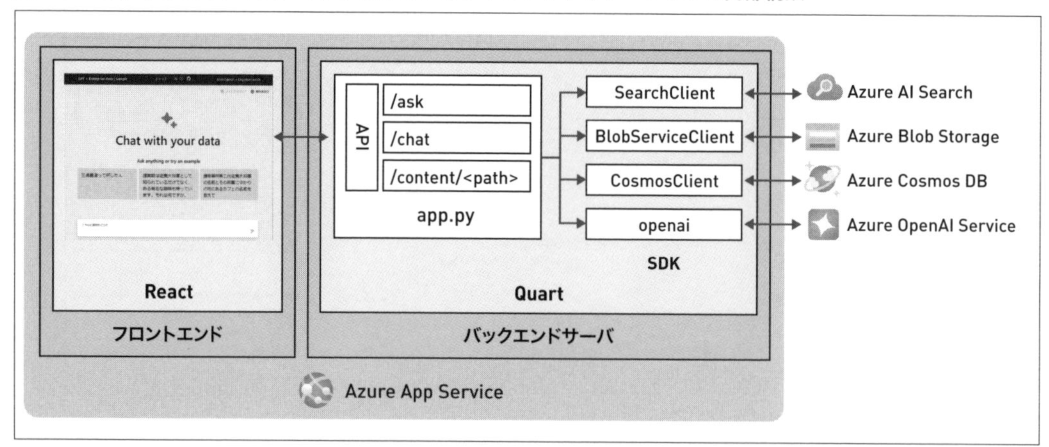

実行が完了したら、ブラウザからhttp://127.0.0.1:50505/[注5.2]を開くとチャットUIが表示されます（図5.7）。

図5.7 チャットUIトップページ

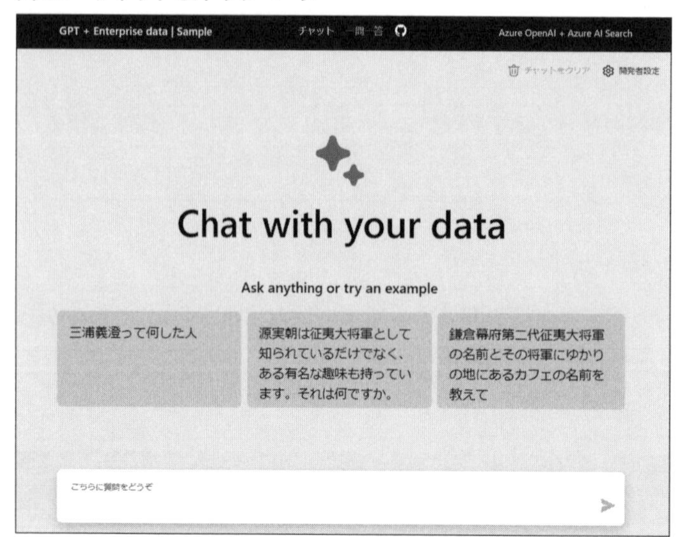

ポートがすでに使われている旨のエラーが表示された場合は、利用したスクリプトに応じて

注5.2 WindowsでWSL2上のLinux環境でサーバを立ち上げた場合、ホストのWindows側からは127.0.0.1にアクセスできません。代わりにlocalhostを指定してください。

start.shの85行目またはstart.ps1の68行目で、--port 50505と指定されている部分を任意のポート番号に変更します。

実行を中断するには Ctrl + C キーを押下します。

5.2.4 ローカルの変更をApp Serviceへデプロイする

appフォルダ内のバックエンド／フロントエンドコードのみを変更した場合は、Azureリソースを再プロビジョニングする必要はありません。次のコマンドを実行するだけです。

```
azd deploy
```

インフラストラクチャ関連のファイル（infraフォルダまたはazure.yaml）を変更した場合は、Azureリソースを再プロビジョニングする必要があります。これを実行するには、次のコマンドを実行します。

```
azd up
```

5.2.5 環境設定ファイルを変更する

自動構築時に指定した環境名と環境設定は.azureディレクトリ配下に保存されています。.azure/<環境名>/.envファイルの設定を変更することでAzure OpenAI Serviceのリソース名やモデルデプロイ名、Azure AI Searchの検索インデックスなどを簡単に切り替えることができます。この環境を再定義し、ゼロから作成しなおしたい場合には.azureディレクトリを削除してください。

5.2.6 追加のドキュメントをインデックス化する

追加のPDFをアップロードするには、それらをdataフォルダに入れ、scripts/prepdocs.shまたはscripts/prepdocs.ps1を実行してください。

5.2.7 実際に質問する

一例として、GPT-3.5 TurboやGPT-4モデル単独だと誤った回答をしたり、知らないと答えたりする確率が高い、日本の鎌倉時代の歴史について質問を行います。自動的にAzure AI SearchのインデックスとしてWikipediaのサンプルデータセットが登録されていますので、中身を検索してみましょう。

トップページ（図5.7）から、デフォルト質問をクリックして試すこともできますし、チャットボックスに質問を入力することもできます。チャットボックスに質問を入力して Enter キーを押下すると、図5.8のように回答の生成に使用した出典のリンク付きで返答されます。

図5.8 チャットUIに質問

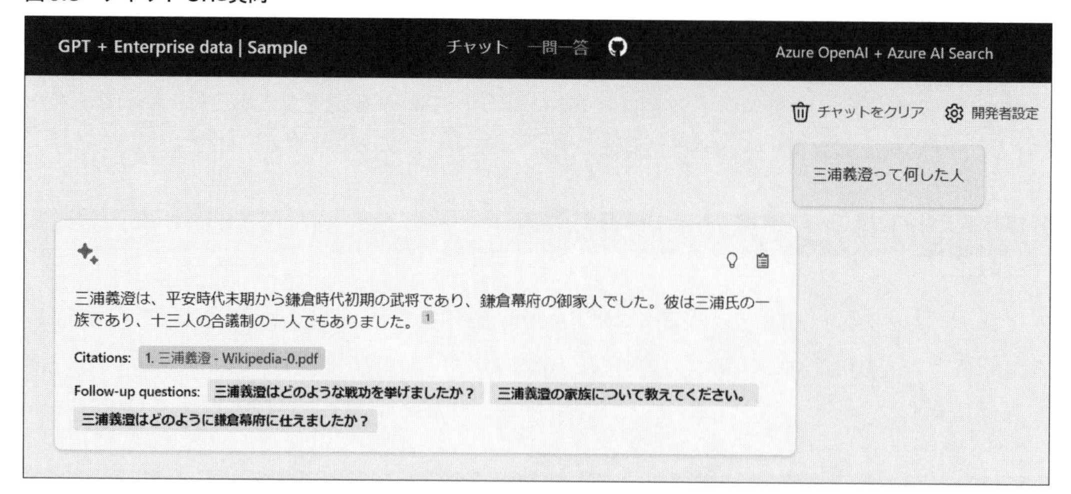

Azure AI Searchの検索モードにはデフォルトで「フルテキスト検索」がセットされており、検索ワードに一致するワードを含むドキュメントが検索されます。

5.2.8 機能紹介

このアプリには「チャット機能（履歴付き）」と「一問一答機能」があります。画面上部のバーで、チャット機能を使うには［チャット］、一問一答機能を使うには［一問一答］をクリックします（本書では一問一答機能については紹介しません）。

○チャット機能

実際に生成した検索ワードや送信したプロンプト、コンテキストを確認するには、電球のボタンをクリックします（図5.9）。そうすると［推論プロセス］タブにバックグラウンドでの検索処理の流れが表示されます。

図5.9　チャットUIの推論プロセス

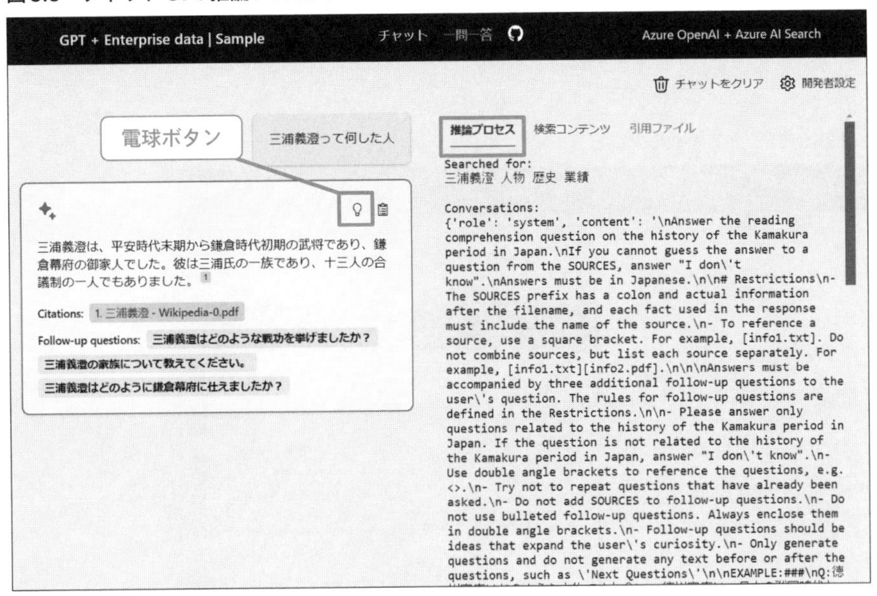

Azure AI Searchでの検索結果を確認する場合は、クリップボードボタンをクリックするか、[検索コンテンツ] タブをクリックします。**図5.10**のように上位3件分が表示されます。

図5.10　チャットUIの出典リスト（検索結果）

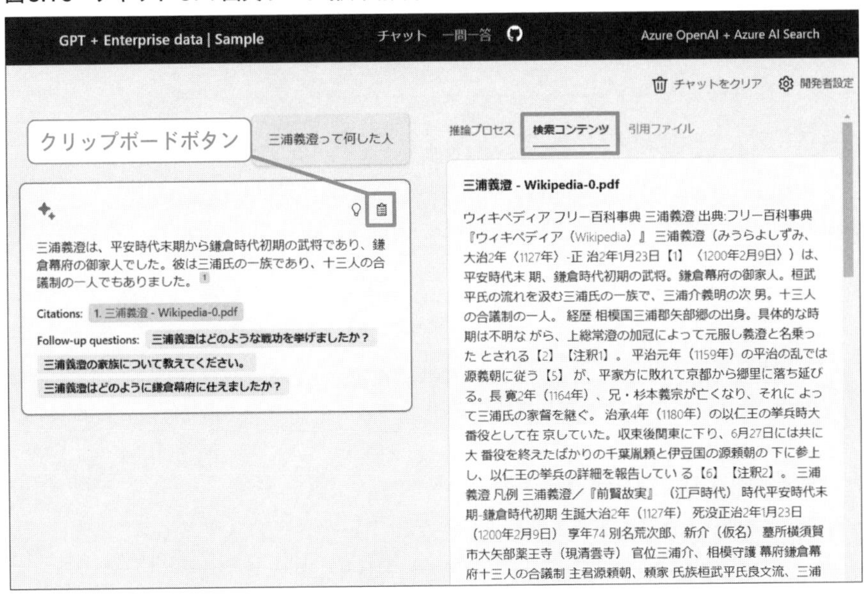

回答の生成に使用した出典ファイルのプレビューを確認する場合は、ファイルのリンクをクリックするか、[引用ファイル] タブをクリックします。**図5.11**のようにPDFファイルのプレビューが表示されます。

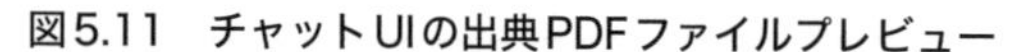

図5.11 チャットUIの出典PDFファイルプレビュー

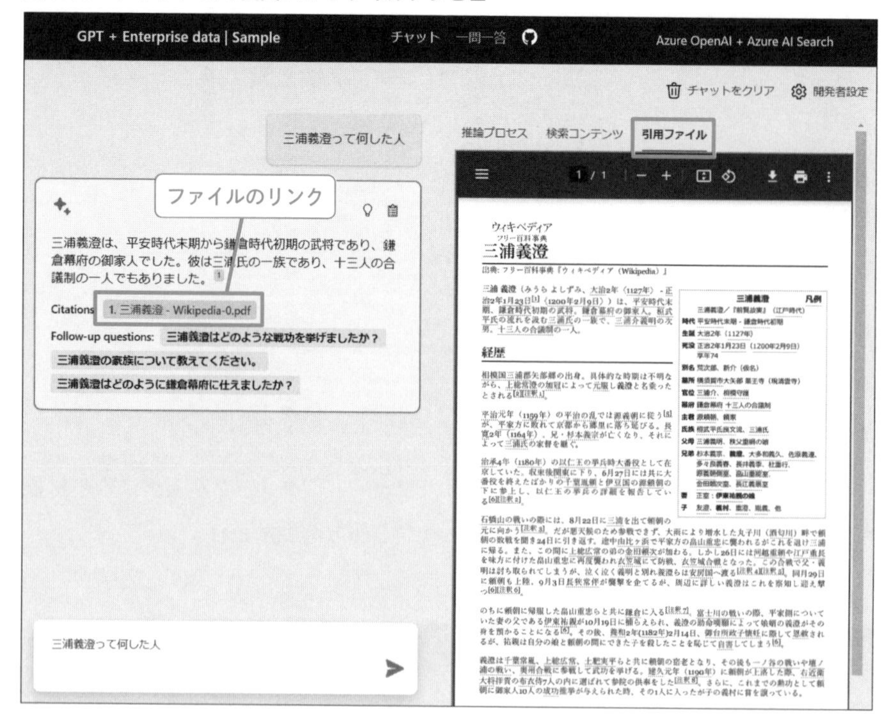

本サンプルでは誰でもファイルにアクセスしてプレビューできますが、実プロジェクトではユーザー権限によるアクセスコントロールを実装する必要があります。一般的にはユーザーの識別子をAzure AI Searchのインデックスフィールドに格納し、フィルタクエリで出し分けるという手法[注5.3]を取ります。

○チャット機能のサブ機能

画面右上のボタンから、それぞれ以下のサブ機能が使えます。

- [開発者設定]：開発者向けの設定を変更できる
  - プロンプトテンプレートを上書きする：プロンプトテンプレートをカスタマイズ

注5.3 「Azure AI Searchの結果をトリミングするためのセキュリティフィルター」
https://learn.microsoft.com/azure/search/search-security-trimming-for-azure-search

  - 検索からこの数の文書を取得：検索結果の上位n件を対象にする
  - 検索にセマンティックランカーを使う：セマンティックランカー機能を使用
  - 文書全体ではなく、クエリコンテキストサマリーを使用する：セマンティックキャプション機能を使用
  - フォローアップ質問を提案する：フォローアップ質問を生成して表示
  - 検索モード：検索モードを選択できる。フルテキスト検索、ベクトル検索、ハイブリッド検索から選択できる。デフォルトはフルテキスト検索
- [チャットをクリア]：ブラウザ上に保持されているチャット履歴を削除

一問一答機能のサブ機能

画面右上のボタンから、それぞれ以下のサブ機能が使えます。

- 「開発者設定」：開発者向けの設定を変更できる
  - 一問一答：シンプルな一問一答機能
  - ツール選定（ReAct）：独自に定義したツールから回答に必要なツールを選定して回答を生成する。ReActを使用
  - ChatGPTプラグイン：複数のChatGPTプラグインから回答に必要なプラグインを選定して回答を生成する。ReAct。ローカル開発環境のみの動作となる

Notice

サンプルチャットアプリケーションを使わずに学びたい方のためにサンプルJupyter Notebookを用意しています。book-azureopenai-sample/aoai-rag/notebooksをご覧ください。

5.3 会話履歴の保持

Azure OpenAI ServiceのChat Completions APIはステートレスなAPIのため、新しい質問をするたびにこれまでの会話の履歴を最新の質問とともに送信しなければ、以前の質問と回答のコンテキストを考慮した回答ができません。このチャットUIアプリは、デフォルトのままでは“記憶”は一時的なものとして扱われます。これを永続的なものにするために、データベースを用意して質問と回答のペアを保存します。こうすることで、新たにチャットセッションを開始した直後に、過去の問い合わせを参照できるようになります。

Chat Completions APIからのレスポンスはJSON形式なため、スキーマ定義が不要でJSONのまま簡単に格納できるAzure Cosmos DB（SQL API）を利用しています（**図5.12**）。

図5.12　チャット履歴を保存するRAGアーキテクチャ

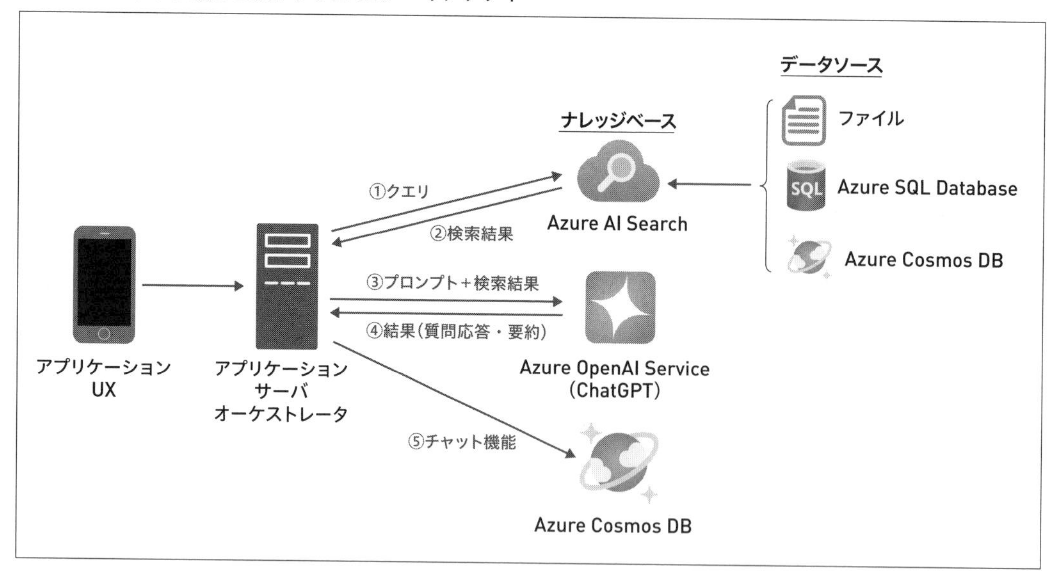

チャット履歴を保存するというのはユーザー体験の向上だけでなく、将来ファインチューニングを行うときに備えて既存モデルの間違いを分析し、高品質なトレーニングデータとして整備する際にも大きな価値を持ちます。

5.3.1 履歴保持の実装例

○Cosmos DBデータベースを作成する

まずはAzure portalにサインインします。

上部の検索ボックスの右隣にあるCloud Shellを開き、次のcurlコマンドを実行して、GitHubから`setup-sql-cosmosdb.sh`スクリプトをコピーします。

```
curl https://raw.githubusercontent.com/shohei1029/book-azureopenai-sample/main/aoai-rag/scripts/setup-sql-cosmosdb.sh > setup-sql-cosmosdb.sh
```

次のコマンドでスクリプトを実行します。`rg-環境名`の部分をご自分のリソースグループ名で置き換えます。このコマンドは実行に数分かかります。

```
bash setup-sql-cosmosdb.sh rg-環境名
```

スクリプトが完了するのを待ちます。完了すると、Cloud Shellには次のプロパティの値が表示されます。

- Cosmos DBアカウントID
- Cosmos DBデータベース名
- Cosmos DBコンテナー名
- Cosmos DBアクセスキー
- Cosmos DB接続文字列

Cloud Shellに表示される値を安全な場所に保存します。上記のうち、「アカウントID」と「アクセスキー」を使用します。

○Cosmos DBに会話履歴を挿入する

デフォルトではapp/backend/approaches/chatreadretrieveread.pyが使用されます。これをCosmos DBが使用されるように変更します。

app/backend/app.pyの245行目のChatReadRetrieveReadApproachをコメントアウトし、ChatReadRetrieveReadApproachCosmosDBを使うようにします（**リスト5.4**）。

リスト5.4　使用するアプローチを変更

```
"rrr": ChatReadRetrieveReadApproachCosmosDB (
    search_client,
    openai_client,
    cosmos_container,
    AZURE_OPENAI_CHATGPT_DEPLOYMENT,
    AZURE_OPENAI_CHATGPT_MODEL,
    AZURE_OPENAI_EMB_DEPLOYMENT,
    KB_FIELDS_SOURCEPAGE,
    KB_FIELDS_CONTENT,
)
```

次に、183行目に先ほどコピーしたCosmos DBの接続情報をセットします。<Your-CosmosDB-AccountID>を「アカウントID」に、<Your-CosmosDB-Access-Key>を「アクセスキー」に置き換えます（**リスト5.5**）。

リスト5.5　Cosmos DBの接続先

```
endpoint = 'https://<Your-CosmosDB-AccountID>.documents.azure.com:443/'
key = '<Your-CosmosDB-Access-Key>'
```

Cosmos DBに保存する会話履歴の例を**リスト5.6**に示します。

リスト5.6 Cosmos DBに保存するデータの例

```
new_item = {
    "id": str(uuid.uuid4()),
    "chat_session_id": self.chat_session_id,
    "user_id": "A00000001",
    "timestamp": datetime.utcnow().strftime('%Y-%m-%dT%H:%M:%S.%fZ'),
    "conversation": [
        {"role": "user", "content": history[-1]["user"]},
        {"role": "assistant", "content": chat_content}
    ],
    "feedback": 1
}
```

app/backend/approaches/chatreadretrieveread_cosmosdb.pyの206行目にあります。

責任あるAIの観点であとから結果を評価するために、できればユーザーのフィードバックも一緒に格納するのがおすすめです。

5.3.2 Cosmos DBに会話履歴が保存されたことを確認する

これですべての会話履歴をCosmos DBに保存できるようになりました。チャットUIで対話を行ったあと、Cosmos DBデータベースを調べ、保存された会話履歴を確認してみましょう。

(1) Azure portalから、[rg-環境名]のリソースグループを開き、リソースのリストから「openai-demo-cosmosdb-xxxxx」を選択
(2) 左側のメニューペインで[データエクスプローラー]を選択
(3) データエクスプローラーの左メニューからデータベース[ChatGPT]を選択
(4) その下の階層のコレクション[ChatLogs]を選択し、[Items]をクリック
(5) すでにコレクションに保存されている会話履歴データがリストアップされる
(6) 各データのidをクリックするとJSON形式の生データを参照できる

5.4 検索機能

ここからは第4章で概要を紹介した、フルテキスト検索以外の3つの検索手法の実装について解説します。

5.4.1 ベクトル検索

図5.2ではユーザーが入力した質問から検索ワードを生成して検索する方法を紹介しましたが、

この方法では検索対象のドキュメント内のワードが検索ワード[注5.4]と一致しなければヒットさせられず、質問者の意図は考慮されません。これまでのフルテキスト検索エンジンでは、似た意味の用語を検索するためには同義語辞書を作成して登録する必要がありました。

Embeddings APIを利用して「質問文」と「ドキュメントのチャンクテキスト」との類似性を計算することで、検索ワードの一致に依存しない、意味的に似ているドキュメントを簡単に検索できるようになります。

検索対象ドキュメントに対する処理の流れとしては、まずAzure AI Document Intelligence（旧称：Azure Form Recognizer）でドキュメントをスキャンし、テキストを抽出します。テキストをセクションごとにチャンクという単位に分割し、チャンクごとにEmbeddingsを生成、検索結果に表示するための元テキストとセットでデータベースに保管します（**図5.13**）。

図5.13 データのインジェストとチャンク化、およびEmbeddings変換

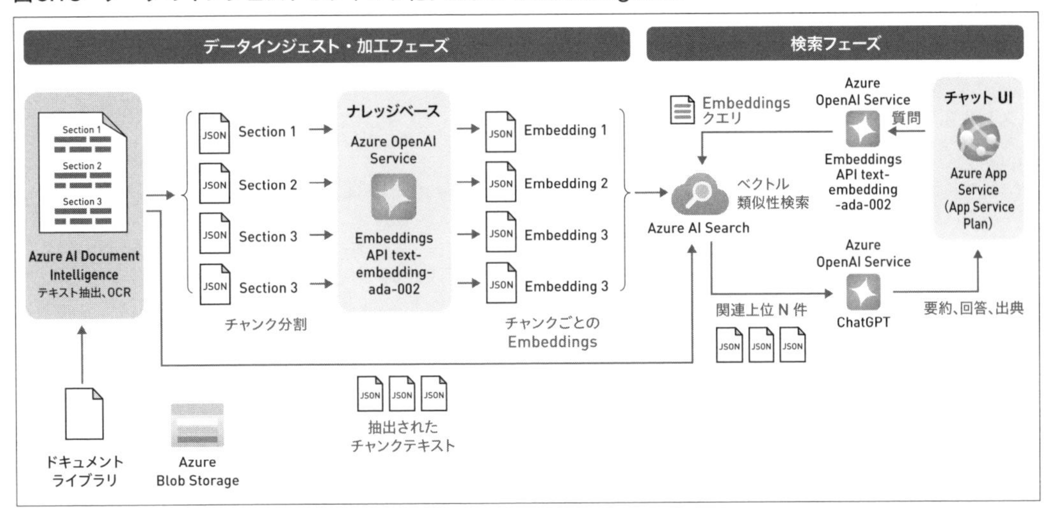

検索するときは質問文をEmbeddingsに変換し、格納済みのチャンクのベクトル間のコサイン距離を計算するわけですが、毎回データベースの全ドキュメントと距離を比較していては負荷がかかり過ぎます。そのため、ベクトルデータを高速に検索することに最適化されたアルゴリズムを実装している、専用のベクトルデータベースを検討します。今回使用するAzure AI Searchはベクトルデータベースとしても利用でき、ベクトルを高速で検索するアルゴリズムにはHNSW（Hierarchical Navigable Small World）という近似最近傍探索（ANN）アルゴリズムが実装されています。さらに最大2,048次元までのベクトルデータを格納できることから、Microsoftが推

注5.4　正確には転置インデックスと検索クエリを解析して抽出されたトークン。

奨するtext-embedding-ada-002モデルで生成したベクトル(1,536次元)を格納できます。

ベクトル検索クエリ

chatreadretrieveread.pyの127行目では**リスト5.7**のようにgpt-35-turboモデルで生成した検索クエリをEmbeddings APIに投入しています。

リスト5.7　検索クエリをEmbeddingsに変換

```
embedding = await self.openai_client.embeddings.create(
    model=self.embedding_deployment,
    input=query_text
)
query_vector = embedding.data[0].embedding
```

chatreadretrieveread.pyの137行目、検索関数の引数query_textをNoneにすることで、ベクトルフィールドquery_vectorからのみ検索されるようにします(**リスト5.8**)。

リスト5.8　ベクトルフィールドの検索

```
query_text = None
r = await self.search_client.search(search_text=query_text,
    filter=filter,
    top=top,
    vector_queries=[VectorizedQuery(vector=query_vector, k_nearest_neighbors=top,
fields="embedding")] if query_vector else None)
```

ベクトル検索では、フルテキスト検索の文字列のマッチングとは対照的に、検索クエリは浮動小数点のベクトルです。ベクトル検索クエリに一致するドキュメントは、インデックスで定義されているベクトルフィールドで構成されたベクトル類似性アルゴリズムを使用してランク付けされます。Azure AI Searchでは類似性メトリックとして、コサイン類似度(cosine)、ユークリッド距離(euclidean)、内積(dotProduct)をサポートしています。Azure OpenAI Embeddingモデルを使用している場合は、コサイン類似度が推奨されるメトリックです。

チャットUIからの利用

チャットUIの右上の[開発者設定]からAzure AI Searchの検索クエリモードを変更できます。[検索モード]を「Vectors」に変更します(**図5.14**)。

図5.14 検索クエリのモード変更（ベクトル検索）

「源実**友**の**お歌**にはどのような特徴があったのでしょうか？」という、わざとスペルミスを入れたり、和歌をお歌と言い換えたりした質問文で検索して、フルテキスト検索との結果を比較してみましょう。

COLUMN

チャンク分割の重要性

Embeddingsの生成に使用されるモデルでは、入力できるトークン数に上限があります。たとえば、text-embedding-ada-002モデルの入力テキストの最大長は8,191トークンです。このモデルを使用してEmbeddingsを生成する場合は、入力テキストをトークン制限以下にすることが重要です。トークン制限を超えるような大きなドキュメントではチャンク分割が必須になりますが、分割のしかたにも工夫が必要です。単にトークン上限で切ってしまうのではなく、チャンクを意味のある段落単位で分割したり、前後のチャンクでワードを10〜15％重複させたりするなどの工夫が一般的です。これにより、チャンク間の意味的なつながりを保ちつつ、モデルのトークン制限を守ることができます。参考データとして、Microsoftが実施した定量評価では、チャンク間の重複を「25％」、「512トークン」ごとに分割すると良好な結果が得られることを報告しています[注5.a]。

注5.a "Azure Cognitive Search: Outperforming vector search with hybrid retrieval and ranking capabilities" https://techcommunity.microsoft.com/t5/azure-ai-services-blog/azure-cognitive-search-outperforming-vector-search-with-hybrid/ba-p/3929167

5.4.2 ハイブリッド検索

Embeddings APIを用いたベクトル検索では、質問内容によってはうまく類似したドキュメントを見つけることができない場合があります。より確実にドキュメントを見つけたい場合は、ベクトル検索の検索結果と従来のフルテキスト検索の検索結果の両方を組み合わせた検索方法である、ハイブリッド検索が有効です。Azure AI Searchでは**ハイブリッド検索**クエリに対応しているため、**図5.15**のように両クエリを組み合わせて利用できます。

図5.15 フルテキスト検索とベクトル検索のハイブリッド検索

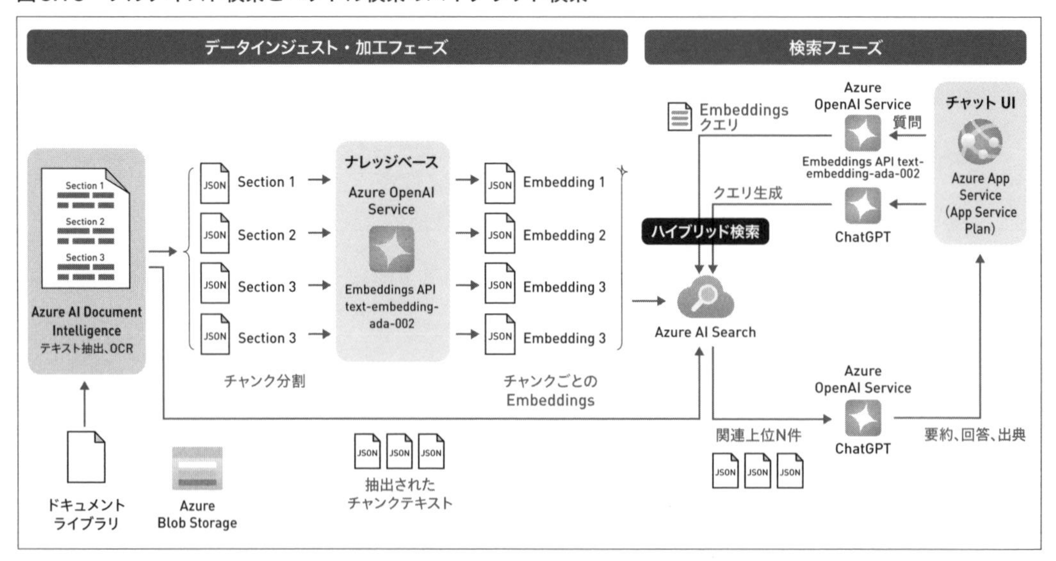

○ハイブリッド検索クエリ

chatreadretrieveread.pyの141行目、検索関数の引数query_textに生成した検索ワードをセットし、query_vectorにはベクトルをセットして検索するとハイブリッド検索になります(**リスト5.9**)。

リスト5.9 ハイブリッド検索へ変更

```
r = await self.search_client.search(search_text=query_text,
    filter=filter,
    top=top,
    vector_queries=[VectorizedQuery(vector=query_vector, k_nearest_neighbors=top,
fields="embedding")] if query_vector else None)
```

ハイブリッド検索において、検索ランキングを作るためにどのように検索スコアを計算しているか説明します。まずキーワード検索ではBM25アルゴリズム[注5.5]によるスコアを、ベクトル検索ではコサイン類似度をスコアとして用いており、両者異なるスコアを使っています（詳しくは第4章参照）。ハイブリッド検索クエリは並列で実行され、結果は1つの応答にマージされます。

◯チャットUIからの利用

チャットUIの右上の［開発者設定］からAzure AI Searchの検索クエリモードを変更できます。［検索モード］を「Vectors + Text (Hybrid)」に変更します（**図5.16**）。

図5.16 検索クエリのモード変更（ハイブリッド検索）

「源実友は征夷大将軍として知られているだけでなく、ある有名な趣味も持っています。それは何ですか。あとそれにまつわる有名な書物も教えて。」のような長めの質問文で検索して結果を比較してみましょう。

5.4.3 セマンティックハイブリッド検索

セマンティックハイブリッド検索（ハイブリッド検索＋セマンティックランカー）はAzure AI Search独自の検索機能であり、ハイブリッド検索と検索結果を高い精度で並べ替えるリランカー機能（セマンティックランカー）を組み合わせた高度な検索方法です。リランカーはMicrosoft製の言語モデルであるTuringモデル[注5.6]に基づいています。

注5.5 「Okapi BM25」 https://ja.wikipedia.org/wiki/Okapi_BM25

注5.6 "Introducing multilingual support for semantic search on Azure Cognitive Search" https://techcommunity.microsoft.com/t5/azure-ai-services-blog/introducing-multilingual-support-for-semantic-search-on-azure/ba-p/2385110

セマンティック検索機能の料金

セマンティック検索機能はAzure AI Searchの検索料金に加えて、セマンティックランカーの使用に対して別途料金が発生します。詳細は料金表[注5.7]をご参照ください。Freeプランであれば1ヵ月あたり最大1,000件のセマンティッククエリまでは無料で実行できます。

セマンティックハイブリッド検索クエリ

Azure AI Searchの機能を総動員した検索クエリです。ハイブリッド検索結果をセマンティック検索によるリランカーで結果を並び変えます。さらに、セマンティックキャプション[注5.8]やセマンティックアンサー[注5.9]を用いた抽出的要約を検索結果に付加します（**リスト5.10**）。

リスト5.10　セマンティックハイブリッド検索

```
if overrides.get("semantic_ranker") and has_text:
    r = await self.search_client.search(search_text=query_text,
                                  filter=filter,
                                  query_type=QueryType.SEMANTIC,
                                  semantic_configuration_name="default",
                                  top=top,
                                  query_caption="extractive|highlight-false" if use_se
mantic_captions else None,
                                  vector_queries=[VectorizedQuery(vector=query_vector,
k_nearest_neighbors=top, fields="embedding")] if query_vector else None)
```

セマンティックハイブリッド検索ではハイブリッド検索の結果上位50件を、リランク（並び替え）して新たにスコアを生成しています。この機能はコストの高い処理をしているので、検索には時間がかかる点にはご注意ください。

チャットUIからの利用

チャットUIの右上の［開発者設定］から「検索にセマンティックランカーを使う」と「文書全体ではなく、クエリコンテキストサマリーを使用する」にチェックを入れて「検索モード」を「Vectors + Text (Hybrid)」に変更します。この状態で質問を投げて他の検索モードと結果を比較してみましょう。

「１３人の合議制に含まれるメンバー一覧」のような、わざと数字を全角で記述したり意図を考慮しないと答えを探しにくい質問文にしたりして、結果を比較してみましょう。

注5.7　「Azure AI Searchの価格」　https://azure.microsoft.com/pricing/details/search/

注5.8　ドキュメントから関連性の高い部分を抽出する機能。文を生成しているわけではないため、信頼性が必要な説明や定義を表示するシーンに適しています。

注5.9　ドキュメントから質問の回答として最も適した一節を抽出して提示する機能です。検索クエリで質問が明確に提示され、検索ドキュメントに回答の言語特性を持つフレーズまたは文が存在する場合に返却されることがあります。

COLUMN

どの検索モードが最も良い結果を出すか

Microsoftが実施した定量評価では、顧客データセット、BEIRデータセット、MIRACLデータセットのそれぞれで、セマンティックハイブリッド検索が最もランキング品質（NDCG@3or10）が高かったと報告しています[注5.b]。

注5.b "Azure Cognitive Search: Outperforming vector search with hybrid retrieval and ranking capabilities" https://techcommunity.microsoft.com/t5/azure-ai-services-blog/azure-cognitive-search-outperforming-vector-search-with-hybrid/ba-p/3929167

COLUMN

カスタマイズポイント

サンプルをカスタマイズする際に参考となるポイントを挙げます。

- ChatGPTを使用して検索クエリを生成するコードをバイパスして直接Embeddingsの生成や検索を行うこともできる。フルテキスト検索の場合はフィールドに指定された言語アナライザーを使用してトークン化と検索が行われる。ベクトル検索やセマンティック検索の場合は質問者の意図が直接反映される
- 検索クエリ変換プロンプトを拡張して同義語や関連するワードを生成させたり、ベクトル検索においては、HyDE（Hypothetical Document Embeddings）[注5.c]と呼ばれる手法を用いて質問に対する仮想的な応答を生成し、その応答をEmbeddingsに変換してベクトル検索を実行して精度向上を図る手法が提案されている（**リスト5.11**）

リスト5.11　デフォルトの検索クエリ生成プロンプト（一部日本語訳）

```
    query_prompt_template = """
以下は、過去の会話の履歴と、日本史に関するナレッジベースを検索して回答する必要のあるユーザーからの新しい質問です。
会話と新しい質問に基づいて、検索クエリを作成してください。
検索クエリには、引用されたファイルや文書の名前（例:info.txtやdoc.pdf）を含めないでください。
検索クエリには、括弧 []または<<>>内のテキストを含めないでください。
検索クエリを生成できない場合は、数字 0 だけを返してください。
"""
```

- システムメッセージは戦国武将の検索用に最適化されているが、プロンプトエンジニアリングを駆使して独自のデータに適合するようにカスタマイズできる（**リスト5.12**）

注5.c "Precise Zero-Shot Dense Retrieval without Relevance Labels" https://arxiv.org/abs/2212.10496

リスト5.12 戦国武将の質問に答えるアシスタントのシステムメッセージ(一部日本語訳)

```
    system_message_chat_conversation = """
日本の鎌倉時代の歴史に関する読解問題に答えるアシスタントです。
出典から答えが推測できない場合は「わからない」と答えてください。
回答は日本語で記述してください。

# 制限事項
- SOURCE の接頭辞は、ファイル名の後にコロンと事実があり、回答で使用される各事実は出典名を含まなければなりません。
- 出典を参照するには角括弧を使用する。例えば、[info1.txt]。出典を結合せず、各出典を個別に記載してください。例：[info1.txt][info2.pdf]。

{follow_up_questions_prompt}
{injected_prompt}
"""
```

- セマンティックアンサーやセマンティックキャプションによる抽出的要約を検索結果として用いたときの回答を、オリジナルコンテンツを使用した場合と比較してみる

5.5 データインジェストの自動化

本サンプルコードでは登録スクリプトを使用して直接ファイルを登録・インデックス化しました。実際の運用では、Azure AI Searchにはデータインジェストを自動化する**インデクサー**[注5.9]機能(クローラー)があり、Azure Blob StorageやAzure Data Lake Storage Gen2などのストレージからデータをインジェストすることができます。また、**カスタムスキル**[注5.10]機能を利用すればインデクサーが抽出したテキストを外部Web APIに送信できるため、Azure AI Document Intelligenceと連携したり、独自の機械学習モデルを推論エンドポイントに配置して結果をフィールドに追加したりすることもできます。

今回のようなAzure OpenAI Serviceと連携させたチャットUIアプリケーションの場合、ファイルの取り込み、インデックス化、チャンク化、Embeddings化、チャンクのインデックス化までの一連の処理を**図5.17**のように自動化すると便利です。

注5.9 「Azure AI Search のインデクサー」 https://learn.microsoft.com/azure/search/search-indexer-overview

注5.10「Azure AI Searchエンリッチメントパイプラインにカスタムスキルを追加する」 https://learn.microsoft.com/azure/search/cognitive-search-custom-skill-interface

図5.17　データインジェストの自動化とチャンクインデックスの構築

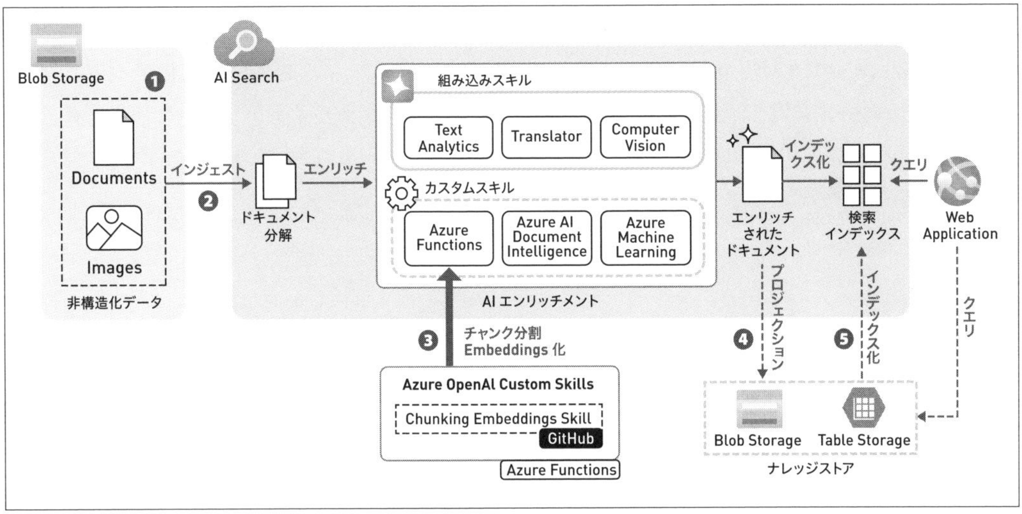

この自動化構成をワンタッチで実装する際の考え方としては次のように、いったんドキュメントを取り込んでから、そのドキュメントごとにチャンクに分割して別々のインデックスに保存するアプローチとなります。

(1) Azure Blob Storageにファイルをアップロード
(2) インデクサーがAzure Blob Storageからファイルを取り込んでインデックス化
(3) カスタムスキルが取り込んだドキュメントの本文をチャンク化し、チャンクをEmbeddings化
(4) カスタムスキルがチャンクをナレッジストア[注5.11]にプロジェクション（アクセス可能なテーブルに出力）する
(5) チャンク用インデクサーがナレッジストアのチャンクを取り込んでインデックス化

このアプローチを実装するためのサンプルコードは次のとおりです。

- Azure OpenAI Embeddings Generator Skill
  https://github.com/Azure-Samples/azure-search-power-skills/tree/main/Vector/EmbeddingGenerator
- azure-search-vector-ingestion-python-sample
  https://github.com/Azure/cognitive-search-vector-pr/blob/main/demo-python/code/azure-search-vector-ingestion-python-sample.ipynb

注5.11「Azure AI Search内のナレッジストア」　https://learn.microsoft.com/azure/search/knowledge-store-concept-intro

また、詳細には触れませんが、Azure AI Searchの機能としてドキュメントのチャンク分割とベクトル化（Embedding化）の機能が登場しています[注5.13]。テキスト分割スキルを利用したチャンク化とAzure OpenAI Embeddingスキル、またはカスタムスキルを利用したEmbedding化機能によって、コード実装を伴わずに検索対象ドキュメントのベクトルインデックス作成を行えます。Azure portal上から利用できるため、まず本機能で簡易的にベクトル検索を検証し、そのあと本機能ではユーザーのニーズを満たせないといった場合にコードベースで実装を進めると良いでしょう。

5.6 RAGの評価と改善

ここからはRAGの評価方法と、その改善に向けたいくつかの重要なTipsについて解説します。RAGの回答精度が低下する主な原因は2つに分けられます（**図5.18**）。

図5.18 回答精度の問題の切り分け

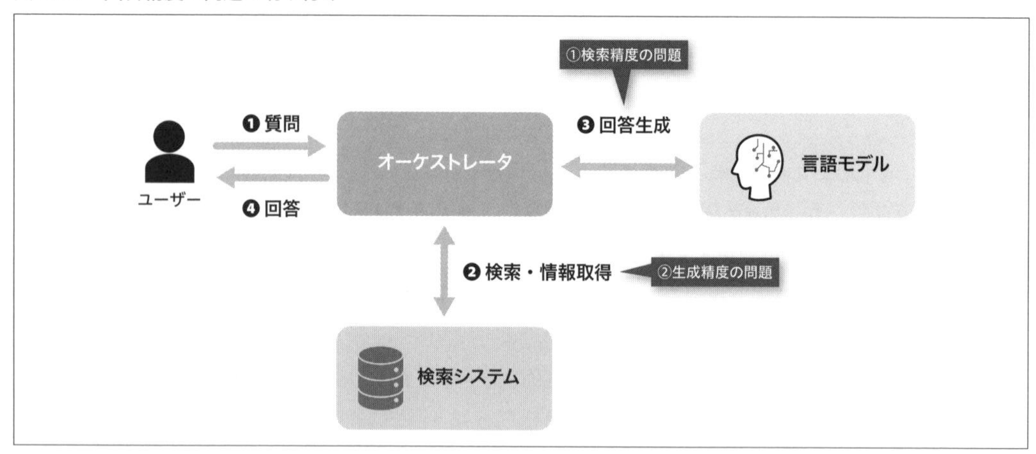

1つめは**検索精度の問題**、つまり、ユーザーの質問に関連するドキュメントを適切に検索できていない場合です。この場合、適切な情報が含まれたドキュメントをプロンプトに組み込むことができず、期待される回答を得ることが難しくなります。

2つめは**生成精度の問題**で、これはプロンプトの書き方に不備があったり、複雑な文脈の理解が求められたりする場合に回答精度が悪くなる可能性があります。

また、精度評価には大きく分けて**オフライン評価**と**オンライン評価**という2つのアプローチがあります。オフライン評価では、事前に用意したデータセットと評価指標に基づいてバッチ実行

注5.13 2023年11月にプレビュー提供開始。「Azure AI Search内の統合データのチャンキングと埋め込み」
https://learn.microsoft.com/azure/search/vector-search-integrated-vectorization

で評価を行います。本番環境で運用する水準に達しているかを確認することが評価の目的になります。一方でオンライン評価は、システムを運用する中でユーザーがリアルタイムに評価を行います。こちらも最終的な製品の改善や新機能の導入判断には欠かせないアプローチとなります。

本書では主にオフラインの評価に焦点を当てて解説していきます。

5.7 検索精度の評価

検索システムを評価するためには、事前に正解のデータセットを用意する必要があります。あるクエリで検索した時に、ヒットしてほしいドキュメントを事前に定義しておき、それを複数のクエリで作成し、正解のデータセットとします（**図5.19**）。

図5.19 オフライン評価

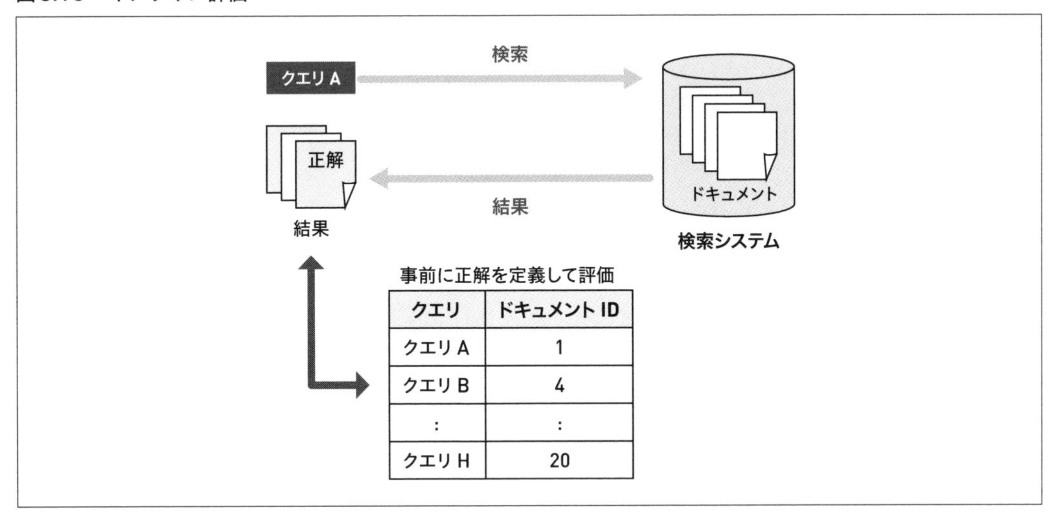

クエリ	ドキュメントID
クエリA	1
クエリB	4
:	:
クエリH	20

5.7.1 基本的な評価指標

検索システムの性能を評価するための最も基本的な指標は、**適合率**、**再現率**、そして**F値**です。これらは、検索結果の関連性を中心に、その質を評価するための指標として広く採用されています。

図5.20は、以降で説明する指標に使用する値の定義です。

図5.20 オフライン評価に使用する値の定義(K/L/M/N)

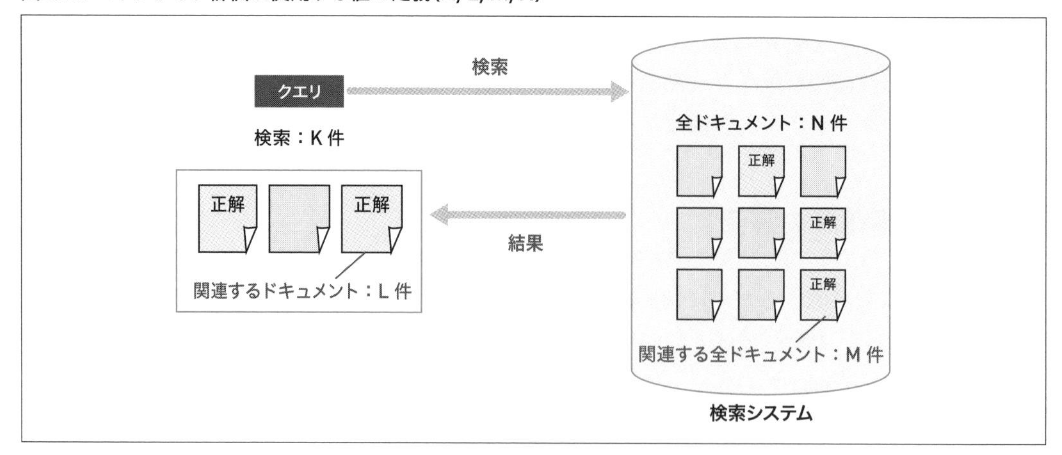

○適合率（Precision）

適合率は、検索結果として提示されたドキュメントの中で、実際にユーザーの問いに関連しているドキュメントの割合を示します。数式で表すと次のようになります。

$$\text{Precision} = \frac{\text{関連するドキュメントの数 (L)}}{\text{検索結果の全ドキュメント数 (K)}}$$

たとえば、10件の検索結果が表示され、そのうち7件が関連していると判断された場合、適合率は0.7または70%となります。

○再現率（Recall）

再現率は、実際に関連する（欲しいと思っている）ドキュメント全体の中で、検索結果に含まれているドキュメントの割合を示します。数式で表すと次のようになります。

$$\text{Recall} = \frac{\text{関連するドキュメントの数 (L)}}{\text{関連するドキュメントの総数 (M)}}$$

たとえば、関連するドキュメントが10件あり、そのうち7件が検索結果として表示された場合、再現率は0.7または70%となります。

○F値（F-measure）

検索システムにおいて適合率は検索ノイズの大小、再現率は検索漏れの大小に対応します。適合率と再現率は、しばしばトレードオフの関係にあります。高い適合率を追求すれば再現率が低下する可能性があり、逆もまた然りです。この2つの指標をバランス良く組み合わせた評価指標がF値です。F値は、適合率と再現率の調和平均として計算されます。

$$\text{F-measure} = \frac{2 \times \text{Precision} \times \text{Recall}}{\text{Precision} + \text{Recall}}$$

これらの指標を活用して、検索エンジンの基本的な性能を定量的に把握できます。

5.7.2 順位を考慮した評価指標

基本的な評価指標を超えて、より深く検索エンジンの性能を評価するためには、順位を考慮した指標が必要です。これらの指標は、ランキングの質や特定の位置での性能など、より詳細な側面をとらえることができます。

○ Precision@k、Recall@k

Precision@kとRecall@kは、検索結果の上位k件までにおける適合率と再現率を計算するものです。これは、ユーザーが検索結果の上位の項目にとくに注目することが多いため、特定の位置での性能を評価するのに有効です。たとえば、検索結果の上位5件（k=5）の中で3件が関連する項目である場合、Precision@5は3/5=0.6または60%となります。

○ 平均適合率（MAP：Mean Average Precision）

MAP[注5.14]は、異なるクエリにおける平均的な適合率を示す指標です。各クエリごとに、関連する項目が見つかるたびに適合率を計算し、それらの平均をとることでMAPが得られます。これは、検索システムがさまざまなクエリにどれだけ一貫して高品質な結果を提供しているかを評価するのに有効です。

○ 正規化減損累積利得（nDCG：Normalized Discounted Cumulative Gain）

nDCG[注5.15]は、検索結果全体のランキングの質を評価する指標です。各項目に関連性の度合いを示す利得（gain）を設定し、上位から順に累積していきます。この累積利得を、最適なランキングでの累積利得で正規化することでnDCGが計算されます。これにより、関連性の高い項目が上位に表示されているかを定量的に評価できます。

注5.14 "Mean average precision"
https://en.wikipedia.org/wiki/Evaluation_measures_(information_retrieval)#Mean_average_precision

注5.15「DCG」 https://ja.wikipedia.org/wiki/DCG

5.8 生成精度の評価

RAGの生成精度の評価に関しては、世の中にさまざまな指標や手法が出てきており、ユースケースに応じても指標の選び方が異なるため、スタンダードとなる手法が確立されていないのが現状です。Azure Machine Learningのプロンプトフローで提供されている評価指標[注5.15]やオープンソースで開発されているRagas[注5.16]の評価指標がその一例です。

評価指標の特性を理解し、目的に応じて適切な指標を選択することが重要になります。単一のメトリクスで行うのではなく、組み合わせることをおすすめします。**図5.21**はRAGプロンプトの代表的なコンポーネントと評価指標のマッピングです。④コンテキストの適合率と再現率に関しては5.7節で解説しているため、①関連性の評価、②一貫性の評価、③類似性の評価について解説していきます。

図5.21 RAGプロンプトの代表的なコンポーネントと評価指標

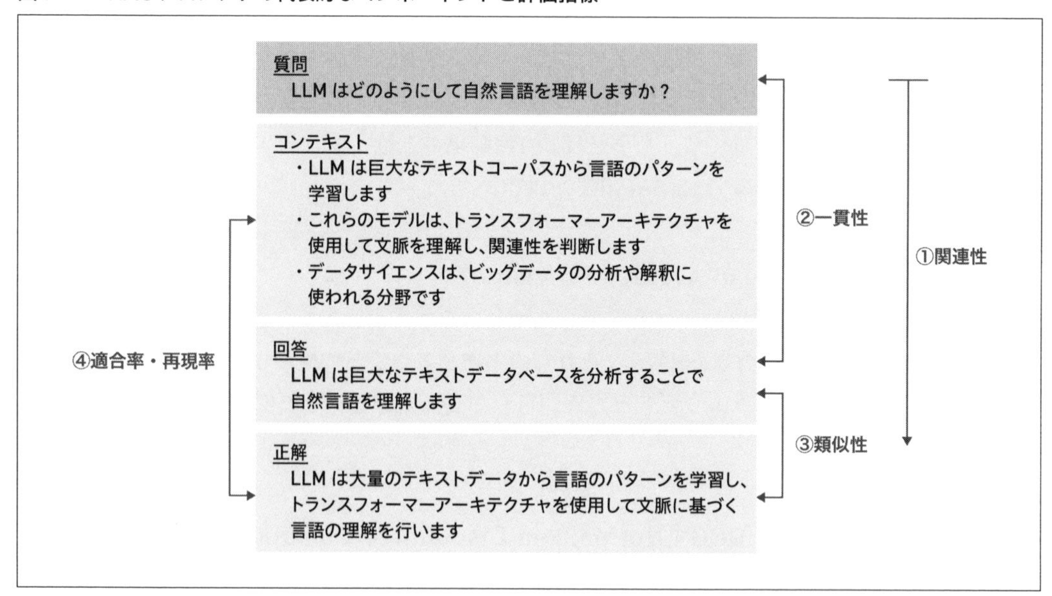

5.8.1 関連性の評価

関連性の項目は、質問に対してそれに関連するコンテキストを埋め込み、コンテキストに基づいて回答を生成できているかを評価します。この複雑な評価はGPT自身に実行させることが可

注5.15「組み込みの評価メトリックを理解する」 https://learn.microsoft.com/ja-jp/azure/machine-learning/prompt-flow/how-to-bulk-test-evaluate-flow?view=azureml-api-2#understand-the-built-in-evaluation-metrics

注5.16 "Metrics" https://docs.ragas.io/en/latest/concepts/metrics/index.html

能です。**リスト5.13**は、関連性を評価するためのプロンプト（英語）を日本語に訳したものです。

▼リスト5.13　関連性評価のプロンプト例

```
関連性とは、文脈に基づいて、答えが質問の主要な側面にどの程度対応しているかを測るものです。関連性を評価する際には、重要な側面がすべて、あるいは重要な側面だけが回答に含まれているかどうかを考慮してください。文脈と質問を考慮し、以下の評価尺度を使用して、回答の関連性を星1つから5つの間で採点します：
星1つ：関連性が完全に欠けている。
星2つ：関連性がほとんどない
星3つ：部分的に関連性がある
星4つ：回答はほとんど関連性がある
星5つ：関連性が完全にある
この評価値は常に1から5の間の整数でなければなりません。
つまり、生成される評価は1または2または3または4または5でなければなりません。
コンテキスト：マリー・キュリーはポーランド生まれの物理学者・化学者で、放射能研究のパイオニアであり、女性として初めてノーベル賞を受賞した。
質問：キュリー夫人が得意とした分野は？
答え：マリー・キュリーは、おもに印象派のスタイルと技法に焦点を当てた有名な画家であった。
星：1
...
```


このプロンプトでは、Few-shot Learningで関連性に関する評価指標の例を星1〜5に定義しています。質問、コンテキスト、回答をプロンプトの最後に埋め込むことで関連性の評価指標を星の数として算出することが可能です。

ただし、GPTの評価にGPTを使用していることには注意が必要です。GPTによる評価は、特定のタスクで用いることができる決定論的な評価指標とは異なり、プロンプトの書き方に依存してしまうため、特定の条件にしか適用できない可能性があります。また、GPTの学習データに評価対象のデータが含まれている可能性があることも考慮に入れる必要があります。

5.8.2 一貫性の評価

一貫性の評価では、質問と回答に着目し、文章としてどれだけ自然につながっているかを評価します。この評価のプロンプト例は**リスト5.14**のとおりです。

リスト5.14　一貫性評価のプロンプト例

```
解答の一貫性は、すべての文章がどの程度まとまっているか、全体として自然に聞こえるかによって評価されます。首尾一貫性を評価する際には、解答全体の質を考慮してください。質問と答えが与えられたら、以下の評価尺度を使用して、答えの一貫性を1つ星から5つ星の間で採点してください：
星1つ：答えに一貫性がまったくない。
星2つ：答えに一貫性がほとんどない
星3つ：答えに部分的に一貫性がある
星4つ：回答はほぼ首尾一貫している
星5つ：答えに一貫性がある
この評価値は常に1から5の間の整数でなければなりません。
```

```
したがって、生成される評価は1または2または3または4または5でなければなりません。
質問: 好きな室内でのアクティビティとその理由を教えてください。
答え: ピザが好きです。太陽が輝いているから。
星: 1
...
```

こちらの例も関連性の評価と同様、Few-shot Learningでそれぞれの評価基準を定義しています。最後に質問と回答を埋め込むことで、一貫性の評価が可能となります。

5.8.3 類似性の評価

類似性の評価では、ユーザが事前に定義した理想の回答と生成された回答がどれだけ似ているか、その類似性を評価します。類似性の評価方法は①プロンプトを活用した評価と②Embeddingモデルを利用した評価の2種類があります。プロンプトを活用した評価で利用するプロンプト例は**リスト5.15**のとおりです。

リスト5.15 類似性評価のプロンプト例

```
評価指標としての等価性は、予測された答えと正しい答えの類似性を測定します。予測された答えに含まれる情報とコンテンツが正解と似ているか同等であれば、Equivalenceメトリクスの値は高く、そうでなければ低くなります。
質問、正解、および予測された答えがある場合、次の評価スケールを使用してEquivalenceメトリクスの値を決定します:
星1つ: 予測された答えは正解とまったく似ていません。
星2つ: 予測された答えは正解とほとんど似ていません。
星3つ: 予測された答えは正解と多少似ている。
星4つ: 予測された答えは正解とほとんど似ている。
星5つ: 予測された答えは正解と完全に似ている。
この評価値は常に1から5の間の整数でなければなりません。
つまり、生成される評価は1または2または3または4または5でなければなりません。
以下の例では、質問、正解、予測される答えの等価スコアを示しています。
質問: リボソームの役割は何ですか?
正解: リボソームはタンパク質合成を担う細胞構造体である。リボソームはメッセンジャーRNA(mRNA)が伝える遺伝情報を解釈し、それを使ってアミノ酸をタンパク質に組み立てる。
予測回答: リボソームは、複雑な糖分子から栄養素を除去することにより、糖質の分解に関与する。
星: 1
```

他の評価方法と同様に類似性を星の数で評価します。

Embeddingモデルを活用した類似性の評価では、生成された回答と理想の回答の両方をEmbeddingモデルを利用してベクトルに変換し、そのコサイン類似度を計算します。

COLUMN

RAGの回答精度を向上させるには？

RAGの回答精度が悪くなる場合の多くは、そもそも回答の根拠となるドキュメントが検索できていないことが原因です。検索システムに登録されるドキュメントの量が増えるにつれ、関係のないドキュメントも検索に引っかかるようになり、回答精度悪化の原因となります。

これに対する対策としては、検索システムのインデックスをユースケースに分けて作成することが最も効率的です。たとえば「社内ドキュメント」という大きなくくりでインデックスを作ると、関係のないドキュメントも引っかかりますが、「人事のマニュアル」などのユースケース単位でインデックスを作成することで、検索範囲を限定することが可能です。

また、検索時にフィルタ機能を活用することも効果的です。ユーザーの質問に対して、質問がどのカテゴリに属するか判定させるロジックを構築します。インデックス側ではドキュメントのカテゴリを定義しておき、検索時にフィルタをかけることで、検索範囲をカテゴリ内に限定することが可能です。これらの手法を使い、検索システムの検索精度を向上させることでRAGの回答精度は向上することが期待できます。

5.9 まとめ

本章ではRAGの具体的な実装について、社内文章検索アプリのサンプルコードを交えて解説しました。RAGの精度改善はまだまだ地道な試行錯誤が必要な部分ですが、ここで紹介した機能やサンプルが少しでも精度改善の一助になれば幸いです。次の第6章でRAGのコンセプトは、外部の情報をもとに回答を生成するだけでなく、複数の外部ツールの実行も含めたコンセプトである「AIオーケストレーション」として拡張されます。ここで登場したサンプルコードは第6章でも使っていきます。

第3部

Copilot stackによるLLMアプリケーションの実装

- ChatGPTモデルなどのLLMを組み込んだアプリケーションである「Copilot」の考え方を紹介
- Copilotを開発するうえで必要な要素を抽象化したCopilot stackについて解説
- AIオーケストレーション、基盤モデルとAIインフラストラクチャ、LLMアプリのフロントエンド（Copilotフロントエンド）を概観

第6章 AIオーケストレーション

第6章から第8章では、ChatGPTなどのLLMを組み込んだアプリケーションである「Copilot」を開発するための技術スタックであるCopilot stackを構成する各要素を紹介します。このスタックには、LLMアプリ開発を効率的に行うために必要な要素が詰まっているため、ぜひ覚えておくと良いでしょう。本章ではCopilot stackのコンセプトを紹介するとともに、その中心となるAIオーケストレーションについて詳しく説明します。

6.1 Copilot stackとは

Copilotとは「副操縦士」の意味で、チャットUIなどでユーザーの作業を支援するAIツールを指します。Copilotはすでに Microsoft Cloudのあらゆる製品群に搭載されています。

Copilot stackはLLMをオーケストレータとして利用し、複数のツールや外部システムの情報と連携させるChatGPTプラグインを使用したり、Microsoftの各製品に搭載されるCopilotと連携したりするなど、独自のCopilotを開発する際に参考にできる技術スタックです。このスタックにはLLMアプリ開発を効率的に行うために必要な要素が詰まっており、これから独自のCopilot開発を始める方は、各要素と関連をぜひ覚えておくことをおすすめします。

Copilot stackのアーキテクチャを示した**図6.1**には、第2章、第4章で学んだプロンプトエンジニアリングやRAGが要素として組み込まれていることがわかります。

▼図6.1 Copilot stackのアーキテクチャ

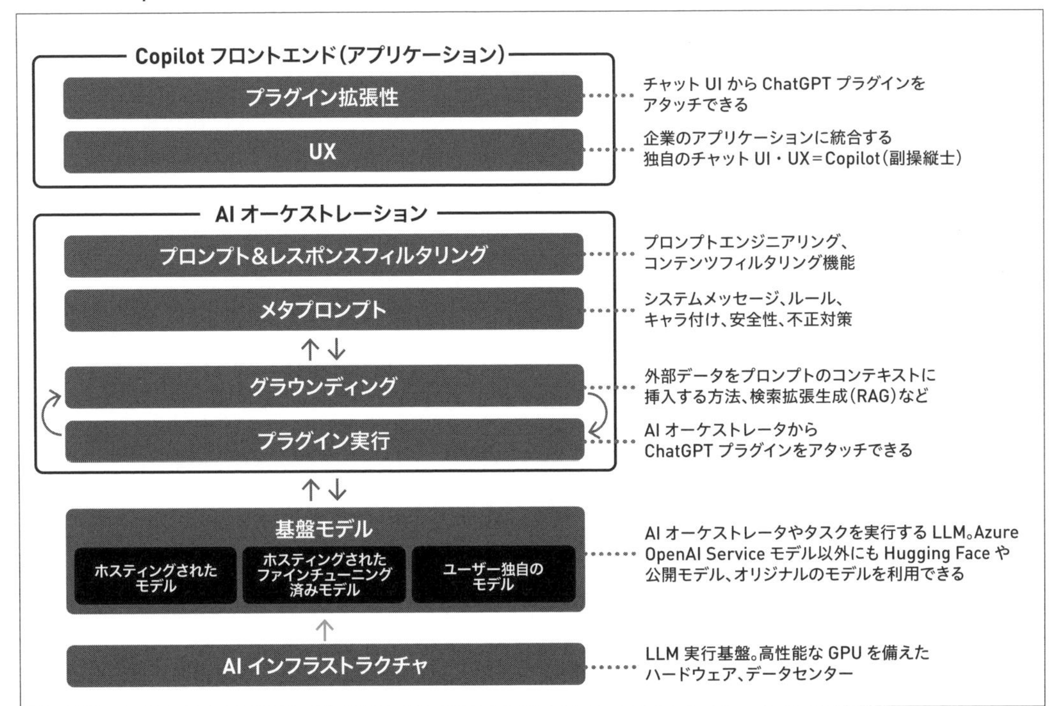

6.1.1 第1層：Copilotフロントエンド

Copilotフロントエンドはアプリケーションのフロントエンドのことで、Microsoft製品に搭載されるCopilotや、企業のアプリケーションに統合する独自のチャットUI・UXを指します。OpenAI社のブラウザ版GPT-4のように、フロントエンドからChatGPTプラグインをアタッチして拡張性を向上させることもできます。

6.1.2 第2層：AIオーケストレーション

AIオーケストレーションはCopilotのビジネスロジックの役割を果たします。LLMがユーザーからの質問や指示をタスクに分解し、外部から必要な情報を集めたり実行したりする部分です。オーケストレーションの中心となるのはプロンプトであり、基本的に開発者はプロンプトを記述することによってさまざまな処理を実現します。同時にユーザーからの入力とモデルからの出力をフィルタリングすることで、AIの安全性を向上することができます。さらにメタプロンプト（システムメッセージ）を使うことで、Copilotに継続的な指示を与えることもできます。チャットボットにキャラクターや個性を与えたり、回答の安全性を高めたりしたいときに利用します。

モデルに新しい情報を与えたいときには、**グラウンディング**の手法を使ってプロンプトにコンテキストとして情報を埋め込むことができます。たとえばBing Chatの場合、ユーザーからの検索クエリを見て、モデルが知らないことであればBingの検索インデックスにクエリを発行して関連するドキュメントを見つけます。これらドキュメントの中身をコンテキストとしてプロンプトに追加してモデルに送信し、適切な回答を得ることができます。このように検索エンジンに問い合わせる手法が検索拡張生成(RAG)ですが(第4章参照)、それだけではなく、**ChatGPTプラグイン**を呼んで外部サービスから情報を取得したり、アクションを実行したりすることもできます。

オーケストレーションの実装には、LangChainやSemantic Kernelといったオープンソースのライブラリやプロンプトフローのような開発ツールを使って実装するのが便利です。

6.1.3 第3層：基盤モデル

基盤モデルとは、オーケストレーションに使われるOpenAIのモデルやほかのホスティングされたLLM、独自にファインチューニングされたLLMのことです。OpenAIのモデルでニーズを満たせないような場合、独自のモデルを持ち込んで利用できます。

これらの要素を考慮しながら開発することで、より効率的にLLMアプリケーション開発を進めることができます。

6.2 AIオーケストレーションとエージェント

Copilot stackにおいて処理の中心を担う、**AIオーケストレーション**について説明します。ユーザーからの複雑な指示を解決するCopilotでは、オーケストレーション、すなわち作業を多段階の要素に分解して生成された計画に従って作業を実行する仕組みが必要となります。この仕組みは**エージェント**とも呼ばれ、LLM開発ライブラリではさまざまな種類のエージェントが実装されています。

6.2.1 Reasoning & Acting (ReAct)

ReAct (Reasoning & Acting) は、タスクの処理フローをGPTが動的に決め、さまざまなツールと連携することで回答を生成する手法です。これは、GPT単体では実行が難しいタスクを補完するためのツールやプラグインを用意し、それらを利用して多様なタスクを実行するという考え方に基づいています。

例として、簡単な掛け算の間違いが発生する場合を考えてみましょう(図6.2)。

図6.2　GPTの計算ミス(正解は424,016,426)

この問題を解決するために、正確な計算を行うツールを用意します。GPTはこのツールを利用して正確な結果を得ることができます(図6.3)。

図6.3　計算ツールの利用

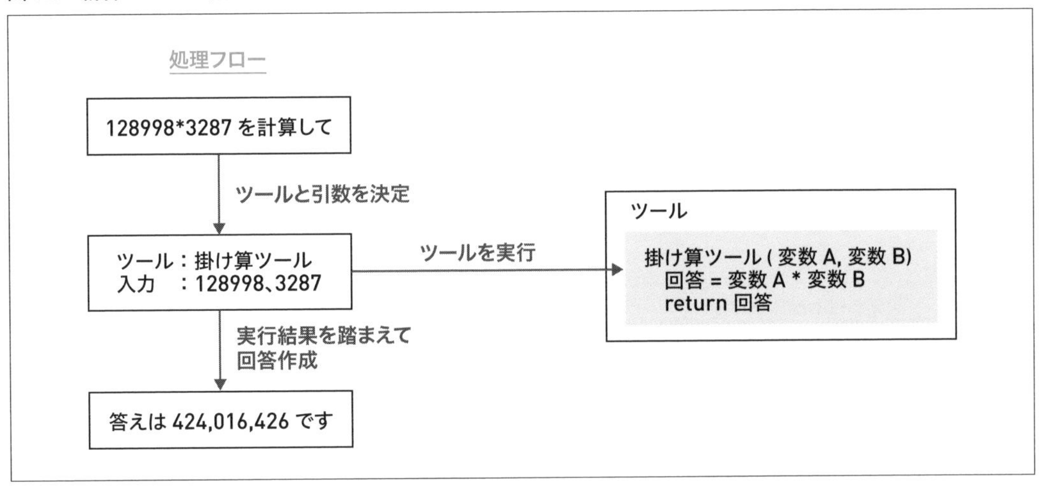

また、最新の情報や学習されていない情報については、RAGのような検索システムを用いることで、正確な回答を得ることができます(図6.4)。

6

図6.4 検索ツールの使用

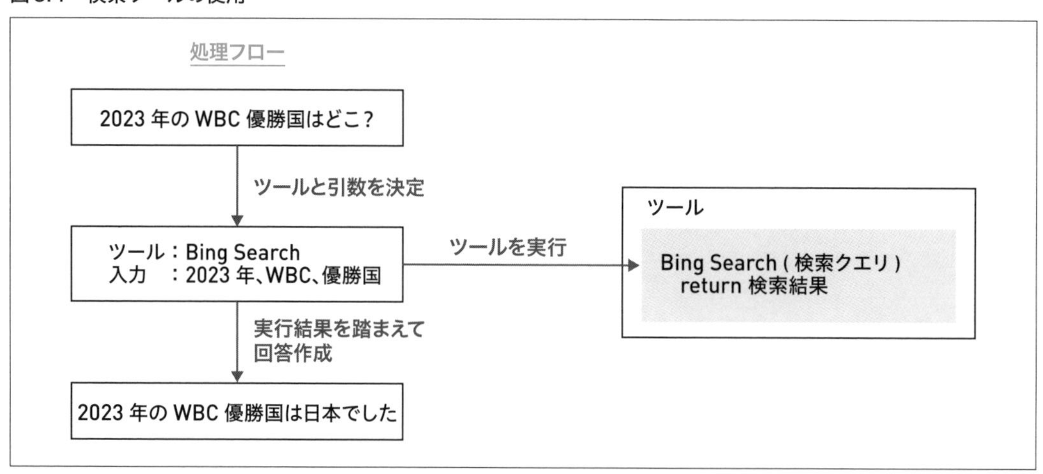

これらツールの組み合わせを駆使することで、複雑な質問への回答も可能となります。たとえば、日本とアメリカの最新の人口の差を知りたいという質問に対しては、最新の人口データを検索ツールで取得し、その差を計算ツールで算出することで、正確な回答を提供できます（図6.5）。

図6.5 ツールの組み合わせ例

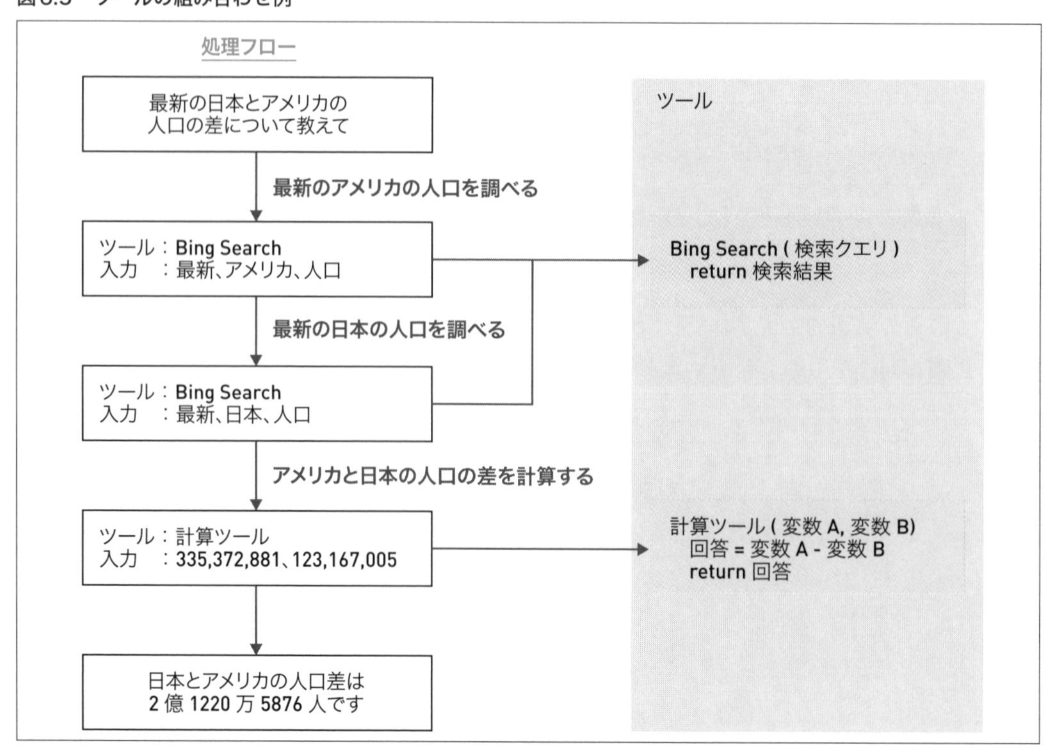

ReActの中心となるエージェントは、与えられたタスクに応じて最適なツールを選択し、タスクを実行します。ReActの論文[注6.1]を参考にエージェントの動作をダイアグラムで記述したのが**図6.6**となります。

図6.6 ReAct(Reason+Act)

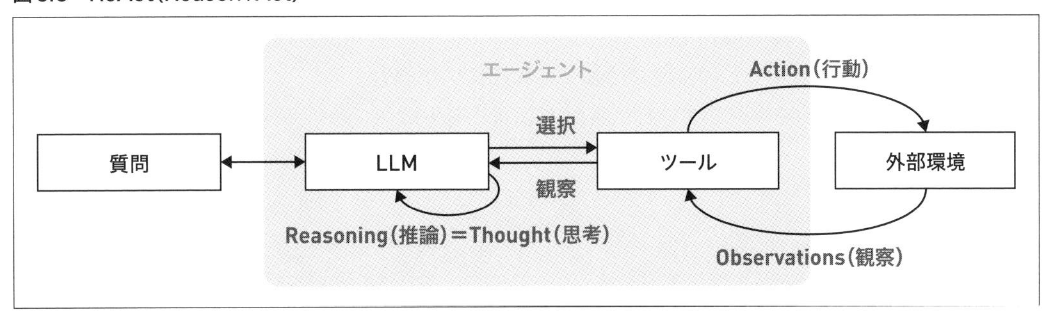

ここで重要なのが、LLMがどのツールを選択すべきかを推論しているだけでなく、外部環境からの実行結果を観察して目的を達成したかどうか、次にどう行動すべきか推論を繰り返して検証していることです。この過程を「思考」と表現することもできます(**図6.7**)。

図6.7 ReActのプロンプトの例

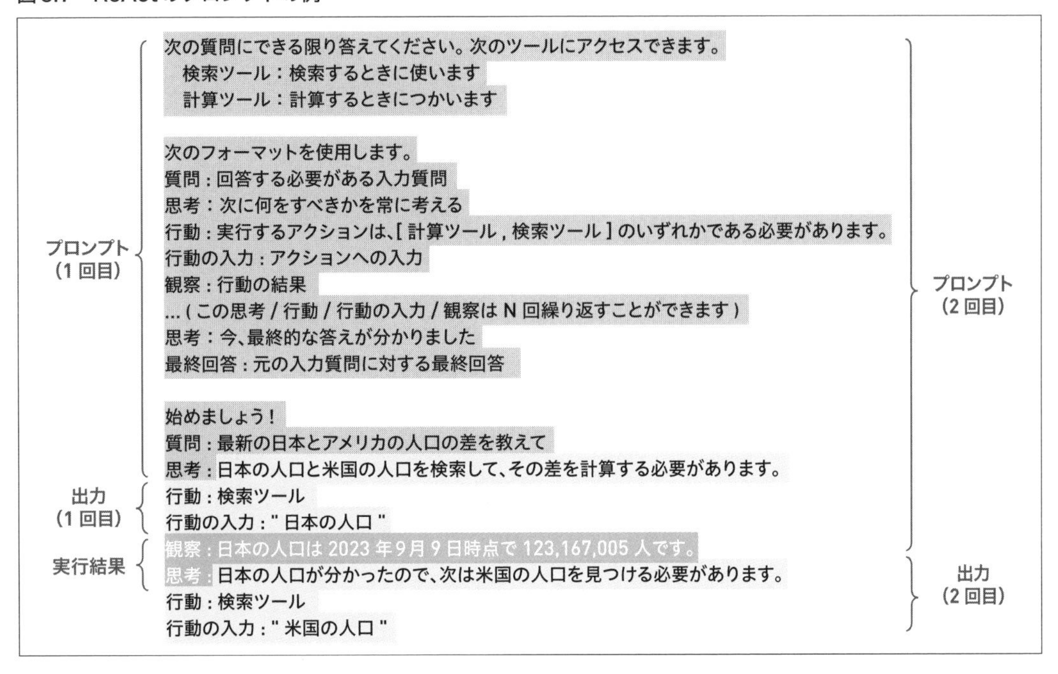

注6.1 "ReAct: Synergizing Reasoning and Acting in Language Models "https://react-lm.github.io/

エージェントは次のステップでタスクを実行します。

(1) 利用するツールを定義
(2) 回答のフォーマットを設定
(3) 質問とツール定義に基づいてどのような行動をとれば良いかを思考
(4) ツールの実行と結果の取得
(5) 結果を観察したうえでどのような行動をとれば良いか思考
(6) 思考の結果、目的を達成していれば最終的な回答を生成

この処理の概要を**図6.8**のフローで示します。

図6.8　ReActの処理の流れ

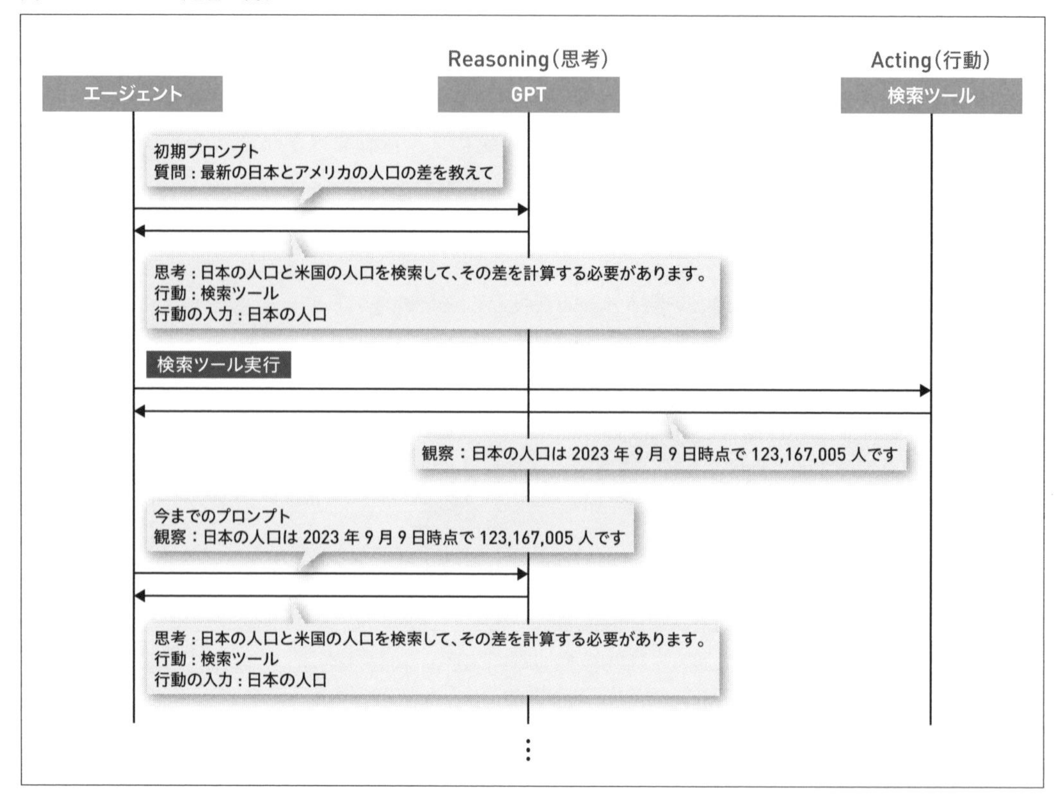

ReActを利用することで、複雑な問題に対しても柔軟に対応できます。

6.2.2 Planning＆Execution（計画と実行）

Planning & Executionは、最初に何を行うかを計画し、次にサブタスクを実行することで目的を達成する手法です。ReActのように動的にアクションを決めるのではなく、アクションを事前に定義しておくことで複雑な問題に対して一貫性のある推論を目指すアプローチです。このエージェントは2段階のプロセスを使用します。

- LLMを使用して明確な手順で指示に答えるための計画を作成
- 事前に準備されたツールを実行して各ステップを解決

このとき、1つめの役割を**プランナー**、2つめの役割を**エグゼキューター**と呼びます。**リスト6.1**に、プランナーのプロンプト例を示します。

リスト6.1 プランナーのプロンプト例とその出力

```
# プランナープロンプト
与えられた目標を満たすために、ステップバイステップでプランを作成する。
以下のツールの中からプランのタスクを解決できる。
タスクの解決に必要ないツールは使用しなくて良い。

指示：
明日はバレンタインデーです。デートのアイデアをいくつか考えなければいけません。彼女はシェイクスピアが好きなの
で、彼のスタイルで書いてください。あとそのアイデアを私の大切な人にメールして。

ツール：
1，ツール名：「ブレインストーミング」，ツール説明「アイデアをブレインストーミングすることができる」
2，ツール名：「メールライティング」，ツール説明「メールの本文を書きます」
3，ツール名：「シェイクスピア」，ツール説明「テキストをシェイクスピア風のテキストに変換します」
4，ツール名：「メール送信」，ツール説明「メールを送信することができる」
5，ツール名：「ショッピング」，ツール説明「通販サイトを利用することができる」

# プランナープロンプトの出力
プラン：
1．ブレインストーミングを使用して、バレンタインデーのデートのアイデアを考える。
2．シェイクスピア風のテキストに変換するために、シェイクスピアツールを使用する。
3．メールライティングを使用して、アイデアを書き起こす。
4．メールを送信するために、メール送信ツールを使用する。
```

このように計画を策定したら、エグゼキューターを実装するライブラリなどを使用して各ステップを実行します。LangChainであればPlan-and-Executeエージェントが、Semantic Kernelであれば`execute_plan`関数がそれぞれ実装されています（Python実装の場合）。

COLUMN

LangChain

LangChainは注6.a、LLMを使ったアプリケーション開発のフレームワークであり、LLMを使ったさまざまな種類のアプリケーションに活用できます。Python版、JavaScript版がそれぞれOSSとして開発、公開されており、LLMのモデル、メモリ、エージェント、Retriever、プロンプトテンプレートなどをLangChainが抽象化した機能として利用できるため、少ないコードで効率的にアプリ開発できます。

たとえば、RAGアプリのAIオーケストレーションとしてLangChainを利用する例が**リスト6.2**です。

リスト6.2　RetrievalQAの例

```
class AzureCognitiveSearchVectorRetriever(BaseRetriever):
    def get_relevant_documents(self, query):
        arr = []
        for result in results:
            arr.append(Document(page_content=result['content']))
        return arr

retriever = AzureCognitiveSearchVectorRetriever()

qa_chain = RetrievalQA.from_chain_type(llm=chat,
                                       retriever=retriever,
                                       return_source_documents=True
                                       )
result = qa_chain({"query": user_question})
```

RetrievalQAクラスに「モデル」や「retriever」を指定して、qa_chainにユーザーの質問を渡すだけで、質問に対する知識を類似検索し、文章を生成するまでの一連の処理を実行してくれます。数行のコードを書くだけで、プロンプトもワークフローもカバーしてくれてたいへん便利です。

アプリの完成度がまだ高くない開発初期段階においては、プロンプトを複雑に作り込んでも、モデルの差し替えでプロンプトの有効性が著しく下がり、一からプロンプトを精査しなおさなければならないといった事態が発生します。そういう冗長な手間を省くためにも、まずはユースケースに合致したモジュールを見つけ、十分に動く状態をすばやく作り上げるほうが重要です。

LangChainにはよく練られたプロンプトテンプレートが用意されており、高次的な機能の内部でもそのようなプロンプトテンプレートが利用されているため、すばやくアプリの完成度を高めることができます。ある程度アプリが動くようになり、利用するモデルの評価も十分にできた状態からプロンプトを独自にカスタマイズしていくような、変更を追跡可能な開発アプローチが推奨です。

注6.a　"LangChain"　https://www.langchain.com/
"LangChain"　https://github.com/langchain-ai/

LangChainは公開されてまだ1年ちょっとのツールですが、新しいサービスはすぐサポートし、仕様変更にも早いスピードで追随しています。基本的な機能(langchain-core)から、実験的で野心的な実装(langchain-experimental)まで複数のパッケージが提供されており、何かやりたいときに先人の知恵としてのチェーン(LangChainにおけるインターフェイス)がきっと用意されていると思います(なければぜひcontributeしましょう)。ぜひ活用してみてください。

COLUMN

Semantic Kernel

Semantic Kernel[注6.b]はMicrosoftがオープンソースプロジェクト(OSS)として発表した、LLMをアプリにすばやく簡単に統合できるSDKです。Semantic KernelはC#やPython、Javaなどの従来のプログラミング言語と最新のLLMを簡単に組み合わせることができ、プロンプトテンプレート化、チェーン化、Embeddingsベースのメモリ(記憶)、およびプランニング(実行計画策定)機能を備えています(図6.9)。

図6.9　Semantic Kernelの処理フロー

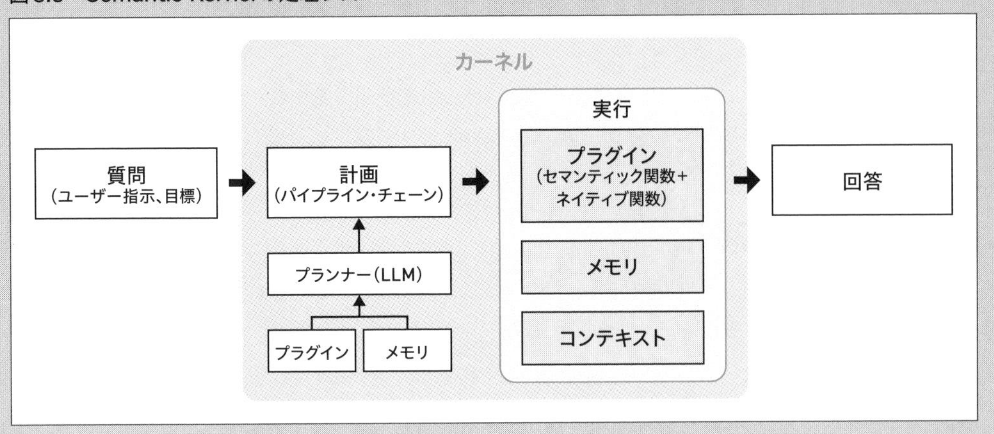

- カーネル
  Semantic Kernelのコアであり、全体の処理をオーケストレーションする。これを行うために、カーネルは定義されたパイプライン/チェーンを実行する。チェーンの実行中、カーネルによって共通のコンテキストが提供されるため、関数間でデータを共有できる
- プランナー
  カーネルにすでにロードされているプラグインを組み合わせて実行計画を作成することでパ

注6.b "Semantic Kernel" https://github.com/microsoft/semantic-kernel

イプライン／チェーンを実現する。これはChatGPT、Bing Chat、Microsoft 365 Copilotが UI・UX内でプラグインをアタッチする方法と似ている

- **プラグイン**
  LLMプロンプト（セマンティック関数）、またはネイティブC#/Python/Javaコード（ネイティブ関数）のいずれかで構成できる。これにより、新しいAI機能を追加し、既存のアプリやサービスをSemantic Kernelに統合できる（Semantic Kernelにおいて「プラグイン」と「ChatGPTプラグイン」という言葉は別の意味で使用する）
- **メモリ**
  メモリ用のプラグインを使用すると、コンテキストを呼び出してベクトルデータベースに保存できる。これにより、AIアプリ内で記憶をシミュレートできるようになる

Semantic Kernel内で複数のLLM、プラグイン、メモリをすべて一緒に使用することで、LLMがユーザーの複雑なタスクを自動化できる高度なパイプラインを作成できます。たとえば、ユーザーが昨日の会議に関するサマリーやドキュメントを含む電子メールをチームに送信できるようにするパイプラインを作成できます。メモリがあれば、会議に関する情報を取得し、プランナーを使用して、利用可能なプラグインを使用して残りのステップを自動生成できます。たとえば、Microsoft Graphを使用してユーザーの質問をもとにデータを取得し、GPT-4を使用して回答を生成し、電子メールを送信します。最後に、カスタムプラグインを使用して、アプリ内でユーザーに成功メッセージを表示できます。Semantic Kernelはとくにプランニング機能が豊富で、執筆時点でBasicPlanner、ActionPlanner、SequentialPlanner、StepwisePlannerの4種類が実装されています。

6.2.3 プラグインの実行

Copilot stackにおいて、オーケストレータがタスクを解決するために必要に応じて呼び出すことができる**ChatGPTプラグイン**について紹介します。ChatGPTプラグインはさまざまなアプリケーションやデータベース、他の機械学習（ML）モデルとの橋渡しをするインターフェースであり、アイデアしだいで無限の可能性が広がります。すでにOpenAI社のブラウザ版GPT-4では世界中の企業が開発したプラグインを検索して自分のチャットUIに統合できます（図6.10）。

図6.10　さまざまなサードパーティー製プラグインを組み合わせる例

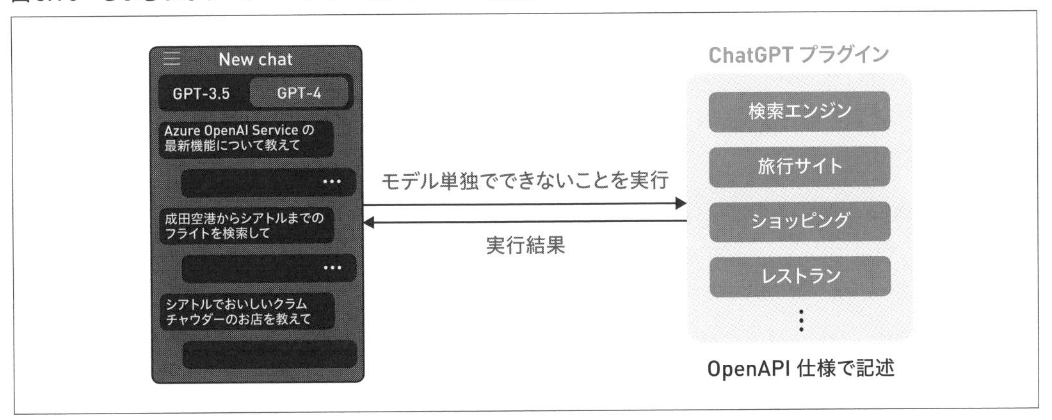

ChatGPT規格のプラグインを開発すれば**図6.11**のように、ブラウザ版GPT-4だけでなく、Bing Chat (Copilot) やCopilot for Microsoft 365、Copilot in Windowsなどからも利用可能になります。

図6.11　Copilot stackにおけるプラグインの連携

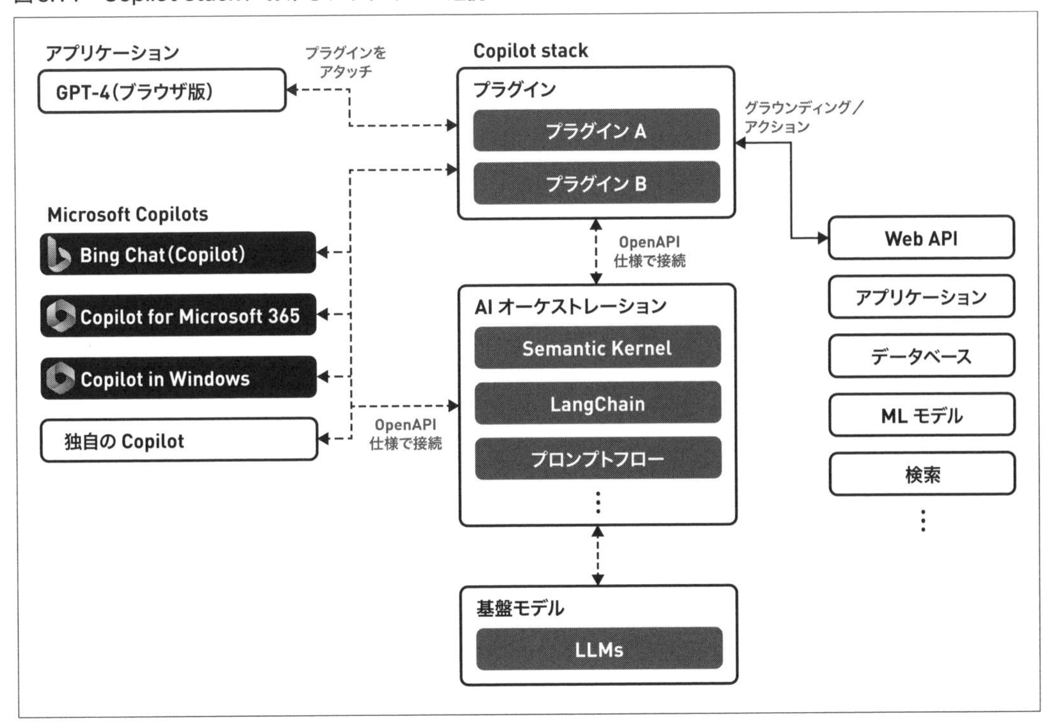

当然、組織独自のCopilotと統合することもできます。このプラグインによって、最新の情報や組織内のデータを反映させた（グラウンディング）回答を行ったり、ReActなどのタスクを実行させたりすることが可能になります。Microsoftでは、業界全体の連携を推進するために、プラグインの標準としてOpenAPIプラグイン仕様の採用を進めています。

6.3 独自Copilot開発のアーキテクチャと実装

6.3.1 ツール選定（ReAct）の実装

本節では第4、5章で使用したチャットアプリケーションを引き続き使用しながら解説します。

ユーザーからの質問に対してどのような情報が欠けているのかを確認するために質問を繰り返し評価し、すべての情報がそろったところで、回答を作成することを試みます。ReActを使用して、**ツールの「説明文」のみに基づいて使用するツールを決定**します。

サンプルコードではツールを2つ（Azure AI Search、CSVルックアップ）使用して情報を検索しています。エージェントの処理はLangChainの`ZERO_SHOT_REACT_DESCRIPTION`エージェントで実装しています。サンプルコードは武将カフェの検索用CSVファイルから検索するようになっています（**図6.12**）。

図6.12 Azure AI SearchとCSVルックアップツールを利用したReActの処理の流れ

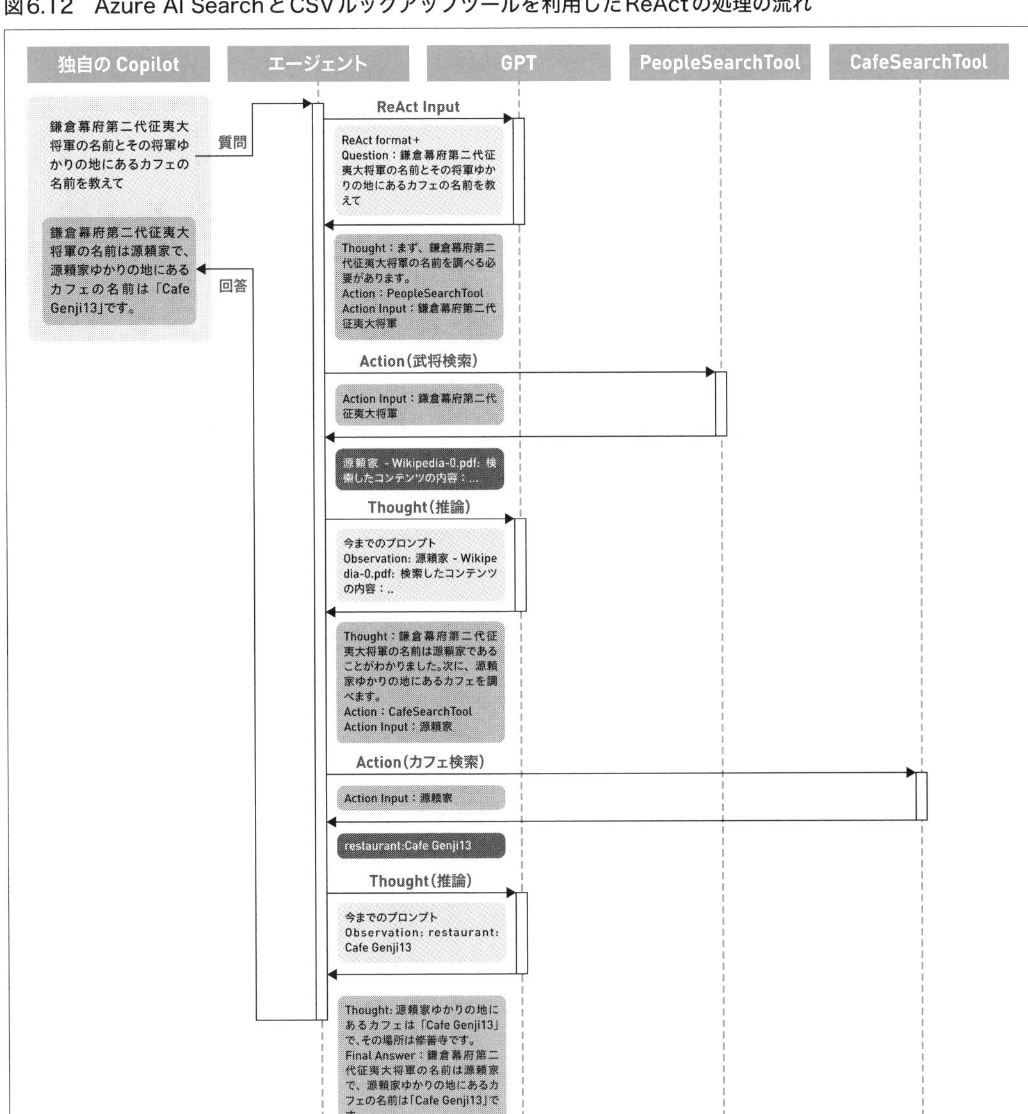

リスト6.3、6.4のように独自ツールを定義し、ZERO_SHOT_REACT_DESCRIPTIONエージェントに選択させます。

リスト6.3　武将検索ツール(Azure AI Search)の定義

```
Tool(name="PeopleSearchTool",
     func=retrieve_and_store,
     coroutine=retrieve_and_store,
     description="日本の歴史の人物情報の検索に便利です。ユーザーの質問から検索クエリを生成して検索します。
クエリは文字列のみを受け付けます"
     ),
```

リスト6.4　カフェ検索ツール(CSVルックアップ)の定義

```
class CafeSearchTool(BaseTool):
     data: dict[str, str] = {}
     name = "CafeSearchTool"
     description = "武将ゆかりのカフェを検索するのに便利です。カフェの検索クエリには、武将の名前を入力
してください。"
     ...
```

エージェントはツールのdescriptionを見て使用するかどうか判断します。ツールはToolデータクラスを使用する方法と、BaseToolクラスのサブクラスとして実装する方法があります（app/backend/approaches/readretrieveread.pyを参照)。

ルックアップするCSVファイルは**リスト6.5**のようになっています（app/backend/data/restaurantinfo.csvを参照)。

リスト6.5　サンプル武将カフェデータ

```
name,category,restaurant,ratings,location
源範頼,カフェ,"喫茶かば庵",3.5,修善寺
源頼家,カフェ,"Cafe Genji13",3.4,修善寺
源頼朝,カフェ,"鎌倉武衛ミュージアムカフェ",3.6,鎌倉
源義経,カフェ,"カフェ金色堂",3.2,奥州平泉
```

サンプルコードではCSVファイルを使用していますが、データベースやWeb APIなど、他のデータソースを使用することもできます。

6.3.2 チャットUIからの利用

チャットUIから［一問一答］モードをクリックし、［開発者設定］から「ツール選定（ReAct)」モードを選択します（**図6.13**)。

図6.13 ツール選定(ReActの有効化)

「鎌倉幕府第二代征夷大将軍の名前とその将軍ゆかりの地にあるカフェの名前を教えて」というような2つのデータソースが必要な質問をして結果を確認してみましょう。

さらに「屋島の戦いを指揮した武将の名前と、その武将ゆかりの地にあるカフェの名前を教えて」のような質問を投げて、結果がどう変わるかを確認してみましょう。

○推論プロセスの確認

チャットUIの[推論プロセス]タブを確認すると、**リスト6.6**のように推論プロセスが表示されます。また、ローカル開発をしている場合はコンソールの標準出力にも推論プロセスが表示されます。

リスト6.6 ReActの推論プロセス(概略)

```
> Entering new AgentExecutor chain...
まずは鎌倉幕府第二代征夷大将軍の名前を調べる必要があります。それから、その将軍ゆかりの地にあるカフェを検索します。
Action: PeopleSearchTool
Action Input: 鎌倉幕府第二代征夷大将軍
Observation: 源頼家 - Wikipedia-0.pdf:（検索したコンテンツの内容）鎌倉幕府第2代征夷大将軍 （在任：1202年- 1203年）...
Thought:鎌倉幕府第二代征夷大将軍の名前は源頼家です。その将軍ゆかりの地にあるカフェを検索しましょう。
```

```
Action: CafeSearchTool
Action Input: 源頼家
Observation: name:源頼家
category:カフェ
restaurant:Cafe Genji13
ratings:3.4
location:修善寺
Thought:源頼家ゆかりの地にあるカフェの名前はCafe Genji13です。
Final Answer: 源頼家ゆかりの地にあるカフェの名前はCafe Genji13です。
```

鎌倉幕府第二代征夷大将軍の名前は質問では与えられていないため、「鎌倉幕府第二代征夷大将軍」を検索クエリにしてPeopleSearchTool (Azure AI Search) で検索します。検索結果から、名前は「源頼家」であると推論しました。次に、源頼家ゆかりの地にあるカフェを検索するために、CafeSearchTool (CSVルックアップ) を使用して検索した結果を取得します。最終的に、源頼家ゆかりの地にあるカフェの名前は「Cafe Genji13」であると推論しました。以上で質問の答えが得られたので、最終結果として回答を出力します。

Function callingを利用する

Azure OpenAI Serviceのモデルでも、Function calling (関数呼び出し)[注6.2]機能が利用可能になり、これまでプロンプトで行っていたツール選定をモデル側で代わりに実行してくれるようになりました。リクエストに1つ以上の関数が含まれている場合、モデルはプロンプトのコンテキストに基づいて、いずれかの関数を呼び出す必要があるかどうかを判断します。

モデルは、関数を呼び出す必要があると判断すると、その関数の引数を含むJSONオブジェクトで応答します。この機能によってプログラムとの連携がよりしやすくなりました。執筆時点でgpt-35-turbo、gpt-35-turbo-16k、gpt-4、gpt-4-32kのバージョン0613以降のモデルで動作します。

Chat Completions APIでFunction callingを使用するには、リクエストにfunctionsとfunction_callという2つの新しいプロパティを含める必要があります[注6.3]。**リスト6.7**のようにリクエストには1つ以上のfunctionsを含めることができます。

リスト6.7 Function(関数)の定義

```
functions= [
    {
        "name": "PeopleSearchTool",
```

注6.2 「Azure OpenAI Service (プレビュー) で関数呼び出しを使用する方法」
https://learn.microsoft.com/azure/ai-services/openai/how-to/function-calling

注6.3 APIバージョン：2023-12-01-previewより、functionsとfunction_callの名称がそれぞれtoolsとtool_choiceへ変更されています。

```
        "description": "日本の歴史の人物情報の検索に便利です。ユーザーの質問から検索クエリを生成して
検索します。クエリは文字列のみを受け付けます",
        "parameters": {
            "type": "object",
            "properties": {
                "query": {
                    "type": "string",
                    "description": "検索クエリー"
                }
            },
            "required": ["query"]
        }
    },
    {
        "name": "CafeSearchTool",
        "description": "武将ゆかりのカフェを検索するのに便利です。カフェの検索クエリには、武将の名
前を入力してください。",
        "parameters": {
            "type": "object",
            "properties": {
                "query": {
                    "type": "string",
                    "description": "検索クエリー"
                }
            },
            "required": ["query"]
        }
    },
]
```

Function（関数）にはname、description、parametersという3つの主要なパラメータがあります。descriptionパラメータは、モデルによって関数を呼び出すタイミングと方法を判断するために使用されるため、関数が何を行うのかについてのわかりやすい説明を与えることが重要です。parametersは、関数が受け取るパラメータを記述するJSONスキーマオブジェクトです。

リスト6.8のようにfunctionsパラメータを追加して実行すると、**リスト6.9**のような結果が得られます。

リスト6.8　Chat Completions APIでFunction callingのリクエストを実行

```
messages= [
    {"role": "user", "content": "まず鎌倉幕府第二代征夷大将軍の名前を調べる必要があります"}
]

response = client.chat.completions.create(
    model="gpt-4",
    messages=messages,
    functions=functions,
```

```
    function_call="auto",
)

print(response.choices[0].message.model_dump_json(indent=2))
```

リスト6.9　Function callingの実行結果

```
{
  "role": "assistant",
  "function_call": {
    "name": "PeopleSearchTool",
    "arguments": "{\n  \"query\": \"鎌倉幕府第二代征夷大将軍\"\n}"
  }
```

「まず鎌倉幕府第二代征夷大将軍の名前を調べる必要があります」という質問に対して、自動的にPeopleSearchToolが選択され、引数として「鎌倉幕府第二代征夷大将軍」が質問文から抽出されてセットされました。あとはコードの中でPeopleSearchTool関数と引数を定義しておけば、JSONをパースするだけで実際に処理を実行できます。**リスト6.10**のような質問文を送信して結果を確認してみましょう。

リスト6.10　次の質問

```
messages= [
    {"role": "user", "content": "鎌倉幕府第二代征夷大将軍の名前は源頼家であることがわかりました。次に、源頼家ゆかりの地にあるカフェを調べます。"}
]
```

6.3.3 ChatGPTプラグインの実装

6.3.1節ではコードの中にカスタムツールとして実装しましたが、ChatGPTプラグインを使うことで外部のサービスと連携することも可能です。

今回は**図6.14**のような2つの異なるシステムをChatGPTプラグインとして公開し、これをAIオーケストレーターであるLangChainから呼ぶデモを構築します。

図6.14 LangChainによるAIオーケストレーションの内部処理

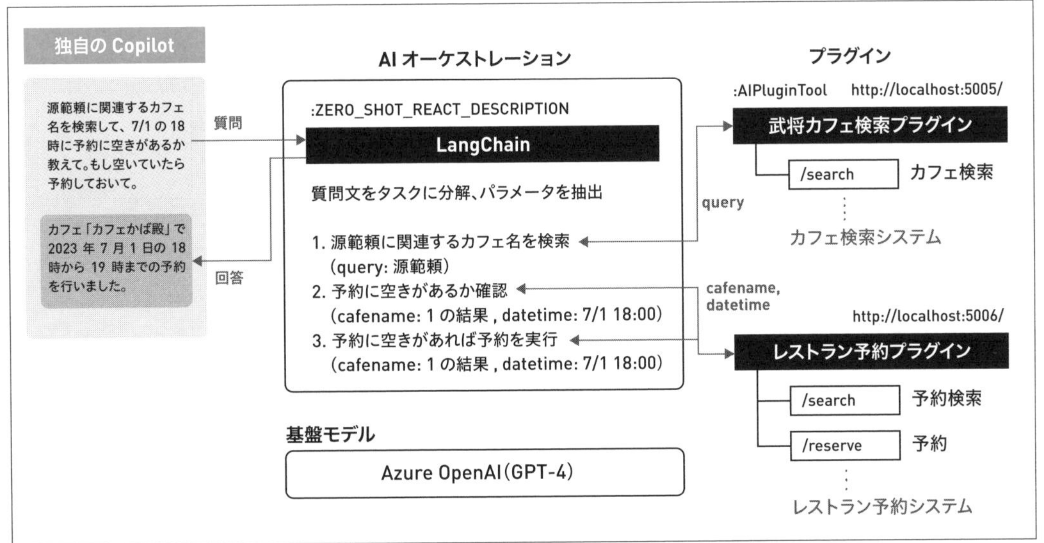

「源範頼に関連するカフェ名を検索して、7/1の18時に予約に空きがあるか教えて。もし空いていたら予約しておいて。」といったユーザーからの複雑な指示に回答できるようなシステムを構築します。

○開発するプラグインとエンドポイント

- 武将カフェ検索プラグイン：カフェ検索システムスタブ
  - /search：カフェ検索
- レストラン予約プラグイン：レストラン予約システムスタブ
  - /search：予約検索
  - /reserve：予約

○フロー解説

(1) チャットUIからユーザーの指示が投げられる

(2) クエリはLangChainが受け取り、ZERO_SHOT_REACT_DESCRIPTIONエージェントがReasoningを行う

(3)「武将カフェ検索プラグイン」にアクセスし、API仕様をロード、エンドポイントの情報と説明書きを受け取る。その結果、このAPIで検索ができそうだと判定。実際に検索するには「GETリクエストを/searchエンドポイントに送信して、クエリパラメータとしてカフェの名前を指定する必要があります。」と考え、5005番ポートにアクセスし、「源範頼」を検索リクエストとして投げる

(4) 次に「レストラン予約プラグイン」を呼び出し、「カフェかば殿」で7/1の18時に予約が可能かどうかを確認する。「そのためには、/searchエンドポイントをGETリクエストで使用します。パラメータとしてq（レストラン名）とdatetime（日時）を必要とします。」と考える。5006番ポートにアクセスして、カフェ名と空き状況の情報を検索
(5) このカフェでは予約可能であることが確認できたので、今度は/reserveエンドポイントにPOSTリクエストを送信して予約を行う。「OK」が返ってきたので予約完了
(6) 最後にUIに「カフェかば殿で7/1の18-19時で予約を行いました」と返却

AIPluginToolへプラグインをロード

サンプルコードではlocalhost上で動作する2つのプラグインエンドポイントのURLを指定しています（**リスト6.11**、app/backend/approaches/readpluginsretrieve.pyの26行目）。

リスト6.11　AIPluginToolへプラグインをロード

```
llm = AzureChatOpenAI(azure_deployment=self.openai_deployment,
            api_version=self.openai_api_version,
            azure_endpoint=self.openai_endpoint,
            azure_ad_token_provider= self.openai_ad_token,
            temperature=overrides.get("temperature") or 0.0,
                )

tools = load_tools(["requests_all"])
plugin_urls = ["http://localhost:5005/.well-known/ai-plugin.json", "http://localhos
t:5006/.well-known/ai-plugin.json"]

tools += [AIPluginTool.from_plugin_url(url) for url in plugin_urls]
```

Agentの初期化

制約条件や言語の設定をプロンプトに含めています（**リスト6.12**、app/backend/approaches/readpluginsretrieve.pyの38行目）。

リスト6.12　エージェントの初期化と設定

```
SUFFIX = """
Answer should be in Japanese. Use http instead of https for endpoint.
If there is no year in the reservation, use the year 2023.
"""

agent_chain = initialize_agent(tools,
                    llm,
                    agent=AgentType.ZERO_SHOT_REACT_DESCRIPTION,
                    verbose=True,
                    agent_kwargs=dict(suffix=SUFFIX + prompt.SUFFIX),
                    handle_parsing_errors=True,
```

```
                    callback_manager = cb_manager,
                    max_iterations=5,
                    early_stopping_method="generate")
```

Agent に Function calling を利用する

gpt-4(0613)、gpt-3.5-turbo(0613)の最新モデルではFunction calling機能が追加され、これまでAgentやプロンプトで行っていた必要なツールの選定をモデル側で実行できます。LangChainではいち早く連携され、AgentType.OPENAI_FUNCTIONSと指定するだけで利用できます。

ChatGPT プラグインの起動

pluginsフォルダへ移動し、2つのプラグインをローカルサーバとして起動します。今回使用するプラグインは、PythonのQuart[注6.4]ライブラリです。インストールされていない場合は、pip install -r requirements.txtでインストールできます。

- 武将カフェ検索プラグインの起動

```
cd cafe-review-plugin
python main.py
```

- レストラン予約プラグインの起動

```
cd restaurant-reservation-plugin
python main.py
```

別々のターミナルで2つのプラグインを起動すると、localhost:5005とlocalhost:5006にプラグインのエンドポイントが公開されます。

チャット UI で質問

チャットUIから[一問一答]モードをクリックし、[開発者設定]から「ChatGPTプラグイン」モードを選択します(図6.15)。

注6.4 QuartはWebアプリケーションフレームワークの一種。PythonのWebアプリケーションフレームワークとして広く使われているFlaskを非同期処理に対応させる形で書き換えたもの。"Quart" https://pgjones.gitlab.io/quart/

図6.15　ChatGPTプラグインモードの有効化

「源範頼に関連するカフェ名を検索して、7/1の18時に予約に空きがあるか教えて。もし空いていたら予約しておいて。」と質問文を入力すると、自動的にカフェの検索と予約状況を調べ、予約まで完了しました。実際の内部の処理は［推論プロセス］タブか、コンソールの標準出力を確認してください。このデモはあくまでサンプルですので、このコードをベースに独自のプラグインとオーケストレーションを開発してみましょう。

プラグインのひな形リポジトリ

- "ChatGPT plugins quickstart"
  https://github.com/openai/plugins-quickstart
- "ChatGPT Plugin Quickstart using Python and FastAPI"
  https://github.com/Azure-Samples/openai-plugin-fastapi

Notice

「ChatGPTプラグイン」モードはローカル開発環境でのみ動作します。また、このデモでは単純化するためにユーザーへの確認プロセスなどを省いていますが、AIの安全性、責任あるAIの観点から、実際にアクションを実行する直前には人間からの最終確認のプロセスを導入することを検討してください。なお、高度な推論（Reasoning）はGPT-3.5 TurboよりもGPT-4モデルのほうが得意です。可能であればGPT-4をお使いください。

6.3.4 ストリーム出力の実装

チャットUIにはストリーム出力モードが実装されており、このモードをオンにするとOpenAI社のChatGPTと同様に部分的に結果を表示できます(図6.16)。

図6.16 ストリーム出力モードの有効化

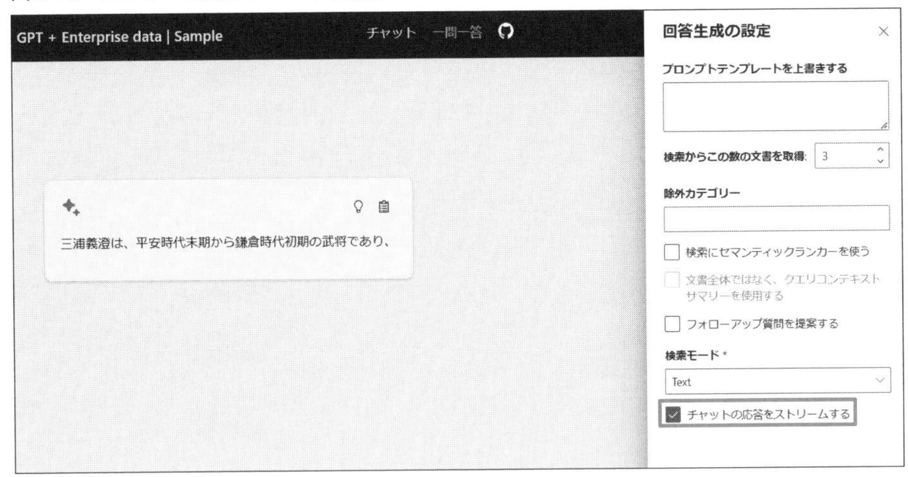

Pythonのopenaiライブラリのchat.completions.create()メソッドを使用する場合、ストリーム出力を有効化するにはstream=Trueを指定します。stream=Trueに設定すると、ChatGPTと同様に部分的なメッセージデルタが送信されます。モデルからのトークンが使用可能になるとサーバ送信イベント(Server-Sent Events)として送信され、ストリームはdata: [DONE]メッセージで終了します。一方、フロントエンド側でもストリームを受け取る処理が必要となります。詳しくは第8章で解説します。

6.4 まとめ

本章ではChatGPTなどのLLMを組み込んだアプリケーションであるCopilotを開発するための技術スタック(Copilot stack)と、その中心となるAIオーケストレーションについて解説しました。ユーザーから与えられたタスクに対し、それを実現するために必要なツールをLLMに選択させて処理フローを構成するアプローチは、LLMをアプリケーションに組み込む大きな意義となります。本章から内容も高度になってきましたが、ReActやPlanning & Executionに代表されるエージェントとAIオーケストレーションの考え方をしっかり身につけていただけるとうれしいです。

COLUMN

Azure AI Studioの登場

2023年11月に開催されたMicrosoftの製品発表イベント「Microsoft Build 2023」でAzure AI Studioが発表されました注6.c。LLMを組み込んだアプリケーション（Copilot）の開発を行うための統合プラットフォームで、Webブラウザから操作可能なスタジオ（統合開発環境）をはじめ、CLIやSDKなどの開発者ツールが提供されています（図6.17）。

図6.17　Azure AI Studioの画面

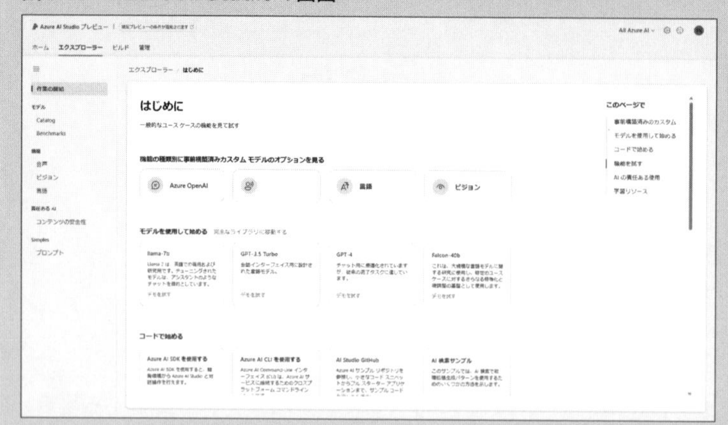

Azure AI Studioは複数のAzure AIサービスの機能をまとめたスタジオです。これまでLLMアプリケーションの開発を行う場合は、次に示すように、複数のAzureサービスのスタジオやCLI/SDKを利用していく必要がありました。

- OpenAIモデルのデプロイや管理、プレイグラウンドでの検証にはAzure OpenAIスタジオを利用
- プロンプトフローによるAIオーケストレーション部分の開発、プロンプトの評価、モデルカタログによるLLMのデプロイ、比較にはAzure Machine Learningスタジオを利用
- 有害な入出力のフィルタリング構成には、Azure OpenAIモデルを利用する際はAzure OpenAIスタジオ、他のモデルならAzure AI Content Safetyスタジオを利用
- 音声による発話や他のAzure AIサービスと組み合わせる場合はそれぞれのスタジオを利用

Azure AI Studioはこういった各種インターフェースを統合し、裏側ではそれぞれのサービスを利用しながらも、ひとつのスタジオ／CLI/SDKでそれぞれの機能を横断的に使えるサービスを目指しています。2023年12月時点ではプレビュー提供中ですが、今後はさらなる機能拡充も図られていくため、ぜひ試してみてください。

注6.c　「Azure AI Studio」　https://ai.azure.com
「Azure AI Studioとは?」　https://learn.microsoft.com/azure/ai-studio/what-is-ai-studio

第7章 基盤モデルとAIインフラストラクチャ

この章ではCopilot Stackを構成する基盤モデルとAIインフラストラクチャのレイヤについて解説します。

7.1 基盤モデルとAIインフラストラクチャとは

基盤モデルとAIインフラストラクチャは、Copilot stackにおいてスタック全体を下から支える重要なレイヤです(図7.1)。

図7.1 Copilot stackのアーキテクチャ

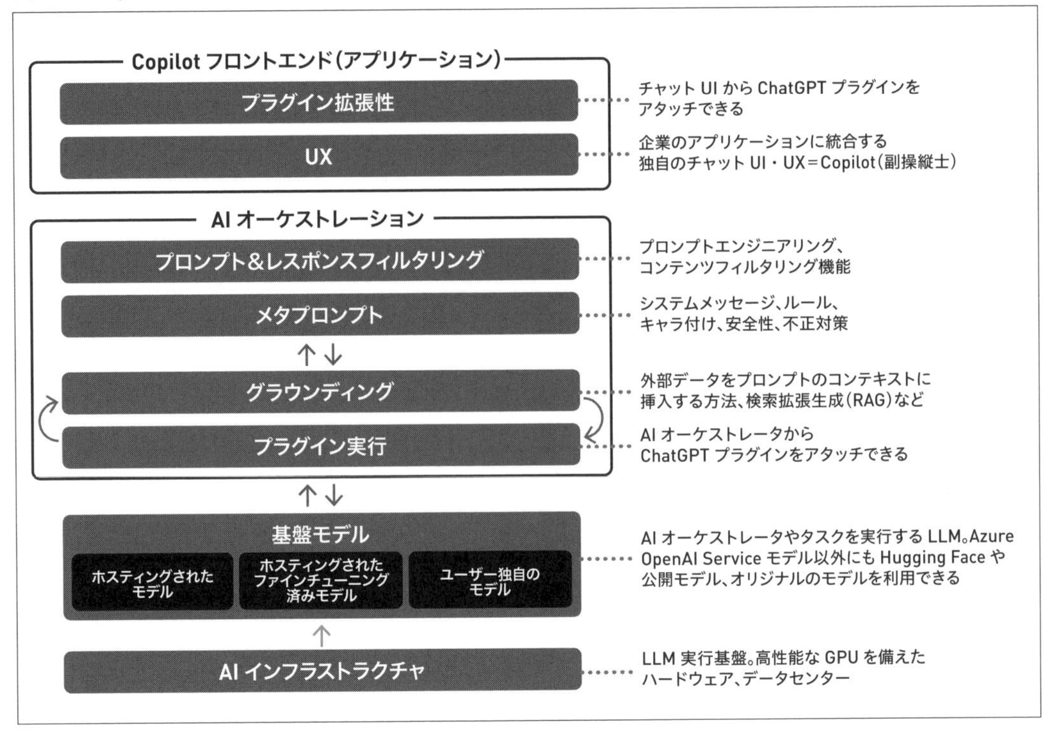

基盤モデルにはオーケストレーションレイヤで活用するOpenAIのモデルや他社の同様モデル、オープンソースのLLM、独自にファインチューニングしたLLM、LLMと協働する各種特化型モ

デルが含まれます。

AIインフラストラクチャは基盤モデルをホスティングする計算リソースを指します。典型的には、自前の特化型モデルやOSSのLLMをホスティングするためのGPU搭載の計算リソース群、ロードバランサなどのスタックがAIインフラストラクチャに該当します。LLMを提供するAzure OpenAI Serviceや各種特化型モデルを提供するAzure AI ServicesのようなAPI形式の基盤モデルの場合、AIインフラストラクチャは基本的にその背後に隠蔽されており、AIインフラストラクチャを意識する必要は基本的にありません。例外的に、Azure AI Servicesにはコンテナを利用して独自にスケールアップ・アウトを行えるようにする仕組みが存在し、こうした仕組みを利用する場合はAIインフラストラクチャを意識する必要があります。

7.2 ホスティングされたモデルの場合

基盤モデルを選定するうえでは、AIインフラストラクチャの管理が不要で高い性能が見込めるAzure OpenAI Serviceをまず検討することになります。

7.2.1 GPT-3.5とGPT-4

Azure OpenAI Serviceでは執筆現在、テキスト生成を行う場合に**表7.1**のモデルを選択できます。

表7.1 Azure OpenAIのモデル一覧

モデル名	モデルバージョン	コンテキストサイズ
gpt-4	0314	8,192
	0613	8,192
	1106-preview※1	入力：128,000、出力：4,096
	vision-preview※2	入力：128,000、出力：4,096
gpt-4-32k	0314	32,768
	0613	32,768
gpt-35-turbo	0301	4,096
	0613	4,096
	1106	入力：16,385、出力：4,096
gpt-35-turbo-16k	0613	16,384
gpt-35-turbo-instruct	0914※3	4,097

※1 GPT-4 Turbo、※2 GPT-4 Turbo with Vision（画像入力対応）、※3 Completions API使用

大きく分けて、基盤モデルとして高い性能を示す代わりに推論速度が遅く価格も高いGPT-4系と、高速な推論が可能で低価格な代わりにGPT-4系と比べると性能がやや見劣りするGPT-3.5系

の2系統が含まれます。言語モデルとしての性能はGPT-4系のほうが高いですが、推論速度やコストをふまえるとGPT-3.5系に対して上位互換と言い切れるものではなく、ユーザー体験の設計や運用コストを考慮したうえで使い分けることになります。

○モデル性能

性能を比べるうえではOpenAIが公表したGPT-4 Technical Report[注7.1]が参考になります。LLMの性能評価はあらゆる自然言語タスクのベンチマークを行って多角的に評価、比較することで行われます。GPT-4 Techinical Reportでは、広範囲のベンチマークにおいてGPT-4はほぼ全面的に、GPT-3.5よりも高精度であることが示されています。性能改善の幅にはタスクによってばらつきがあり、GPT-3.5では10%程度だった正解率が90%近くまで改善している例もありますし、その逆に改善幅が数%と小幅にとどまっているケースもあります。

○入出力トークンあたりの価格

両者ともにトークンあたりの価格で課金されますが、そのコストは一桁違っています。後述するように推論速度にもかなり大きな差があります。一桁の価格差と、推論速度差を正当化するほどの性能差かどうかはタスクによって判断が異なるため、実際に解かせたいタスクについて理想的には数百数千件程度、現実的なところではまずは数十件程度から簡単なデータセットを作って実験してみて、その性能差を比較してみることをおすすめします。このデータセット作りの過程で最大トークン数が`gpt-35-turbo(1106)`の16,385で十分か、あるいは`gpt-4(1106-preview)`の128,000が必要となるのかも決まってきます。

○推論速度

推論速度はネットワーク状況やサービスの負荷状況などさまざまな要因によって変動するため、定量的にどの程度の差が生じるか断言はできません。推論速度がモデルの選定上重要な判断ポイントになる場合には、実際に両モデルで何パターンか推論させる実験を行って実際の速度を計測することをおすすめします。またこのとき、時間をずらして何度か実験を行うことと、(もし東日本リージョンを使うという制約がないのであれば) リージョンを変えて実験を行うことも検討すると良いでしょう。大規模な利用が見込める前提で一定の推論速度とスループットを確保したい場合は、プロビジョンドスループット機能を検討することも選択肢に入ります[注7.2]。

注7.1 "GPT-4 Technical Report" https://arxiv.org/abs/2303.08774

注7.2 「プロビジョニングされたスループットとは」
https://learn.microsoft.com/azure/ai-services/openai/concepts/provisioned-throughput

入出力（API）形式

`gpt-35-turbo-instruct`だけはやや特殊で、Chat Completions APIではなくCompletion APIを使用します。対話形式に特化した他のモデルと異なり、ユーザー入力の続きを補うクラシックな言語モデル的挙動となっています。レガシーモデルとして今後廃止が予定されている`text-davinci-002`などの後継として使用することを意図したモデルです。大きなフローの中でユーザーの目に直接触れないタスクの解決にLLMを使う場合など、ユースケースによっては対話形式である必要がまったくないどころか、むしろ「しゃべり過ぎる」ことが問題となるようなこともあり、そういった場合に選択肢になり得るモデルです。

それぞれのモデルの得意、不得意をふまえて、適切なモデルを選んでいくことが重要です。

COLUMN

GPT-4 Turbo

2023年11月の「OpenAI DevDay」にて、GPT-4 Turboという新しいモデルの登場がアナウンスされました。GPT-4 Turboはその名のとおり、従来のGPT-4モデルと比較して大幅に高速化されています。加えてタスク性能を改善したほか、32Kトークンをはるかに上回る128Kのコンテキストサイズを備え、学習データ更新により2023年4月までの知識を有しています。

Azure OpenAI Serviceでは2023年11月中頃にサポートされ、表7.1中の`gpt-4(1106-preview)`と記されているモデルがこれに当たります。

7.2.2 ファインチューニング

Azure OpenAI ServiceではGPT-3.5 Turboモデルを自前のデータで調整するファインチューニング機能がリリースされています。ファインチューニングモデルを作る場合でも学習やモデルホスティングリソースは隠蔽されており、AIインフラストラクチャを意識する必要はありません。

ユースケース

ファインチューニングを行うには、学習のためにデータを集めなければならない性質上、モデルのユースケースがある程度定まっている必要があります。ファインチューニングを行うとモデルを特定のタスクに特化させることができ、そのタスク限定でGPT-4並の性能とGPT-3.5 Turbo並の応答速度を両立できる可能性があります。応答速度優先で、入出力例を与えるなどプロンプトエンジニアリングのテクニックを駆使してGPT-3.5 Turboを利用していたが性能に満足できない場合、もしくは性能優先でGPT-4を使っていたが応答品質に課題が生じてきた場合に、ファインチューニングを検討することになります。

ファインチューニングによってより良く改善が見込めるとされている具体例として、OpenAIのドキュメント[注7.3]では以下のようなケースが挙げられています。

- スタイル、トーン、形式、その他の定性的側面の設定
- 期待する出力を生成させる際の信頼性向上
- 複雑なプロンプトを用いる場合の失敗の修正
- 多数のエッジケースを決まった方法で処理する場合
- プロンプトで明確に説明できない新しいスキルやタスクの実行

○学習用データ

ファインチューニングを行う場合、まず最低でも10件、できれば50〜100件程度のデータを集めてモデルをチューニングしていくことになります。基本的にデータ量は多ければ多いほど良いとされていますが、同時にデータの品質も重要です。まずは少量データで学習を行ってみて改善が見込めるかどうかを確認したうえで、高品質なデータを増やしていくと良いでしょう。

データの集め方として、解きたいタスクのさまざまなパターンを網羅するようにサンプルを集める必要があります。ファインチューニングは、LLMの一側面に対して人が好む出力をするようにパッチを当てるイメージです。出現頻度が比較的低いケースはデータ量も少なくなりやすく、ファインチューニングした場合でもチューニングから漏れてタスク性能低下の原因になり得ます。データの多様性には十分に配慮しておきましょう。

○コード例

ファインチューニングを行うためのコードは比較的シンプルです。jsonl (JSON Lines) 形式のデータをAzure OpenAI Serviceにアップロードして学習データと検証データを作成し、ファインチューニングのジョブを作成するという流れを、**リスト7.1**に示す短いコードで実行できます。

リスト7.1 ファインチューニングジョブの実行

```
import os
from openai import AzureOpenAI

client = AzureOpenAI(
  azure_endpoint = os.getenv(“AZURE_OPENAI_ENDPOINT”),
  api_key=os.getenv(“AZURE_OPENAI_KEY”),
  api_version=”2023-12-01-preview”
)

# 学習データ、検証データ準備
```

注7.3 "Common use cases" https://platform.openai.com/docs/guides/fine-tuning/common-use-cases

```
training_file_name = 'training_set.jsonl'
validation_file_name = 'validation_set.jsonl'

training_response = client.files.create(
    file=open(training_file_name, "rb"), purpose="fine-tune"
)
training_file_id = training_response.id

validation_response = client.files.create(
    file=open(validation_file_name, "rb"), purpose="fine-tune"
)
validation_file_id = validation_response.id

# ファインチューニングジョブ作成・実行
response = client.fine_tuning.jobs.create(
    training_file=training_file_id,
    validation_file=validation_file_id,
    model="gpt-35-turbo-0613",
)
```

できあがったモデルは、同様にシンプルなコマンドによってデプロイが可能です[注7.4]。

```
az cognitiveservices account deployment create
    --resource-group <RESOURCE_GROUP>
    --name <AOAI_RESOURCE_NAME>
    --deployment-name <DEPLOYMENT_NAME>
    --model-name <FINE_TUNED_MODEL_ID>
    --model-version "1"
    --model-format OpenAI
    --sku-capacity "1" a    --sku-name "Standard"
```

○価格

GPT-3.5 Turboに対してファインチューニングを行う場合、学習時間1時間あたり102ドル、ファインチューニングモデルのホスティングに1時間あたり7ドルのコストがかかります[注7.5]。1ドル150円のレートで月額に換算すると、ホスティングにかかる費用は80万円近くになります。基盤モデルとしてファインチューニングしたGPT-3.5 Turboモデルを採用するかどうか考える場合、この費用を賄ってでも解決したい課題があるかどうかが非常に重要です。なお、推論コストは通常のGPT-3.5 Turboと同様です。

注7.4 「微調整によってモデルをカスタマイズする（プレビュー）」 https://learn.microsoft.com/ja-jp/azure/ai-services/openai/how-to/fine-tuning?tabs=turbo&pivots=programming-language-python

注7.5 "Azure OpenAI Service pricing" https://azure.microsoft.com/en-us/pricing/details/cognitive-services/openai-service/

COLUMN

GPT-4のファインチューニング

Azure OpenAI Serviceでは、GPT-4のファインチューニングはプレビュー中とアナウンスされています[注7.a]。まだ一般に使用できる形では提供されていませんが、近い将来のアップデートに期待しましょう。

注7.a https://news.microsoft.com/ignite-2023-book-of-news/ja/

7.3 公開モデルの場合

Meta社が公開したLlama 2やrinna社が公開したbilingual-gpt-neox-4b-instruction-sftなど、学習済みの機械学習モデルをOSS系ライセンスや利用に制限を設けたライセンスのもとで無償で公開している例があります[注7.6]。大規模な事前学習済みモデルを特定タスクに転用するファインチューニングによって傑出した成果を示したBERT以来、学習済みモデルをオープンにする流れが続いており、Hugging Face[注7.7]のようなプラットフォーム上で多数のモデルが公開されています。それらの公開モデルもまた、基盤モデルとして活用できます。

執筆現在、ChatGPTと同様の形式でテキスト生成を行う強力な公開モデルとしてはLlama 2があり、さらにLlama 2をベースとして日本語に特化させたモデルや、複数種のデータ形式を処理できるようにしたモデル（マルチモーダルモデル）などの派生モデルが登場しており、その性能は急激に向上しています。

ただし、Azure OpenAI ServiceのGPT-3.5 TurboやGPT-4を置き換えるにはいたっておらず、現時点では公開モデルをそのまま、Azure OpenAI Serviceを置換する目的で使うということはほとんどありません。基本的に、特定タスクに特化させるファインチューニングとセットになります。Transformer Encoder系モデル[注7.8]やそのほか画像や音声を取り扱うようなモデルを使う場合も、目的はAzure AI Servicesでは対応できないような課題の解決であり、こちらも原則ファインチューニング前提となります。

API経由で学習を行えるOpenAIモデルと違って公開モデルを使う場合は、モデルを活用する

注7.6 OSSには後述のコラムに記載したような明確な定義があります。商用利用に制限を加えたモデルなどは定義に当てはまらないため、OSSとは言えません。無償公開されたモデルを指す言葉として「OSSモデル」という言葉が定着しつつありますが、本書ではOSSライセンスに基づくモデルも、利用制限があるライセンスに基づくモデルも、無償でモデルが公開されているモデルは総じて「公開モデル」と表記しています。

注7.7 "Hugging Face" https://huggingface.co/

注7.8 Transformerについては付録Bで解説しています。

ためにモデルに合わせたコードを書く必要があります。加えて、Azure OpenAI ServiceのようなAPIサービスを使う場合にはほとんど気にかける必要がなかったAIインフラストラクチャについても向き合う必要が生じます[注7.9]。

モデルをファインチューニングするコードは、モデルと解きたい課題の組み合わせによって千差万別ですし、適切なパラメータ設定を見出す実験もある程度は必要です。Azure OpenAI Serviceを使えば学習のための計算リソースは簡単に確保できますが、モデルサイズしだいではスタンダードな学習ではなく、分散学習やLoRA (Low-Rank Adaptation) [注7.10]のような手法を併用する必要があります。ファインチューニングを行うための実装難易度は、API経由で学習からホスティングまでこなせるAzure OpenAI Serviceを使う場合よりもかなり高くなります。公開モデルを基盤モデルとして採用する場合のハードルの1つがこの実装コストの高さです。

モデルを学習してもまだ終わりではなく、そのモデルをホストする基盤を自前で用意する必要があります。よって公開モデルを使う要件は以下のようになります。

- GPT-3.5 Turboのファインチューニングと同様に公開モデルを使って解決したい課題が明確に定まっている
- その課題がAzure OpenAI Serviceでは満足に解決できないが公開モデルによっては解決が見込める
- 課題を解決することが開発コストおよびホストするための基盤の実装コストと運用コストを正当化できるだけの利益を生み出す見込みがある

基盤モデルとして公開モデルを検討する場合、その選択肢や考慮事項はマネージドサービスであるAzure OpenAI Serviceを利用する場合よりも多岐に渡ります。現実的には公開モデルの難しさを加味してなお公開モデルを使用しなければならないシチュエーションはあまり多くないかと思いますが、本書では公開モデルの今後の発展に期待する意味も込め、その選択肢や考慮事項について解説します。

7.3.1 モデルの種類

使うべきモデルは解きたい課題によって異なります。単純にChatGPTを置き換える場合、ChatGPTと同系統のTransformer Decoder系事前学習済みモデル(付録B参照)に対し、RLHF(第1章参照)で調整をかけたモデルを使うことになります。分類タスクを解くのであれば

注7.9 こちらの課題に対応するため、Llama 2やMistralなどの公開モデルを推論APIとして提供するModels as a Service機能が発表されています(2023年11月発表)。本節末尾のコラムでも解説しています。

注7.10 元のパラメータは更新せず、差分出力用の低ランク行列を導入して学習を進める手法。学習に使用するパラメータ数を1万分の1程度、GPUメモリを3分の1まで減らし、より小さい計算リソースでもファインチューニングが可能になる。
"LoRA: Low-Rank Adaptation of Large Language Models" https://arxiv.org/abs/2106.09685

Transformer Encoderを用いたRoBERTaなどのモデルを使用し、翻訳など文を変換するタスクを解く場合はEncoder-Decoderモデルを使用することになるかと思います。少し毛色が異なる話として、RAGのためのベクトル検索に使用するEmbeddingsを得る場合、Transformer Encoder系モデルの出力を利用するか、似た意味の文のベクトルが近く配置されるようファインチューニングするSimCSEやその後継手法などを用いることになるかと思います。

どのモデルを使うべきか判断する場合、まず解きたいタスクが一般的に機械学習文脈でどのタスクに該当するのか調査するところから始めます。この時点では、テキストクラス分類（Text classification）か、もしくは要約（Text summarization）か、などの粒度で問題ありません。

続いて、そのタスクの代表的なベンチマークを調べ、そのベンチマークで高い性能を出しているモデルのアーキテクチャを調べるという手順で、モデルのアーキテクチャを絞りこむことができます。

モデルのアーキテクチャを絞り込んだら、最後にその系統のモデルが商用利用可能なライセンスに基づいて公開されていないかを確認します。もちろん自分でコーパス（自然言語の大規模データセット）を収集してモデルを作るという選択肢もありますが、0からの学習にはファインチューニングの比ではないたいへんなコストがかかります。その選択肢を取ってでもモデルを作るだけの理由がある組織はそれほど多くはないはずです。作ったシステムを改善する目的として公開モデルを検討しているのであれば、まずは公開されているモデルを調査し、公開されているモデルでは不足があり、かつ投資を正当化できるだけの理由がある場合に自力で作ることを検討すると良いでしょう。

ほんの一部ではありますが、商用利用可能なライセンスに基づいて公開されているモデルと代表的なユースケースを**表7.2**に示します。

表7.2 公開モデル

公開組織	モデル	サイズ	ユースケース	商用利用
Meta	Llama 2	7B、13B、70B	チャット、テキスト生成、ChatGPTの置き換え	月間アクティブユーザー7億人以上の場合別途ライセンス取得必須
Technology Innovation Institute	Falcon LLM	1B、7B、40B、180B	チャット、テキスト生成、ChatGPTの置き換え	モデルをホスティングしてAPIとして第三者に提供する用途のみ制限される
Mistral AI	Mistral 7B	7B	英語のチャット、テキスト生成、ChatGPTの置き換え	制限なし
	Mixtral 8x7B	46.7B	英、仏、伊、独、西語のチャット、テキスト生成、ChatGPTの置き換え	制限なし
NVIDIA	Nemetron	8B	チャット、テキスト生成、QA応答、ChatGPTの置き換え	要NVIDIA AI Enterprise契約
rinna	bilingual-gpt-neox-4b	4B	日本語および英語の文章補完	制限なし
	Youri 7B	7B	日本語および英語のチャット、テキスト生成、ChatGPTの置き換え	Llama 2準拠
Preferred Networks	PLaMo-13B	13B	日本語および英語の文章補完	制限なし
LLM-jp	llm-jp-13b	13B	日本語のチャット、テキスト生成、ChatGPTの置き換え	制限なし
Stability AI	Japanese Stable LM	70B	日本語のチャット、テキスト生成、ChatGPTの置き換え	Llama 2準拠

適切なアーキテクチャを持つモデルに対して高品質なデータでファインチューニングを行いつつ、後述のモデルサイズやホストする基盤にも気を遣うことで、性能と応答速度の高水準な両取りが視野に入ります。

7.3.2 モデルサイズと圧縮方法

一般論として、モデルサイズが大きければ性能が高い一方で推論に時間がかかり、逆にモデルサイズが小さければ性能が控えめになる一方で推論が高速になります。公開モデルを選ぶ場合、モデルサイズが複数種類公開されているケースがあり、このような場合、今回のタスクにおいてどの程度のサイズが必要かを判断する必要があります。この感覚はGPT-3.5 TurboとGPT-4の比較に似ていますが、公開モデルの場合選択肢は2つどころではなく、まず似たモデルという範囲で複数種類、さらにそれぞれの個別のモデルごとにパラメータ数やチューニング手法が異なる複数種類といった塩梅で、かなりの選択肢があります。ファインチューニングを前提としたとき、必要とする性能、応答速度を実現するにはどの程度のサイズが適切なのか実験的に割り出す必要があります。

もともとのモデルサイズ選定に加え、自前でモデルを取りまわしているためモデル自体に手を加えてできるだけ性能を維持したまま軽量化することが選択肢に入ります。モデル圧縮の手法としてよく用いられているのが量子化、枝刈り、蒸留です。

○量子化

量子化（Quantization）は、モデルを構成するひとつひとつのパラメータのビット数を落としてメモリと計算量の削減を図る圧縮方法です。機械学習では単精度浮動小数点数が使われることが多く、1つのパラメータあたり32bitのサイズですが、これを整数に変換することで8bitにするというような圧縮を指します。もちろん、そのままパラメータの精度を落とすと性能に悪影響が生じることは避けられませんが、精度を維持するための工夫を加えたうえで16bitや8bitまでの圧縮であれば精度劣化の度合いは一般的にあまり大きくありません。精度劣化が起きる代わりにモデルサイズはかなり小さくなり、推論は高速になります。

LLMなどのモデル公開に広く使われているHugging Faceでは、たいていPyTorchのモデル保存形式に基づいて公開されているのでPyTorchの量子化の仕組みを使うこともできます。ただ、執筆現在PyTorchによる量子化は実験的な実装となっているため、安定的に使いたい場合は**ONNX（Open Neural Network Exchange）**による量子化を検討すると良いでしょう。

ONNXはモデルの汎用的な保存形式で、モデルの構造とモデルの重みを含むフォーマットです。ONNX形式のモデルを用いて高速に推論するためのライブラリとしてONNX Runtimeというライブラリがあり、このライブラリがONNXの量子化をサポートしています。精度劣化を抑制しつつ量子化する手法であるDynamic Quantizationという手法でモデルを量子化するコードを**リスト7.2**に示します。

リスト7.2　ONNX Runtimeによる量子化（Dynamic Quantization）

```
import onnx
import onnxruntime

model_original = './model_original.onnx'
model_quantized = './model_quantized.onnx'
quantized_model = onnxruntime.quantization.quantize_dynamic(model_original, model_qu
antized)
```

量子化は、できあがったモデルに対してひと手間加えるのみで処理が済み、手軽である点がメリットとなります。

あるいは、量子化を中心とした高速化をAPI作成時に一括で適用する手法も選択肢になります。**DeepSpeed**というMicrosoft社が開発するOSSのライブラリで、名前が表すとおり深層学習モデルの学習、推論を高速化するテクニックを詰め込んだライブラリがあります。DeepSpeedの推論に関わる機能群はDeepSpeed Inferenceと呼ばれており、この中にはマルチGPUを前提とした高速化や、混合精度（柔軟な量子化）による推論などが含まれています。個別に適用しても良いのですが、対応モデルに限ってまとめて適用してくれ、かつAzure Machine Learningに展開する段階まで面倒を見てくれるDeepSpeed Model Implementations for Inference (DeepSpeed MII) [注7.11]という実装があります。

図7.2のようなフローで、Hugging Faceで公開されているモデルをAzure Machine Learning上に高速化しつつ展開できます。AIインフラストラクチャも含めて比較的簡易に実装が可能になります。

図7.2 DeepSpeed MIIのアーキテクチャ図

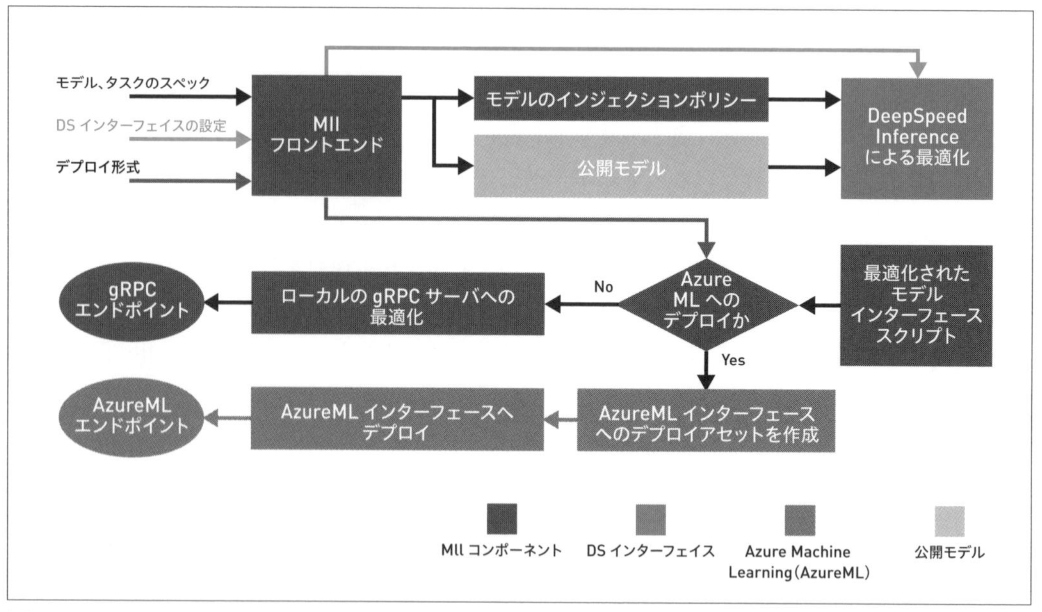

※https://www.microsoft.com/en-us/research/project/deepspeed/deepspeed-mii/ の図を日本語化

枝刈り

枝刈り（pruning）は、精度に影響を与えなさそうなモデルのパラメータを削減することでメモリと計算量の削減を図る圧縮方法です。何らかの基準に基づいていくつかのパラメータの重みを0として取り除き、そのパラメータに連なる計算を削減します。枝刈りには大きく分けて2種類の手法が存在します。

注7.11 "DeepSpeed MII" https://github.com/microsoft/DeepSpeed-MII

図7.3に示しているのはニューロンをカット（≒中間ベクトルの特定次元を無視）する枝刈りで、モデルの構造そのものを変化させます。モデル構造の対称性を維持できることからハードウェアアクセラレータの恩恵を受けやすい一方、精度低下が大きくなりやすい欠点があります。この精度劣化を防ぐ研究は現在も進行中です。

図7.3 ニューロンの枝刈り

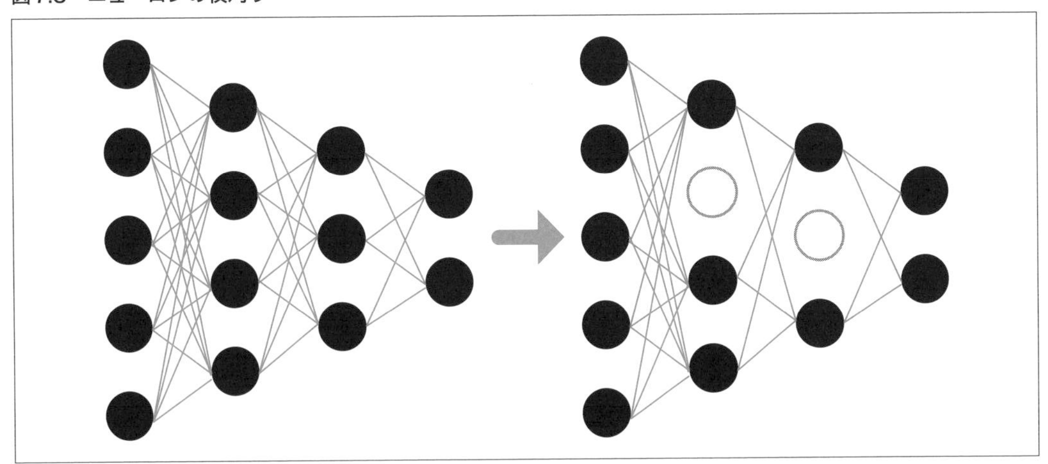

図7.4に示しているのはニューロン間のコネクションをカット（≒重み行列のパラメータを不規則に無視）する枝刈りで、性能の維持がしやすい一方、枝刈りの不規則さからハードウェアアクセラレーターよる高速化の恩恵が薄くなる欠点があります。基本的には高速化というよりはモデル軽量化の意義が大きい方法です。

図7.4 ニューロン間コネクションの枝刈り

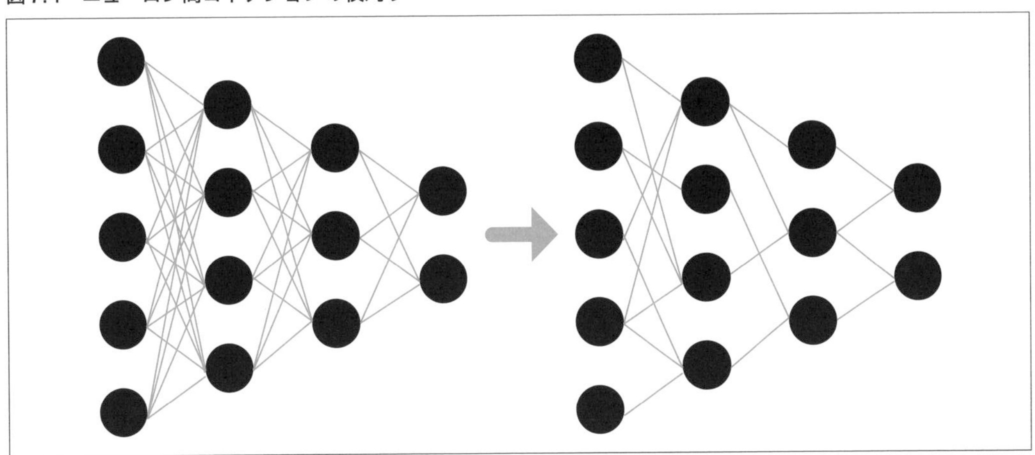

PyTorchには枝刈りのための関数が実装されています(リスト7.3)。

リスト7.3 PyTorchによる枝刈り

```
import torch.nn.utils.prune as prune
import torch

module = torch.nn.Conv2d(1, 6, 5)

prune.global_unstructured(
    module,
    pruning_method=prune.L1Unstructured,
    amount=0.3
)
```

○蒸留

蒸留(Distillation)、あるいは知識蒸留(Knowledge Distillation)は、大きなモデルを教師モデルとしてその出力を利用し、より小規模なモデルを学習することで、大きなモデルが持つ精度をより小規模なモデルで実現しようとする圧縮手法です。実質的にはモデルを再作成するようなものであり、これまで紹介したモデル軽量化手法の中では最も実装コストが重い手法です(図7.5)。

図7.5 蒸留のイメージ

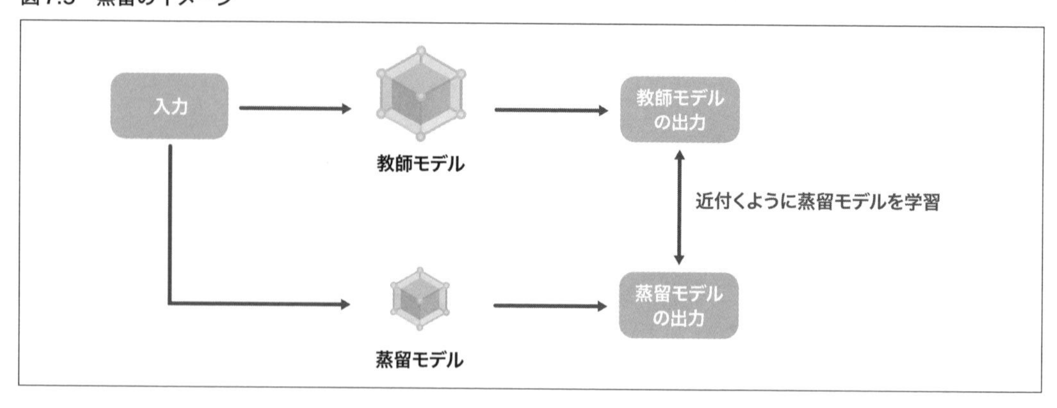

蒸留の手法として、シンプルに出力されたベクトルの差分をできるだけ小さくするような手法以外に、中間モデルを経由する手法や隠れ層のベクトルの差分を小さくする手法など、さまざまな方法が提案されています。

蒸留の結果はモデルや使用する手法に大きく左右されます。BERTをベースにより良い文章ベクトル生成ができるように特化させたSentence-BERTというモデルを蒸留した例[注7.12]では、文

注7.12 "Multi-stage Distillation Framework for Cross-Lingual Semantic Similarity Matching" https://arxiv.org/abs/2209.05869

章の等価性を当てるタスクにおいて1%程度の性能低下で50%以上のサイズ削減に成功しています。OpenAIが開発した音声認識モデルであるWhisperを蒸留した例[注7.13]では、単語誤り率1%の性能低下でパラメータ量を50%削減しています。

自ら蒸留を行わなくても、蒸留後の軽量モデル[注7.14]が公開されていることがあります。オリジナルモデルの性能と比較しつつ採用を検討してみると良いでしょう。

7.3.3 モデルのホスト

OpenAIモデルを基盤モデルとして使うメリットは、基盤モデルとセットでAIインフラストラクチャについてもAPI経由で簡単に使える点にあります。一方で公開モデルを使う場合は、そのモデルを自作した基盤上に開発者自身の手で展開する必要があります。すなわち、AIインフラストラクチャについても自力で面倒を見る必要があります。モデルサイズが十分に小さければそのままONNXなどの形式でソフトウェアに直接組み込めるかもしれませんが、多くの場合メインのシステムとは負荷の特性が異なる都合上独立したAPIとしてホストすることになり、そのための運用体制を構築する必要があります。

アーキテクチャの選択肢としては、Azureの場合IaaSを活用する方法とPaaSを活用する方法の2種類があります（図7.6）。

図7.6 モデルホスティングスタックのAzureでのアーキテクチャ例

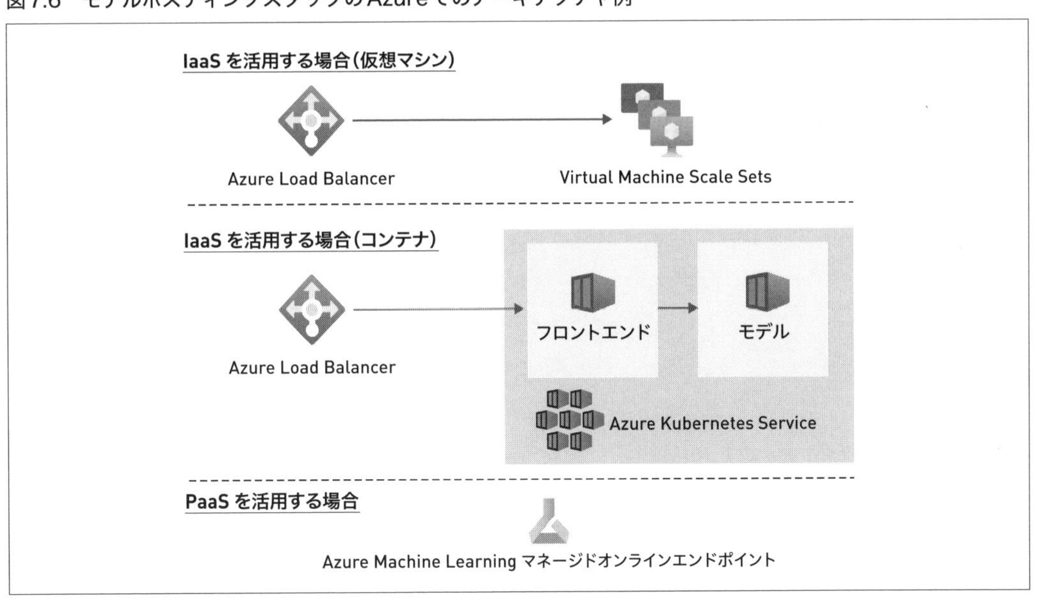

注7.13 "Distil-Whisper: Robust Knowledge Distillation via Large-Scale Pseudo Labelling" https://arxiv.org/abs/2311.00430
注7.14 "Whisper Distillation" https://huggingface.co/distil-whisper

◯IaaSの利用

IaaSを活用する方法を採用する場合、仮想マシンベースならAzure Virtual Machines Scale Sets (VMSS)、コンテナを使用するならAzure Kubernetes Serviceを計算リソースとして用い、リクエストの受け口として何らかのロードバランサを配置することになります。ロードバランサにも選択肢があり、L4のロードバランサであるAzure Load Balancer、L7のロードバランサであるAzure Application Gateway、グローバルリージョン分散が可能なL7のロードバランサでCDN機能を備えたAzure Front Doorなどが選択肢になります。VMSSかAzure Kubernetes Serviceかは、社内やAzure仮想ネットワーク内の閉じた環境での利用かインターネットにAPIの口を開ける必要があるユースケースかなど、要件に応じて適宜使い分けることになります。

◯PaaSの利用

PaaSを用いる場合はGPUを利用する都合上、実質的にAzure Machine Learningの**マネージドオンラインエンドポイント**一択です。マネージドオンラインエンドポイントは先述のIaaSベースのアーキテクチャと似た仕組みを機械学習モデルに特化したマネージドサービスとして提供するものです。マネージドオンラインエンドポイントを利用することで実装コストを低減できます。ノーコードでのデプロイや簡単なスケーリング機能、無停止でのモデル切り替え機能など、運用を意識した機能を標準で備えているため、開発工数とその後の運用工数を削減できます。ただし、極端なスケーリング要件やリクエスト量の要件がある場合や、細かいセキュリティ要件がある場合は、マネージドサービスという性質上あまり細かい設定ができないため、IaaSベースのアーキテクチャを採用する必要性が生じてきます。

◯計算リソース

IaaSベースで構築する場合もマネージドオンラインエンドポイントを使って構築する場合も、計算リソースとして利用する仮想マシンのスペックを定める必要があります。本節で取り上げている公開モデルを使う場合、十分な推論性能を確保するためにGPUを搭載した仮想マシンを利用することが大半でしょう。ただし、一口にGPUを使うといっても、NVIDIA T4、V100、A100、H100など、GPUにも種類があり、モデルやシステムが要求する性能に応じて適切なモデルを選択する必要があります。どのGPUを使うのかで推論速度は大きく変わり、応答速度と運用コストに直接跳ね返ることになります。

たとえば、ND H100 v5シリーズのように極めて強力なGPUであるNVIDIA H100を搭載した仮想マシンを使用すれば、その分推論速度を上げることができますが、運用コストが極めて高価になります。サービスにかけられる予算を考慮しつつ、その中でできるだけ高速なインスタンスを選定することが重要になります。

ONNXやDeepSpeedによる量子化や高速化のための工夫は、基盤モデルとしての公開モデルがAIインフラストラクチャに要求する性能を抑えることを通じて運用コストの大幅な低減につながります。公開モデルを基盤モデルとして採用する場合は、AIインフラストラクチャのアーキテクチャを固める前に、こうした工夫もセットで行っておくことが重要です。

COLUMN

Azure Machine Learningモデルカタログ

Azure Machine Learningには「モデルカタログ」という機能があり、Llama 2などの公開モデルが収録されています（**図7.7**）。

図7.7　モデルカタログに登録されたLlama 2

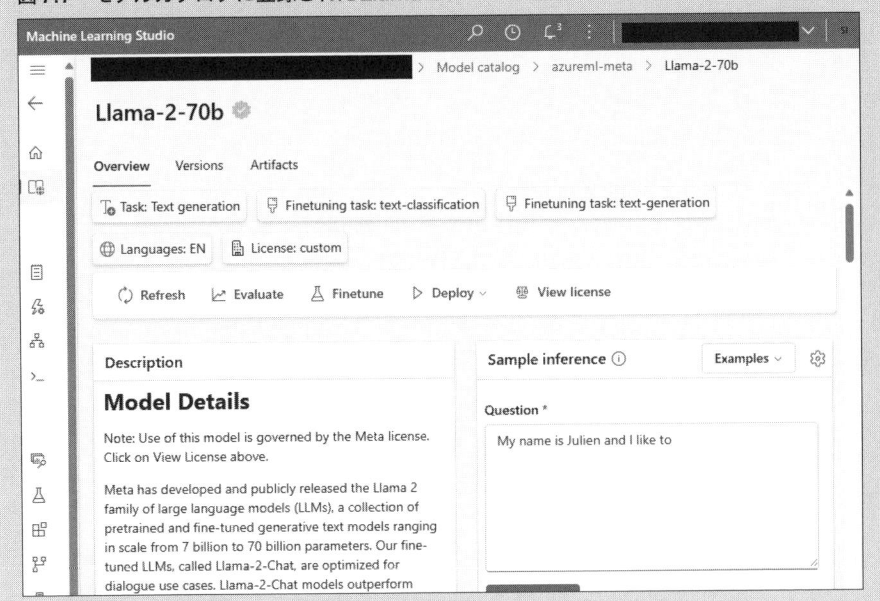

たいていのモデルはマネージドオンラインエンドポイントを使用したノーコードデプロイをサポートしており、特段のカスタマイズなしにただAPIとして利用するだけであれば、何も実装することなく公開モデルをデプロイできます。モデルによってはファインチューニングの実行もサポートしており、所定の形式でデータセットを作ってあらかじめAzure Machine Learningに登録しておくことで簡単にファインチューニングジョブを実行できます。

また、2023年11月には最先端のLLMをAPIエンドポイントとして提供するModels as a Service機能が発表されました。MetaのLlama 2をはじめ、CohereのCommand、G42のJais、

Mistral AIのMistralなど、高性能なLLMが利用可能です注7.b。一部モデルはホスティング形式のファインチューニングにも対応する予定です。各種モデルがAPIエンドポイントとして提供されるため、AIインフラ部分の管理が不要です。利用トークン数ベースの従量課金で利用できるため、Azure OpenAIモデルと近い形式で公開モデルを利用できるようになります。

モデルカタログ内のモデルは、サードパーティのライセンス対象となります。使用する予定のモデルのライセンスについて理解し、ライセンスによってユースケースが許可されていることを確認します注7.c。

注7.b "Welcoming Mistral, Phi, Jais, Code Llama, NVIDIA Nemotron, and more to the Azure AI Model Catalog" https://techcommunity.microsoft.com/t5/ai-machine-learning-blog/welcoming-mistral-phi-jais-code-llama-nvidia-nemotron-and-more/ba-p/3982699
注7.c 「モデルカタログとコレクション」 https://learn.microsoft.com/ja-jp/azure/machine-learning/concept-foundation-models?view=azureml-api-2#model-catalog-and-collections

7.4 まとめ

本章ではAIオーケストレータ（エージェント）を支える基盤モデルと、基盤モデルを動かすためのAIインフラストラクチャについて解説しました。基盤モデルとしては、OpenAIモデルはもちろん、他の企業や組織が研究・開発を行っているモデルも活用できます。本書ではOpenAIモデルを基盤モデルとして利用することを想定していますが、AzureはOpenAIモデルに限らずさまざまな基盤モデルを使用するためのサービスを備えています。基盤モデル活用の基礎として、ぜひAzureとCopilot stackの考え方を活用してください。

COLUMN

OSSライセンスと機械学習モデル

OSSとはすなわちオープンソースソフトウェアのことで、オープンソースという言葉にはきちんとした定義があります。Open Source Group Japanが公開するオープンソースの定義注7.dによれば、オープンソースソフトウェアとは以下の定義を満たすプログラムのことです。

1. 再配布の自由

「オープンソース」であるライセンス（以下「ライセンス」と略）は、出自のさまざまなプログラムを集めたソフトウェア配布物（ディストリビューション）の一部として、ソフトウェアを販売あるいは無料で配布することを制限してはなりません。ライセンスは、このような販売に関して印税

注7.d 「オープンソースの定義（v1.7）日本語版」 https://opensource.jp/osd/osd17/

その他の報酬を要求してはなりません。

2. ソースコード

「オープンソース」であるプログラムはソースコードを含んでいなければならず、コンパイル済形式と同様にソースコードでの配布も許可されていなければなりません。何らかの事情でソースコードとともに配布しない場合には、ソースコードを複製に要するコストとして妥当な額程度の費用で入手できる方法を用意し、それをはっきりと公表しなければなりません。方法として好ましいのはインターネットを通じての無料ダウンロードです。ソースコードは、プログラマーがプログラムを変更しやすい形態でなければなりません。意図的にソースコードをわかりにくくすることは許されませんし、プリプロセッサや変換プログラムの出力のような中間形式は認められません。

3. 派生ソフトウェア

ライセンスは、ソフトウェアの変更と派生ソフトウェアの作成、並びに派生ソフトウェアをもとのソフトウェアと同じライセンスのもとで配布することを許可しなければなりません。

4. 作者のソースコードの完全性

バイナリ構築の際にプログラムを変更するため、ソースコードと一緒にパッチファイルを配布することを認める場合に限り、ライセンスによって変更されたソースコードの配布を制限できます。ライセンスは、変更されたソースコードから構築されたソフトウェアの配布を明確に許可していなければなりませんが、派生ソフトウェアに元のソフトウェアとは異なる名前やバージョン番号をつけるよう義務付けるのはかまいません。

5. 個人やグループに対する差別の禁止

ライセンスは特定の個人やグループを差別してはなりません。

6. 使用する分野に対する差別の禁止

ライセンスはある特定の分野でプログラムを使うことを制限してはなりません。たとえば、プログラムの企業での使用や、遺伝子研究の分野での使用を制限してはなりません。

7. ライセンスの分散

プログラムに付随する権利はそのプログラムが再配布された者すべてに等しく認められなければならず、彼らが何らかの追加的ライセンスに同意することを必要としてはなりません。

8. 特定製品でのみ有効なライセンスの禁止

プログラムに付与された権利は、それがある特定のソフトウェア配布物の一部であるということに依存するものであってはなりません。プログラムをその配布物から取り出したとしても、そのプログラム自身のライセンスの範囲内で使用あるいは配布される限り、プログラムが再配布されるすべての人々が、元のソフトウェア配布物において与えられていた権利と同等の権利を有することを保証しなければなりません。

9. 他のソフトウェアに干渉するライセンスの禁止

ライセンスはそのソフトウェアとともに配布される他のソフトウェアに制限を設けてはなりません。たとえば、ライセンスは同じ媒体で配布される他のプログラムがすべてオープンソースソフトウェアであることを要求してはなりません。

◆ ◆ ◆

一般に教師あり学習で機械学習モデルを作る場合、モデルを作るためのコードと学習に用いるデータの2つが必要です。モデルの種類によってできあがるものはさまざまですが、多くは数値データの塊が得られ、これが「学習済みモデル」や「重み」などと呼ばれている機械学習モデルの本体です。モデル定義を記述するコードと学習済みモデルがセットになって初めて、意味ある「機械学習モデル」として機能します。

昨今「オープンソース」としてモデルの定義コードと学習済みモデルが併せて公開されるケースが増えていますが、どのようなライセンスのもとに公開されているのか注意を払っておく必要があります。

とくに注意しなければならないのが、用途制限を設けて公開されている場合です。「商用利用禁止」というような用途の制限事項を加えたライセンスのもとに公開されているモデルは、実はかなりの数があります。Meta社が公開したLLaMAや東京大学の松尾研究室が公開したWeblab-10Bなどが該当します。そのような用途制限がある場合は上記6.の定義を満たさないため、オープンソースと呼ぶのは適切ではないため、ここでは「いわゆるオープンソース」と区別して表記します。このような「いわゆるオープンソース」モデルの場合、営利企業が構築するサービス内での使用はライセンス違反となる可能性があります。

この判断は解釈が割れている部分もあるようですが、安全側に倒すのであれば商用利用可能なライセンスのもとに公開されているモデルを選定するほうが無難でしょう。非営利団体や教育機関が利用する場合は問題なく商用利用に当たらないと考えられます。ライセンスによっては「学術用途に限る」など厳しい制約が課されているケースもありますので、自身の所属組織がどのようなケースに該当するか、およびライセンスが認めている用途については注意を払っておきましょう。

第8章 Copilotフロントエンド

この章では実際に簡単なLLMアプリのフロントエンド(Copilotフロントエンド)を構築しながら、ユーザーエクスペリエンス向上のヒントを学びます。

8.1 ユーザーエクスペリエンスの基礎

ユーザーエクスペリエンス(UX)は、アプリケーションの重要なポイントです。ユーザーが使いやすいと感じるかどうかは、アプリケーションの成功に大きく影響します。使いやすいと感じるポイントとして、ユーザーとアプリケーションがどのように相互作用すべきか理解し、効率的にタスクを実行できるように設計することが重要です。また、LLMアプリケーションはその特性上、意図せずバイアスのかかった出力をしてしまう場合などがあるため、倫理的な観点に配慮したうえで使いやすい設計である必要もあります。さらには、キーボードによる文字入力に限らず、音声入力を文字変換するなどのアクセシビリティに配慮した設計なども考慮できます。

8.1.1 ユーザビリティ

ユーザビリティは「ユーザーの目的に合った機能性が備わっており、それを正確かつ効率的に実行できる」ことを意味しています。たとえば、ユーザーがまだ慣れていない場合は、このアプリケーションで何ができるか、何を支援してくれるのか、ユーザーに示すことで安心して使い始めることができます(図8.1)。

8

図8.1 Bingチャットのガイダンス

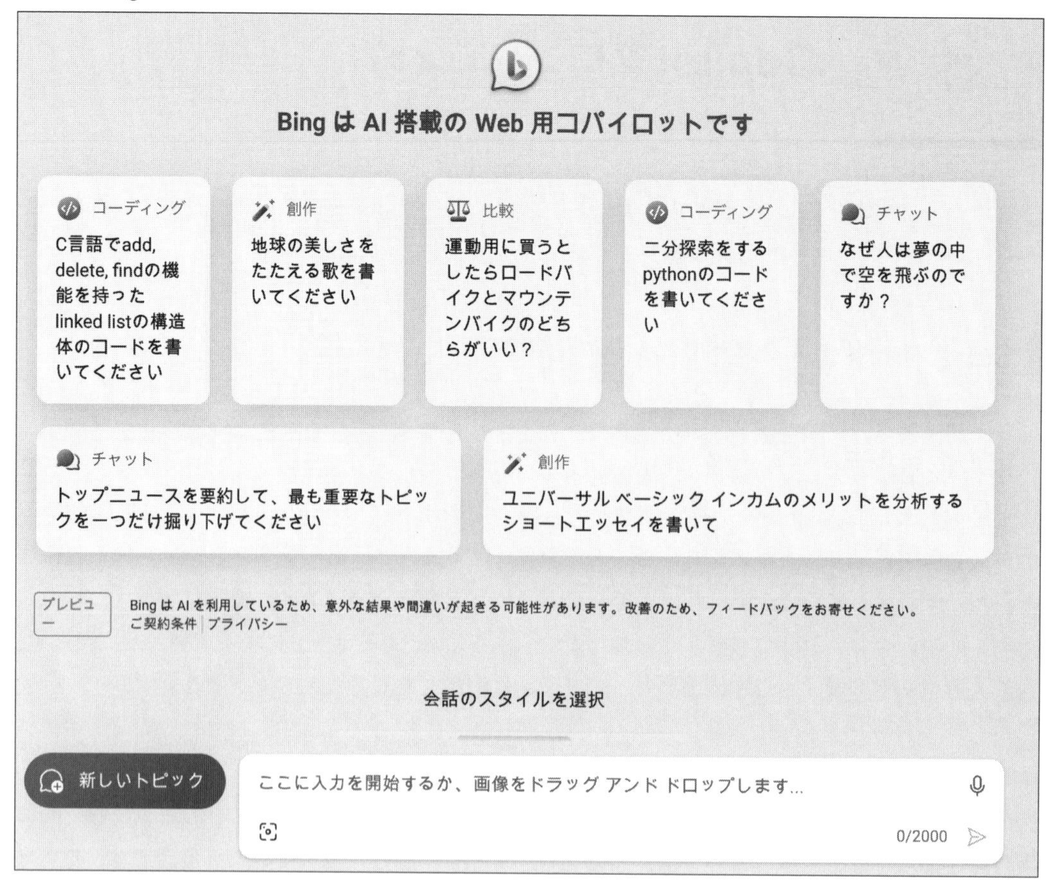

8.1.2 停止ボタンと再生成ボタン

アプリケーションの作りによっては、コンテンツの生成に非常に時間がかかる可能性があります。停止ボタンで処理をキャンセルしてユーザーがすぐに再入力できるようにする、あるいは簡単に同一指示でコンテンツを再生成するために、内部的にTemperatureパラメータ（第3章参照）を変化させて再生成することで、よりユーザーの指向にあったコンテンツが生成できる場合もあります（図8.2）。

図8.2 [もう一度聞く]ボタン

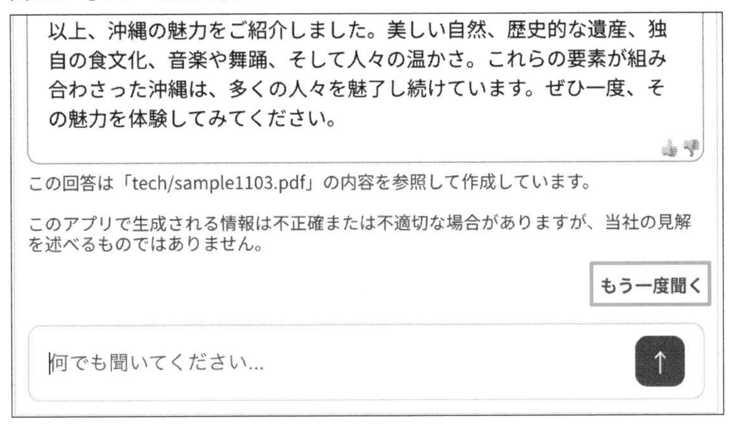

以上、沖縄の魅力をご紹介しました。美しい自然、歴史的な遺産、独自の食文化、音楽や舞踊、そして人々の温かさ。これらの要素が組み合わさった沖縄は、多くの人々を魅了し続けています。ぜひ一度、その魅力を体験してみてください。
この回答は「tech/sample1103.pdf」の内容を参照して作成しています。
このアプリで生成される情報は不正確または不適切な場合がありますが、当社の見解を述べるものではありません。
もう一度聞く
何でも聞いてください...

リスト8.1は[もう一度聞く]を押下することでコンテンツを再作成する実装ですが、並列処理で複数のコンテンツを提示することで、よりユーザーの意図に合ったコンテンツを選択可能にすることが有効な場合も考えられます。

リスト8.1 Temperatureを1回め0.5→2回め1.0→3回め1.5→リセットと遷移させる

```
function insertOnceAgain() {
    const dom = `
        <div id="onceAgain" class="once-again">もう一度聞く</div>
    `;
    content.insertAdjacentHTML("beforeend", dom)
    const onceAgain = g('onceAgain');

    onceAgain.addEventListener('click', e => {
        temperature += 0.5
        if (temperature > 2.0) {
            resetTemperature();
        }
        resetTemperatureFlag = false;
        onSubmit();
    });
}
```

8.1.3 キャッシュしやすい実装

同じ指示が何度も発生するアプリケーションの場合は、前回と同じ生成結果を応答することでレスポンスが改善できる場合があります。LangChainでは、同一の指示に対して、インメモリやキャッシュサービスにキャッシュされた内容を応答する仕組みが実装されています。たとえば、図8.1の「Bingチャットのガイダンス」のように「よくある質問」としてアプリが例示した中からユーザーが指示を選択する場合は、応答をキャッシュすることでレスポンスの遅延を防ぎ、トークンの節約をすることができます。

リスト8.2はJupyter Notebookで簡単に試すことができる例です。openaiとlangchainのライブラリをあらかじめインストールしてください。ただし、このコードはopenaiライブラリのバージョンがv0.28系でのみ動きます。v1以降はAzure OpenAI専用のクライアントをインスタンス化する形式であるため、set_llm_cacheへのLLMクライアントは非対応です。Azure OpenAI以外を利用することも考慮して参考にしてください。

リスト8.2 LangChainのキャッシュ処理

```
import os
import openai

from langchain.llms import AzureOpenAI
from langchain.globals import set_llm_cache
from langchain.cache import InMemoryCache

os.environ["OPENAI_API_TYPE"] = "azure"
os.environ["OPENAI_API_VERSION"] = "<AZURE_OPENAI_VERSION>" # ex) "2023-05-15"
os.environ["OPENAI_API_BASE"] = "<AZURE_OPENAI_ENDPOINT>"
os.environ["OPENAI_API_KEY"] = "<AZURE_OPENAI_KEY>"

set_llm_cache(InMemoryCache())

llm = AzureOpenAI(model_name="gpt-3.5-turbo")
llm.predict("Tell me a joke")
```

※参考："Caching"　https://python.langchain.com/docs/modules/model_io/llms/llm_caching

8.2 LLMの不確実な応答への対処

RAGのようなアプリケーションでは、ユーザーの質問に対して期待どおりの回答がすばやく得られることが重要です。以下のような処理を実装することを検討してみてください。

8.2.1 正確性

RAGにおける回答の正確性を向上するために、検索精度が良い（ユーザーの期待値に近い）サービスやオプションの選択をすることが重要です。また、文書をインデックスするときのチャンクサイズを調整したり、グラウンディングの手法で渡す知識の件数を変えることで、回答の精度を調整できる場合があります。これらはサーバサイドの実装内容であるためここでは詳細に記載しませんが、他の章で解説しているAzure AI Searchの使い方などを参考にしてみてください。

8.2.2 透明性(情報の根拠の提示)

外部知識を検索して応答を生成するRAGアプリケーションでは、回答にどの文書を利用したかの参照元を示すことで、回答内容の透明性を向上させるとともに、回答の信頼性をユーザーが判断しやすくできます(図8.3)。

図8.3 参照元の提示

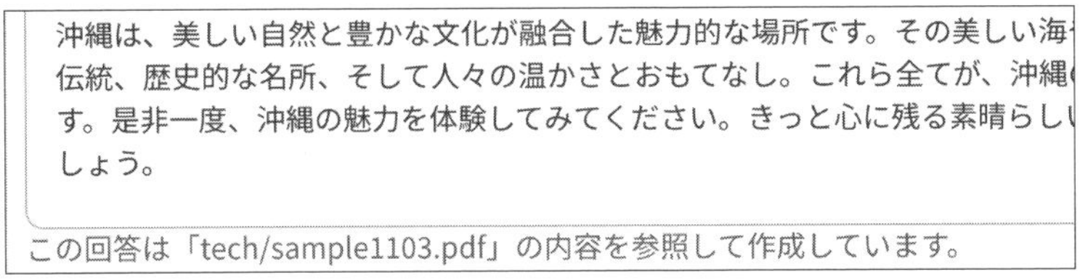

沖縄は、美しい自然と豊かな文化が融合した魅力的な場所です。その美しい海
伝統、歴史的な名所、そして人々の温かさとおもてなし。これら全てが、沖縄
す。是非一度、沖縄の魅力を体験してみてください。きっと心に残る素晴らしい
しょう。

この回答は「tech/sample1103.pdf」の内容を参照して作成しています。

たとえばAzure AI Searchのインデックスには、Blob Storageなどに格納した文書のパスやファイル名をフィールドに追加できるため、回答生成時にこれらを参照情報として示せます。また、エージェントによる外部知識を参照する場合などでも同様に出典を明記することで、回答の信頼性をユーザーが判断しやすくする必要があります。

8.2.3 UX向上のためのストリーム処理

RAGにおける回答速度の体験を向上するために、チャットをストリーミング形式で実装してみましょう。

Azure portalにアクセスし、Azure OpenAIサービスから環境情報をメモしておきます。これまでの章ですでに取得している場合は、その値を利用してください。

- Azure portalのAzure OpenAIリソース > [リソース管理] > [キーとエンドポイント]
  - `api_base`:Language APIsエンドポイントのURL
  - `api_key`:キー1の値
- Azure OpenAI Studio > [管理] > [デプロイ]
  - `model`:モデル名※"gpt-35-turbo"などのモデル名
  - `engine`:デプロイ名(deployment_id)※モデルをデプロイした際に指定した名称

8.2.4 OpenAIエンドポイントのストリーム出力を直接処理

GPT-3.5 TurboやGPT-4では`chat.completions.create()`メソッドにオプションとして`stream=True`を指定することでストリーム出力できます。**リスト8.3**のコードは、Azure OpenAIのエンドポイントに直接アクセスして、ストリーム出力を処理する例です。Notebookで簡単に試すことができます。

リスト8.3 ストリーム処理

```
import os
from openai import AzureOpenAI

client = AzureOpenAI(
  azure_endpoint = "https://<your-api-endpoint>.openai.azure.com/",
  api_key = "<your-api-key>",
  api_version = "2023-05-15" #固定
)

response = client.chat.completions.create(
    model = "<your-deployment-id>",
    messages = [
        {"role": "user", "content": "沖縄の魅力を3000文字で紹介してください"},
    ],
    stream=True
)

for chunk in response:
  if chunk.choices[0].delta.role == 'assistant' or chunk.choices[0].finish_reason == 'stop':
    continue
  else:
    delta = chunk.choices[0].delta.content
    print(delta, end='')
```

出力コンテンツがストリーム形式で出力されることを確認します。本家のOpenAI APIを利用したことがある方にとっては、ストリーム出力により一度に出力される文字数が多いという違いを感じることがあるかもしれません。これはAzure OpenAI Serviceにデフォルトで設定されているコンテンツフィルタによるものです。

8.2.5 Flaskアプリケーションでレスポンスをストリーム形式で処理する

次に、サーバサイドにPythonのFlaskを利用し、クライアントサイドにJavaScriptを利用した簡単なアプリケーションを実装してみましょう。サンプルコードは本書のリポジトリ[注8.1]にすべてあります。

ステップ1

まず、先ほどメモした環境変数を`python-dotenv`を利用して読み込むために、`.env`ファイルを作成します。リポジトリをクローンした場合は、`.env.template`をコピーしてから、**リスト8.4**のそれぞれの値を埋めてください。

注8.1 https://github.com/shohei1029/book-azureopenai-sample/tree/main/aoai-flask-sse

リスト8.4　.envファイル

```
PORT=5000
OPENAI_API_MODEL="<your-model-name>"
AZURE_OPENAI_ENDPOINT="https://<your-api-endpoint>.openai.azure.com/"
AZURE_OPENAI_VERSION="2023-05-15"
AZURE_OPENAI_KEY="<your-api-key>"
AZURE_DEPLOYMENT_ID="<your-deployment-id>"
OPENAI_TEMPERATURE=0.5
```

◎ステップ2

次に、サーバサイドのFlaskアプリケーションを実装します。**リスト8.5**のコードをapp.pyという名前で保存します。

リスト8.5　app.py

```
import os, flask
from openai import AzureOpenAI
from flask import Flask, render_template, request
from dotenv import load_dotenv

load_dotenv()
app = Flask(__name__)

client = AzureOpenAI(
  azure_endpoint = os.getenv("AZURE_OPENAI_ENDPOINT"),
  api_key=os.getenv("AZURE_OPENAI_KEY"),
  api_version=os.getenv("AZURE_OPENAI_VERSION")
)

@app.route('/')
def index():
    return render_template('index.html')

@app.route('/chat')
def chat():
    prompt = request.args.get("prompt")
    response = client.chat.completions.create(
        model=os.getenv("AZURE_DEPLOYMENT_ID"),
        messages=[
            {"role": "system", "content": "You are a helpful assistant."},
            {"role": "user", "content": prompt},
        ],
        stream=True
    )

    def stream():
        for chunk in response:
```

```
            finish_reason = chunk.choices[0].finish_reason
            if finish_reason == 'stop':
                yield 'data: %s\n\n' % '[DONE]'
            else:
                delta = chunk.choices[0].delta.content or ""
                yield 'data: %s\n\n' % delta.replace('\n', '[NEWLINE]')
    return flask.Response(stream(), mimetype='text/event-stream')

if __name__ == "__main__":
    app.run()
```

ステップ3

次に、フロントエンドのJavaScriptを実装します。**リスト8.6**のコードを`static/js/app.js`という名前で保存します。

リスト8.6 static/js/app.js

```
const form = g('form');
const keyword = g('keyword');
const content = g('content');
let CHAT_ID;

function g(id) {
    return document.getElementById(id);
}

function reset() {
    keyword.value = '';
}

function scorllToBottom() {
    content.scrollTo(0, content.scrollHeight);
}

function onSubmit(event) {
    event.preventDefault();
    const prompt = keyword.value;
    CHAT_ID = Date.now();
    updateDOM('user', prompt);
    invokeAPI(keyword.value)
    reset();
    return false;
}

function invokeAPI(prompt) {
    const source = new EventSource(`/chat?prompt=${prompt}`);
    source.onmessage = function (event) {
        if (event.data === "[DONE]") {
```

```
            source.close();
        }
        updateDOM('ai', event.data);
    };
}

function updateDOM(type, text) {
    let html = '';
    if (type === 'user') {
        html = `<div class="card question">${text}</div>`;
    } else if (type === 'ai' && text !== '[DONE]') {
        const card = g(CHAT_ID);
        if (card) {
            card.innerText += text.replaceAll('[NEWLINE]', '\n');
        } else {
            html = `<div class="card answer" id="${CHAT_ID}">${text}</div>`;
        }
    }
    content.insertAdjacentHTML("beforeend", html);
    scorllToBottom();
}

form.addEventListener('submit', onSubmit);
```

○ステップ4

次にtemplates配下にindex.html（**リスト8.7**）を作成します。

リスト8.7 index.html

```
<!DOCTYPE html>
<html lang="en">
  <head>
    <meta charset="UTF-8" />
    <meta name="viewport" content="width=device-width, initial-scale=1.0" />
    <title>Azure OpenAI Demo</title>
    <link rel="stylesheet" href="static/css/app.css" />
  </head>
  <body>
    <div class="app">
      <div class="chat">
        <div class="content" id="content"></div>
        <form class="form" id="form">
          <div class="form-control">
            <input
              type="text"
              id="keyword"
              class="input"
              placeholder="何でも聞いてください..."
            />
```

```
        </div>
      </form>
    </div>
  </div>
  <script src="static/js/app.js"></script>
</body>
</html>
```

○ステップ5

続けて、static/css配下にapp.cssを作成します（リスト8.8）。

リスト8.8 app.css

```
* {
  box-sizing: border-box;
}

html,
body {
  margin: 0;
  padding: 0;
}

.app {
  min-width: 370px;
  padding: 0 10px;
  height: calc(100vh - 20px);
  margin: 10px auto;
}

.chat {
  height: 100%;
  width: 100%;
  border: 1px solid rgba(102, 102, 102, 0.2);
  display: flex;
  flex-direction: column;
}

.content {
  flex: 1;
  padding: 10px;
  flex: 1;
  overflow: auto;
  display: flex;
  flex-direction: column;
}

.form {
```

```
  height: 80px;
  padding: 10px;
}

.form-control {
  height: 100%;
  display: flex;
  align-items: center;
}

.input {
  flex: 1;
  height: 60px;
  border: 1px solid #dbdbdb;
  border-radius: 10px;
  padding: 16px;
  font-size: 16px;
  outline: none;
}

.btn {
  width: 80px;
}

.card {
  height: auto;
  padding: 8px 16px;
  background: #ffffff;
  border: 1px solid #9eb2c7;
  border-radius: 10px;
  margin-bottom: 16px;
  width: fit-content;
  white-space: pre-wrap;
}

.card a {
  color: #007bc3;
  text-decoration: none;
}

.card .answer {
  color: #333;
}
.card.question {
  background-color: #007bc3;
  color: #fff;
  align-self: flex-end;
  border: none;
}
```

○ステップ6

最後に、ライブラリをまとめてインストールするために、`requirements.txt`を作成します（リスト8.9）。

リスト8.9　requirements.txt

```
annotated-types==0.6.0
anyio==3.7.1
blinker==1.7.0
certifi==2023.7.22
click==8.1.7
distro==1.8.0
Flask==3.0.0
h11==0.14.0
httpcore==1.0.1
httpx==0.25.1
idna==3.4
itsdangerous==2.1.2
Jinja2==3.1.2
MarkupSafe==2.1.3
openai==1.2.2
pydantic==2.4.2
pydantic_core==2.10.1
python-dotenv==1.0.0
sniffio==1.3.0
tqdm==4.66.1
typing_extensions==4.8.0
Werkzeug==3.0.1
```

○ステップ7

これで準備が整いました。仮想環境を利用する人は、ここで仮想環境を有効化してください。

```
python -m venv .venv
source .venv/bin/activate
```

○ステップ8

以下のコマンドでアプリケーションを起動します。

```
pip install -r requirements.txt
flask run --debug
```

ステップ9

ローカルで起動したアプリケーションにアクセスします[注8.2]。http://127.0.0.1:5000にアクセスすると、**図8.4**のような画面が表示されます。

図8.4 チャットUIのストリームオプション

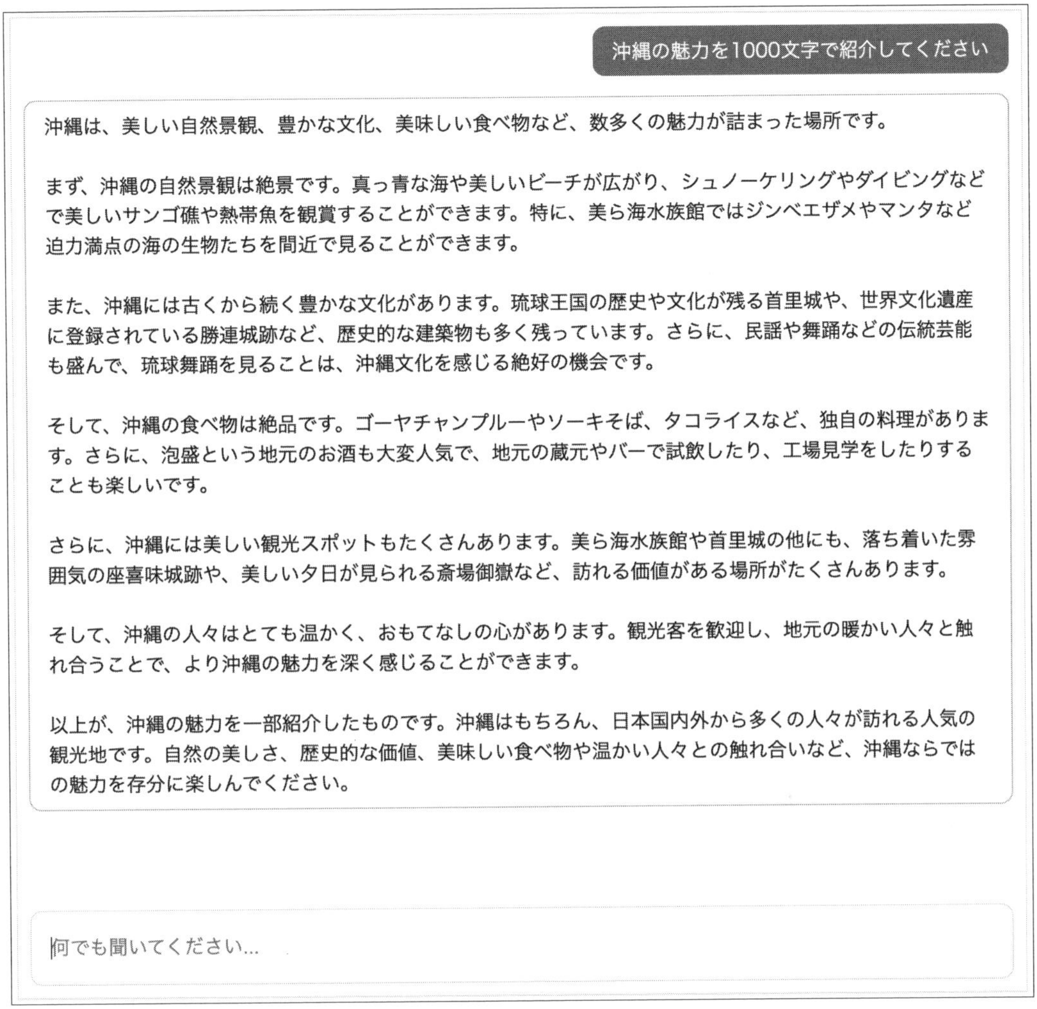

沖縄の魅力を1000文字で紹介してください

沖縄は、美しい自然景観、豊かな文化、美味しい食べ物など、数多くの魅力が詰まった場所です。

まず、沖縄の自然景観は絶景です。真っ青な海や美しいビーチが広がり、シュノーケリングやダイビングなどで美しいサンゴ礁や熱帯魚を観賞することができます。特に、美ら海水族館ではジンベエザメやマンタなど迫力満点の海の生物たちを間近で見ることができます。

また、沖縄には古くから続く豊かな文化があります。琉球王国の歴史や文化が残る首里城や、世界文化遺産に登録されている勝連城跡など、歴史的な建築物も多く残っています。さらに、民謡や舞踊などの伝統芸能も盛んで、琉球舞踊を見ることは、沖縄文化を感じる絶好の機会です。

そして、沖縄の食べ物は絶品です。ゴーヤチャンプルーやソーキそば、タコライスなど、独自の料理があります。さらに、泡盛という地元のお酒も大変人気で、地元の蔵元やバーで試飲したり、工場見学をしたりすることも楽しいです。

さらに、沖縄には美しい観光スポットもたくさんあります。美ら海水族館や首里城の他にも、落ち着いた雰囲気の座喜味城跡や、美しい夕日が見られる斎場御嶽など、訪れる価値がある場所がたくさんあります。

そして、沖縄の人々はとても温かく、おもてなしの心があります。観光客を歓迎し、地元の暖かい人々と触れ合うことで、より沖縄の魅力を深く感じることができます。

以上が、沖縄の魅力を一部紹介したものです。沖縄はもちろん、日本国内外から多くの人々が訪れる人気の観光地です。自然の美しさ、歴史的な価値、美味しい食べ物や温かい人々との触れ合いなど、沖縄ならではの魅力を存分に楽しんでください。

何でも聞いてください...

注8.2 WindowsでWSL 2上のLinux環境でサーバを立ち上げた場合、ホストのWindows側からは127.0.0.1にアクセスできません。代わりにlocalhostを指定してください。

8.3 UX向上のための参考資料

この章でUX向上のヒントがいくつか得られたと思います。作成するアプリケーションの種類によって、ユーザーとアプリの相互作用の設計は大きく異なります。以下を参考に、さらにご自身のアプリのUXを向上させてみてください。

- "Designing UX for AI Applications"（AIアプリケーションのためのUX設計）
  https://github.com/microsoft/generative-ai-for-beginners/tree/main/12-designing-ux-for-ai-applications
- 「ユーザーエクスペリエンスとデザイン思考の基礎」
  https://learn.microsoft.com/ja-jp/training/modules/ux-design/

COLUMN

チャット以外のインターフェース

音声インターフェース

LLMを組み込んだアプリケーションでは、文章を入力として受け付けて情報検索や操作を提案し、その結果を自然言語形式で返すことが可能になりました。UX的にもこれは大きな変化です。

自然言語入力は確かにとても便利です。意図を示す明瞭なキーワードが思いつかない場合や、別の文脈でも頻繁に用いられるような単語で検索をかけるような場合にはとくに威力を発揮します。たとえば、「内包表記」というPythonの構文名がどうしても思い出せなかったとします。従来型のキーワード検索で「内包表記」にたどり着くには「リスト　for文」などと検索キーワードを試行錯誤して検索しながら探っていく必要がありましたが、自然言語入力なら「Pythonで既存のリストからfor文で値を取り出して新たなリストを生成する処理を1行で実行する方法は何？」とCopilotに問えば初手で答えにたどりつけます。

一方で重大な欠点もあります。OpenAIのChatGPTアプリやBing Chatなどの自然言語で指示を入力するサービスを利用している方はお気づきかもしれませんが、自然言語入力は非常に手間がかかります。従来型の検索エンジンの良さの中に、キーワードをさっと入力するだけで情報を取得できる点があったのだと再発見できる程度には、意図をきちんと明示したテキストの打ち込みは面倒です。キーワードが思い出せるなら従来型のやり方のほうが圧倒的に楽で、このあたりが検索エンジンが完全にLLMベースに置換され切らない理由なのではないかと筆者（伊藤）は考えています。

この手間を軽減する方策の1つとして、音声をテキストに変換するSpeech-to-Text（STT）のモデルとテキストを音声に変換するText-to-Speech（TTS）のモデルを組み合わせることで、ユーザーインターフェースを音声に変更するという手段が考えられます（図8.5）。

図8.5　ユーザーインターフェースを音声としたLLMアプリ

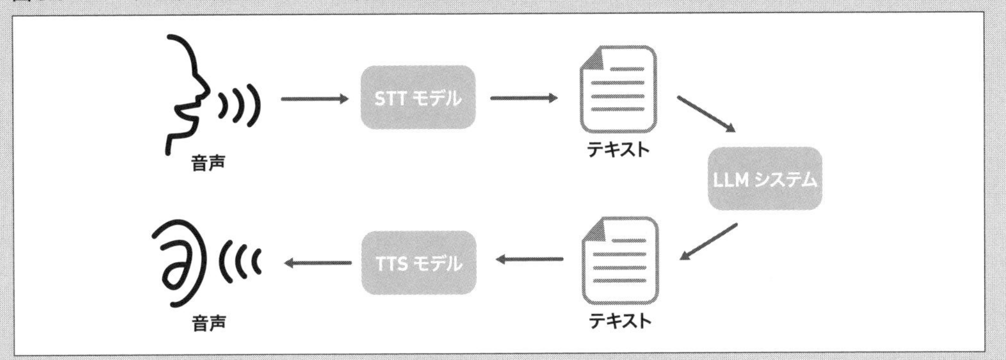

アプリケーションを使用する際に、常に声を出せる状況ではないため、また、ハンディキャップのために音声インターフェースは使用できないケースも考えられます。そのためにテキストインターフェースと音声インターフェースは、排他的ではなく、どちらも選択できるほうが望ましいと思います。

画像入力

GPT-4はもともと、画像とテキストを扱えるマルチモーダルなモデルでした。テキストだけでなく、画像を入力として受けつけてその中身について解釈することが可能なように設計されています。リリース当初は計算リソースの問題から、テキスト入力のみに制限されていましたが、執筆現在はGPT-4Vとして画像入力をサポートするようになっています。画像入力の利点は、テキストで状況を説明しなくともスマートフォンのカメラ1つで情報を入力できるようになることです。これもまた、複雑な自然言語入力を回避する方策の1つと言えます。

マルチモーダル化

マルチモーダルな基盤モデルの開発は急速に進んでおり、画像やテキストに加えて音声なども対応しています。また、出力に関しても、テキストだけでなく、画像の生成や音声の出力も可能なモデルが登場しており、新しい方向性を示しています。

インターフェースとして別種のモデルを組み合わせるまでもなく、1つのモデルがさまざまな入出力形式をカバーする日もそう遠くはないかもしれません。

8.4　まとめ

本章ではLLMを組み込んだアプリケーションを、主にフロントエンドとユーザーエクスペリエンスの観点でどのように作っていくと良いのかを紹介しました。MicrosoftのBing ChatやCopilot、OpenAIのChatGPTアプリは、LLMアプリとして良いお手本になっているので、ぜひ参考にしながらご自身のアプリに取り入れてみてください。

第4部

ガバナンスと責任あるAI

- LLMアプリケーションを組織全体で活用するための基盤構築やその実現方法を紹介
- 非機能要件の一般論とともに、認証・認可やログ管理、課金、流量制限、閉域化、負荷分散を解説
- 「責任あるAI」活用のためのデータの取り扱いやコンテンツフィルタリング機能の説明

第9章 ガバナンス

これまでの章では、個別のAzure OpenAI Service（以下Azure OpenAI）を人のCopilot（副操縦士）として業務やビジネスで活用するため、どのようにLLMアプリを開発していけば良いかに焦点を当てて解説してきました。本章では、組織内で個別のAzure OpenAIを構築したときに生じる課題と、課題の解決策として求められる共通基盤の要件を提示しています。そして、これらの要件をAzureで満たす場合のアーキテクチャを示したうえで、そのアーキテクチャをデプロイします。また、それぞれの要件の実現方法についてAzure OpenAIアプリを開発する場合に必要となる非機能要件の一般論も交えながら解説していきます。

9.1 共通基盤とは

Azure OpenAIがリリースされてから、独自のLLMアプリを開発したいというニーズは爆発的に増加しており、Azure OpenAIの活用は個別の部門やチームにとどまらず、組織全体で活用していきたいといったレベルまで高まってきています。そのようなニーズに対応するため、個別の部門やチームごとにAzure OpenAIのリソースを払い出していくと、**表9.1**のような課題が生じてきます。

表9.1 個別にAzure OpenAI環境を払い出した場合に生じる課題

分類	項目	説明
車輪の再発明	雪だるま式に増加する構築・運用工数	部門やチームごとにAzure OpenAIを利用するために必要なサブスクリプション、リソースグループ、仮想ネットワークなどのリソースを準備したり、適切な権限管理を行うためRBACで適切な権限設定を検討したり、利用者へ付与して払い出したりする必要がある。さらに払い出した環境ごとに運用にかかる工数も考慮する必要がある
	申請・承認待ち時間増加によるビジネス機会損失	サブスクリプションごとに利用目的に応じて申請が必要になる。承認までにかかる時間は申請により異なり、執筆時点では（1）Azure OpenAIの利用開始申請、（2）不正使用監視のオプトアウト申請、（3）クォータ制限の引き上げ申請の順に承認まで時間がかかる傾向にある
	収集したログのサイロ化	プロンプトや会話履歴から業務課題を分析したり、有害なコンテンツを出力していないか監視したりすることを目的としてログを収集するケースが多い。しかし、個別の環境でログを保持した場合、分析対象のログがサイロ化してしまう。串刺しでログ分析を行うためには、ログを統合するための仕組みや統合先の環境準備が必要になる
シャドーAzure OpenAI	利用増加によるリソース枯渇	Azure OpenAIは、同一のサブスクリプションかつリージョン内で処理可能なTPM（トークン／分）がクォータ制限として決まっている。そのため、同一リージョン内に複数のAzure OpenAIを作成して別々の部門に払い出した場合、特定の部門がTPMを使い切るとほかの部門が利用できなくなる
	キー情報の使いまわしによる漏洩リスク増加	Azure OpenAIを、APIキーを使用したキー認証で利用していた場合、「APIキーをメールやチャットで不特定多数に共有」「APIキーをハードコードしたソースコードをパブリックなGithubリポジトリやストレージにアップロード」といった運用をしてしまうことによりAPIキーが漏洩するリスクが高まる
	有害なコンテンツの出力	漏洩したAPIキーを入手した第三者や内部・外部委託者が自己の利益や犯罪行為となる利用を目的として有害なコンテンツを出力してしまう可能性がある

これらの課題を解決しつつ、組織全体でガバナンスを効かせたうえでAzure OpenAIの利活用を促進するためには、**表9.2**の要件を満たす**共通基盤**を用意し、利用者へ公開する取り組みが必要になります。

表9.2 共通基盤として満たすべき要件

番号	項目	要件
1	認証・認可	Microsoft Entra ID（旧称Azure Active Directory）を活用した認証方式に統一し、認可したアプリやユーザーのみAzure OpenAIの利用を許可する
2	課金	Azure OpenAIを利用した分だけ部門や利用者ごとに課金請求できるようにする
3	流量制限	特定の部門やチームがクォータ制限を消費し尽くさないようにするため、部門や利用者単位でリクエスト数を制限する
4	ログ統合	Azure OpenAI利用時のプロンプトや生成結果の出力先を一ヵ所に統合する
5	閉域化	多層防御の観点からプライベートネットワークに閉じた形でAzure OpenAIを利用できるようにする
6	負荷分散	Azure OpenAIは同一のサブスクリプションかつリージョン内で処理可能なTPM（トークン／分）が制限として決まっており、クォータ制限の引き上げ申請には時間がかかる場合がある。よりすばやく、柔軟に対応できるようにするためには複数リージョンで負荷分散を行い利用可能なTPMを増やせるよう検討する必要がある

9.2 共通基盤のアーキテクチャ

表9.2の要件をAzureサービスを組み合わせて満たす場合、一例として**図9.1**のアーキテクチャが考えられます。

図9.1 Azure OpenAI共通基盤アーキテクチャ

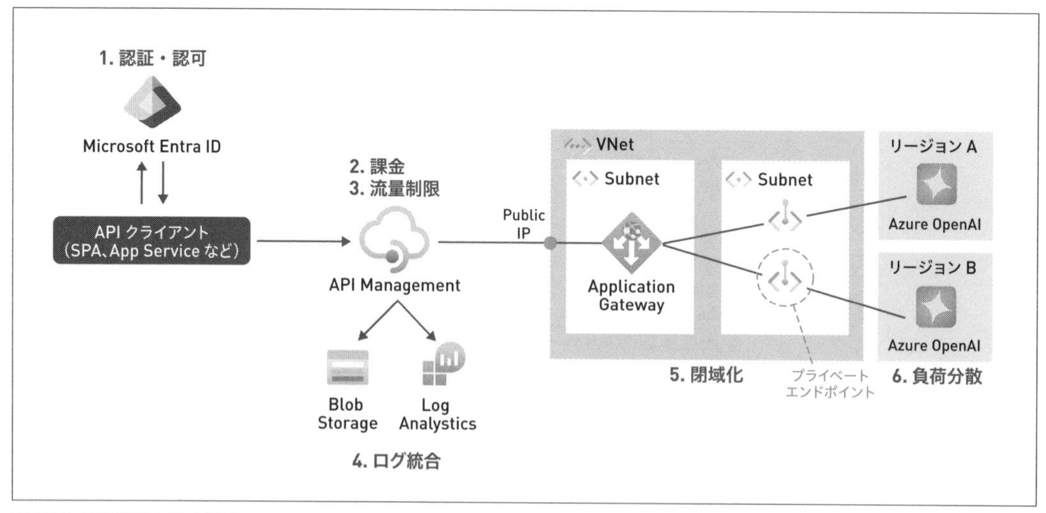

※表9.2の番号列の番号と対応

APIクライアントからの認証・認可はMicrosoft Entra IDで行います。Azure OpenAI API実行は、**Azure API Management**（以下API Management）を経由させることにより、ログ出力（プロンプトや部門・利用者ごとに課金するために必要な利用履歴情報）や流量制限を行います。さらに、Azure OpenAIはAzure Private Linkを作成してプライベートなネットワークからしかアクセスできないよう閉域化しつつ、Azure Application Gatewayでマルチリージョンでの負荷分散を行う構成としています。

9.2.1 使用するAzureサービス一覧と料金

図9.1のアーキテクチャで使用するサービスを**表9.3**にまとめます。

表9.3 共通基盤アーキテクチャのサービス一覧

サービス名	使用目的	プラン	価格
Microsoft Entra ID	APIクライアントからの認証・認可	Free以上のプランから使用可能	Freeプランの場合は無料
Azure OpenAI Service	Completion、Chat Completionsにgpt-35-turbo、Embeddnigsの生成にtext-embedding-ada-002モデルを使用	Standard S0プラン	Azure OpenAIへの入力のPromptと生成結果のCompletionのトークン数に応じて課金が発生。簡単なテストであれば100円/日程度
Azure API Management	Microsoft Entra IDを使用した認証・認可、ログ出力（プロンプトや課金請求を行うために必要な利用履歴情報）や流量制限を行うため	Standardプラン	ユニットごとに約140円/時間
Azure Application Gateway	Azure OpenAIの負荷分散	Standard V2プラン	約45円/時間
Log Analytics (Azure Monitor)	ログの検索	Analyticsログプラン	ログの容量とクエリ検索でスキャンされたデータ量ごとの価格。1GBあたり約475円/月
Azure Blob Storage	ログの長期保管	Standard ZRS（ゾーン冗長）	従量課金制。ストレージと読み取り操作ごとの価格。約10円/月

9.2.2 デプロイ

図9.1のアーキテクチャはサンプルとしてAzureへデプロイすることができるので、さっそく試してみましょう。なお、デプロイ後にPythonのサンプルコードを使用してAzure OpenAI APIを呼び出すためには、デプロイの事前準備でメモした値が必要になります。APIを呼び出したい方はしっかりメモしておいてください。

前提条件は以下の2つです。

- 付録Aの環境構築が完了していること
- Azure OpenAIの利用申請が完了していること

事前準備

(1) Microsoft Entra IDへアプリの登録

Azure OpenAI APIを呼び出すアプリケーションをMicrosoft Entra IDに登録します。この操作を行うためにはMicrosoft Entra IDのアプリケーションを管理するための権限が必要です。次のMicrosoft Entra IDロールには、いずれも必要な権限が含まれています。

- アプリケーション管理者
- アプリケーション開発者
- クラウドアプリケーション管理者

それでは、次の手順でアプリの登録を行います。

1. Azure portal (https://portal.azure.com/) 上部で、[アプリの登録] を検索して選択
2. [新規登録] を選択
3. [アプリケーションの登録] ページが表示されたら、以下のアプリケーションの登録情報を入力
   - [名前]：任意のアプリケーション名を指定してください。とくに指定したい名称がない場合はcommon-openai-apiを指定してください
   - [サポートされているアカウントの種類]：シナリオに適したオプションを選択してください。とくに選択したいオプションがない場合は、[この組織ディレクトリのみに含まれるアカウント] を選択してください
   - [リダイレクト URI]：リダイレクトさせたいアプリケーションのURIがある場合はここに入力してください。のちほど行うアーキテクチャの解説ではサンプルのPythonコードを使用して実際にAzure OpenAI APIを呼び出します。サンプルのPythonコードを使用する方はWebのプラットフォームを選択し、URIにはhttp://localhost:5000/callbackを指定してください。リダイレクトURIは、あとで使用するためメモしてください (図9.2)

図9.2　アプリ登録

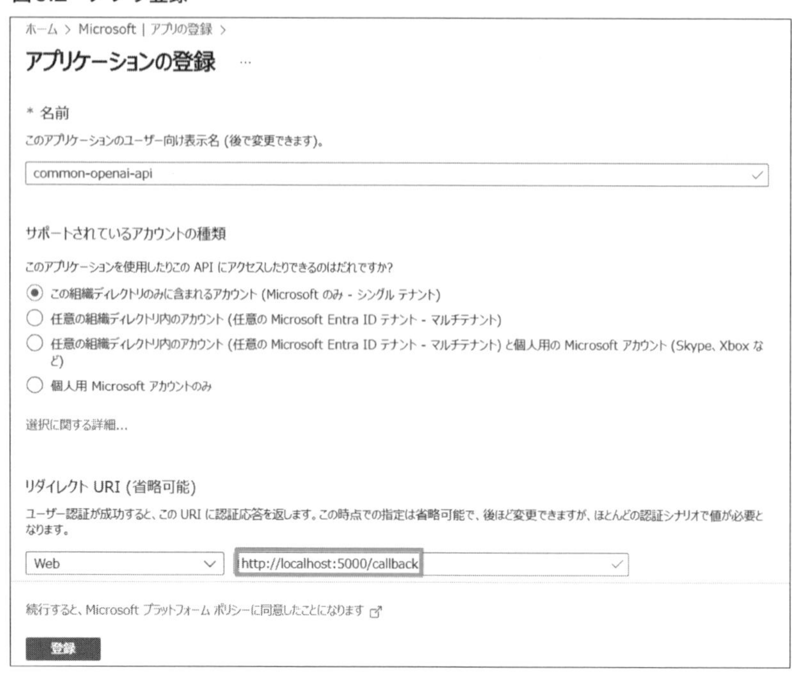

4. [登録] を選択して、アプリケーションを作成
   - アプリの [概要] ページに表示されている [アプリケーション (クライアント) ID] の値をあとで用いるためメモしてください (図9.3)

図9.3　アプリケーション(クライアント)ID

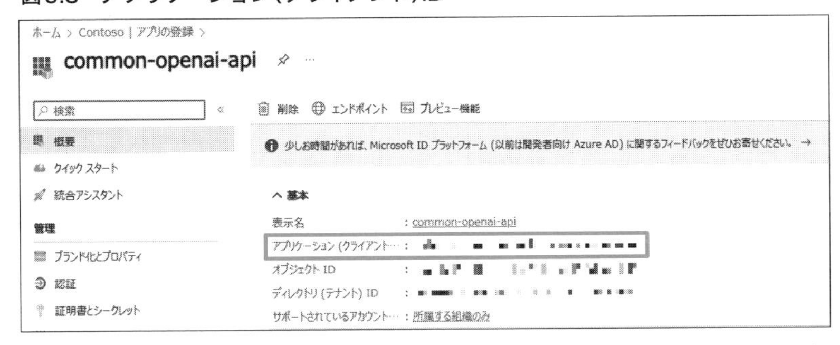

5. サイドメニューの [管理] セクションで [APIの公開] を選択し、[スコープの追加] ボタンを選択
6. [アプリケーションIDのURI] は、変更せず [保存してから続ける] ボタンを選択
   - [スコープ名]：APIによって保護されているデータと機能に対するアクセスを制限するためのスコープを定義します。今回は例として「chat」を指定します (図9.4)
   - [同意できるのはだれですか?]：ユーザーも同意できるようにするため、[管理者とユーザ] を選択します
   - 管理者やユーザーの同意の表示名や説明は任意の値を指定してください
   - [状態]：有効になっていることを確認してください

図9.4　スコープ追加

7. [スコープの追加] ボタンを選択して、スコープを作成
   - 追加されたスコープの値 (例：api://<登録アプリID>/chat) をあとで用いるためメモしてください (図9.5)。値の右のボタンでコピーできます

図9.5 スコープの値とコピーボタン

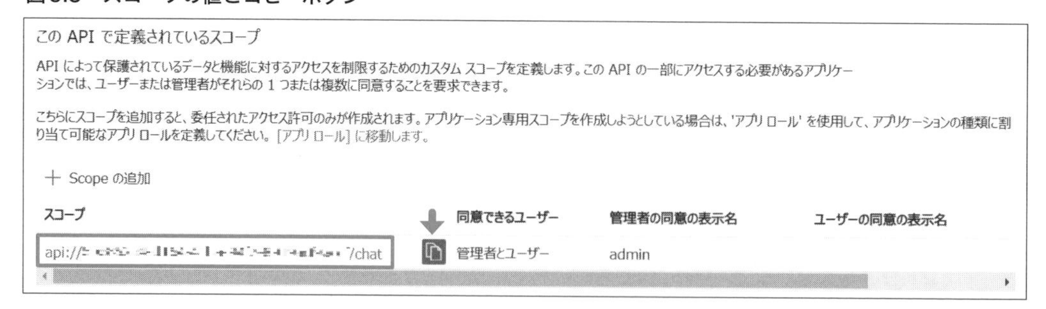

(2) デプロイするユーザーへの権限付与

デプロイするユーザーのMicrosoft Entra IDアカウントに対し、デプロイ先のサブスクリプションに対して所有者権限を付与してください。

○デプロイ手順

(1) サンプルコードのダウンロード

サンプルコードをまだダウンロードしていない場合は、`git clone`でダウンロードしてから所定のディレクトリへ移動してください。サンプルコードのライセンスはMIT Licenseです。PowerShellやBash/Zshを起動して以下のコマンドを実行します。

```
git clone -b https://github.com/shohei1029/book-azureopenai-sample.git
cd book-azureopenai-sample/aoai-apim
```

(2) パラメータの設定

デプロイに必要なパラメータはすべて`aoai-apim/infra/main.parameters.json`に集約されています。`main.parameters.json`の内容を**表9.4**のように編集してください。

表9.4 デプロイに必要なパラメータ

パラメータ名	投入する値	値の例
environmentName	デプロイ時に指定するため編集不要	
location	デプロイ時に指定するため編集不要	
aoaiFirstLocation	デプロイするAzure OpenAIモデルのファーストリージョンを指定	japaneastなど
aoaiSecondLocation	デプロイするAzure OpenAIモデルのセカンドリージョンを指定	eastusなど
corsOriginUrl	認証を行うシングルページアプリ(SPA)のドメインを指定。ドメインが確定していない場合、デフォルトの「*」を指定することもできるが、確定しだい具体的なドメインを指定するのが推奨	*、example.com、yourapp.azurewebsites.netなど
audienceAppId	登録したアプリの概要に記載されている[アプリケーション(クライアント)ID]	bcd1234-abcd-1234-abcd-1234abcd1234
scopeName	スコープ名	chat
tenantId	Microsoft Entra IDの概要に記載されている[テナントID]	abcd1234-abcd-1234-abcd-1234abcd1234
aoaiCapacity	デプロイするモデルのTPM(トークン/分)の制限を指定。ここで設定した数値は×1,000される(10と設定されていた場合、1分間に10,000トークンまで処理できるという意味合い)	1、10、100など

(3) Azure Developer CLIのログイン

以下のコマンドを用いて、デプロイする対象となるサブスクリプションの属するMicrosoft Entra IDテナントにログインします。

```
azd auth login
```

ブラウザのない環境の場合は--use-device-code、テナントを明示的に指定したい場合には--tenant-idを追加で指定してください。

(4) デプロイの実行

以下のコマンドを実行します。

```
azd up
```

以下の内容を聞かれるのでそれぞれ設定します。

- 環境名：任意の環境名を指定。rg-<環境名>というリソースグループが作成される
- サブスクリプションの選択：リソースグループを作成するサブスクリプションを選択
- ロケーションの選択：Japan EastなどAzure OpenAIを除くその他のAzureサービスをデ

プロイするリージョンを指定

デプロイの完了までに20〜30分ほど要します。指定した環境名などは.azureディレクトリ配下に保存されているため、再度指定は不要です。環境を再定義し、ゼロから作成しなおしたい場合には.azureディレクトリを削除してください。

Notice

デプロイした構成では、API ManagementからApplication Gatewayへリクエストするときのドメイン名として、パブリックIPのDNS名ラベルを使用しています。また、API ManagementからApplication GatewayへのSSL通信で使用する証明書も自己証明書のため、本番化に向けてカスタムドメインの取得や正規の証明書の利用を検討される場合は、コラム「Application Gatewayの負荷分散を本番化するときの注意点」を参照ください（**図9.6**）。

図9.6　自己証明書利用の通信区間

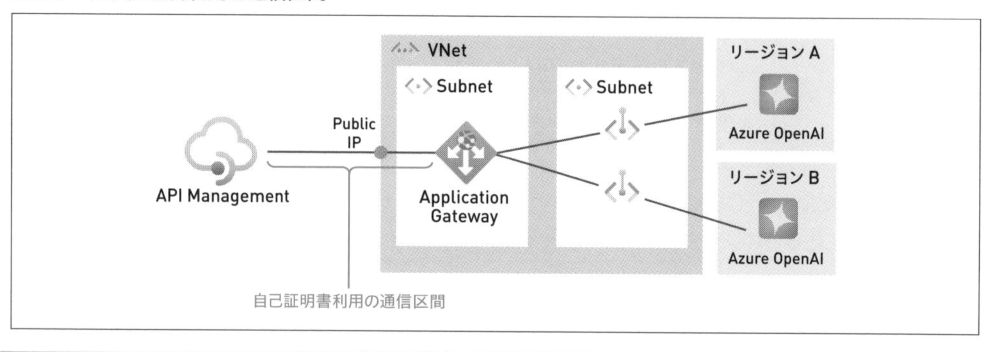

それでは、デプロイが完了したので図9.1のアーキテクチャの解説に移ります。

9.3 認証・認可

9.3.1 認証・認可の流れ

Azure OpenAI APIの認証・認可の方式としては、APIキーとMicrosoft Entra IDを使ったロールベースのアクセス制御（RBAC）[注9.1]があります。一方、API Managementで発行したAzure OpenAI APIの認証・認可を行う場合、OAuth 2.0プロトコルとMicrosoft Entra IDを使用してAPIを保護する必要があります。保護すると、**図9.7**の流れでAPIクライアントからMicrosoft Entra IDで認証を行い、API Managementを通してAzure OpenAI APIを利用できるようにな

注9.1　「Azure OpenAI Service の REST API リファレンス - 認証」
https://learn.microsoft.com/ja-jp/azure/ai-services/openai/reference#authentication

ります。

図9.7 OAuth 2.0での認証イメージ

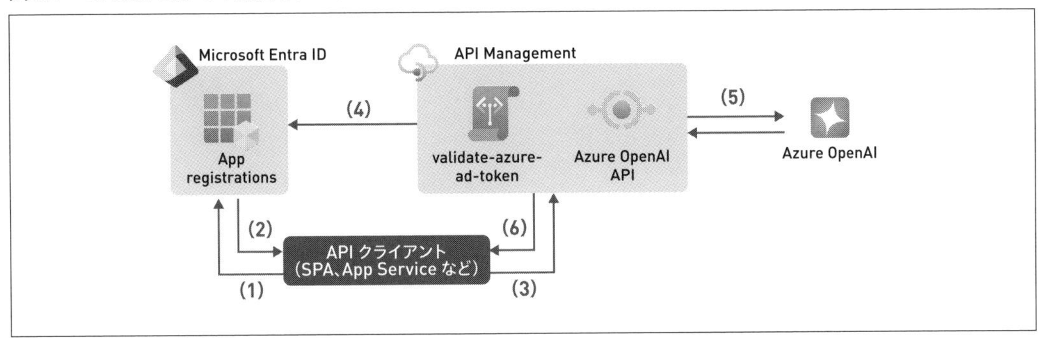

(1) APIクライアントはクライアントアプリの資格情報（ClientID、シークレット値）を使用してMicrosoft Entra IDにトークンを要求。なお、コラム「Azure OpenAI APIの利用を特定のユーザーに制限する」に記載しているとおり、特定のユーザーのみ認可することもできる
(2) Microsoft Entra IDはAPIクライアントの資格情報を検証し、検証が成功するとトークン（JWT：JSON Web Token）を発行する
(3) APIクライアントは、リクエストのAuthorizationヘッダに取得したJWTを設定し、API ManagementのAPI呼び出しを行う
(4) JWTが、Microsoft Entra IDによってAPI Managementのvalidate-azure-ad-tokenポリシーを使用して検証される
(5) 検証が成功すると、API ManagementはAzure OpenAI APIへリクエストする。なお、リクエストするときの認証認可は、API ManagementのManaged IDに付与された権限に基づく
(6) レスポンスをAPIクライアントへ返す

9.3.2 サンプルコードの実行

それでは、サンプルのPythonコードをAPIクライアントとして見立て、先ほどデプロイしたAPI Managementに対してMicrosoft Entra IDで認証したうえで、リクエストを送る手順を実際に試してみましょう。なお、サンプルコードを実行するためには「9.2.2 デプロイ」の「事前準備」でメモした値が必要になります。まだメモしていない方は事前準備に戻って確認してください。

(1) 登録したアプリケーションのシークレット作成

1. Azure portalで、[Microsoft Entra ID] を検索して選択

概要の［テナントID］の値をあとで用いるためメモしてください（図9.8）

図9.8 テナントIDとコピーボタン

2. サイドメニューから［アプリの登録］を選択
3. ［すべてのアプリケーション］から事前準備で作成したアプリ（例：common-openai-api）を選択
4. サイドメニューの［管理］セクションで［証明書とシークレット］を選択
5. ［クライアントシークレット］で［＋新しいクライアントシークレット］を選択
6. ［クライアントシークレットの追加］で［説明］を指定し、キーの有効期限がいつ切れるようにするかを選択
7. ［追加］を選択

   クライアントシークレットの値をあとで用いるためメモしてください（図9.9）

図9.9 クライアントシークレットの値とコピーボタン

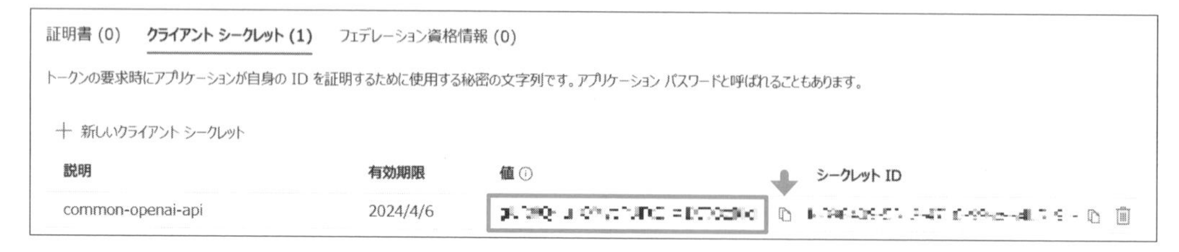

（2）登録したアプリケーションのv2エンドポイントの有効化

1 登録したアプリの［マニフェスト］を選択
2. JSON形式で記載されているマニフェストのaccessTokenAcceptedVersionを`null`から2に変更（図9.10）

図9.10 アプリのマニフェスト

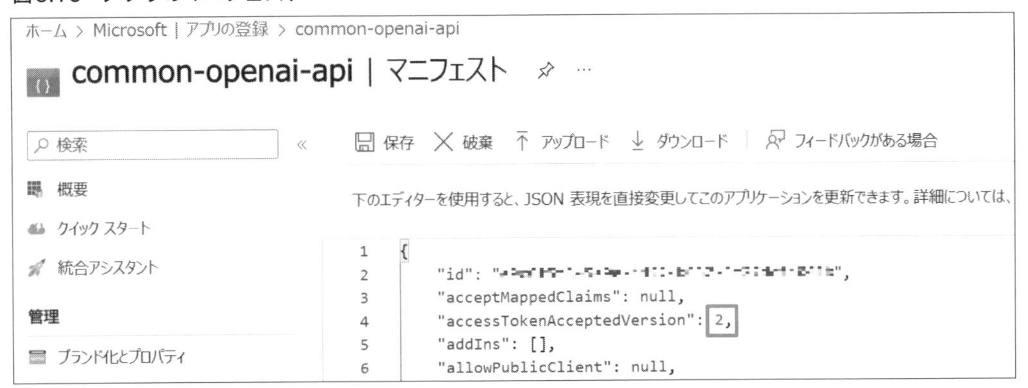

3. [保存] を選択

(3) 発行したAzure OpenAI APIのプロダクトにサブスクリプション追加

1. Azure portalで「API Management」を検索して選択
2. デプロイしたAPI Management (apim-xxxx) を選択

   デプロイしたAPI Management (apim-xxxx) の名前はあとで用いるためメモしてください (図9.11)

図9.11 API Management名

3. サイドメニューの [APIs] セクションで [API] を選択 (図9.12)
4. [Azure OpenAI API] の [Settings] を選択
5. [Products] に [Starter] と [Unlimited] を追加
6. [Save] を選択

図9.12　API ManagementのAzure Monitorの設定

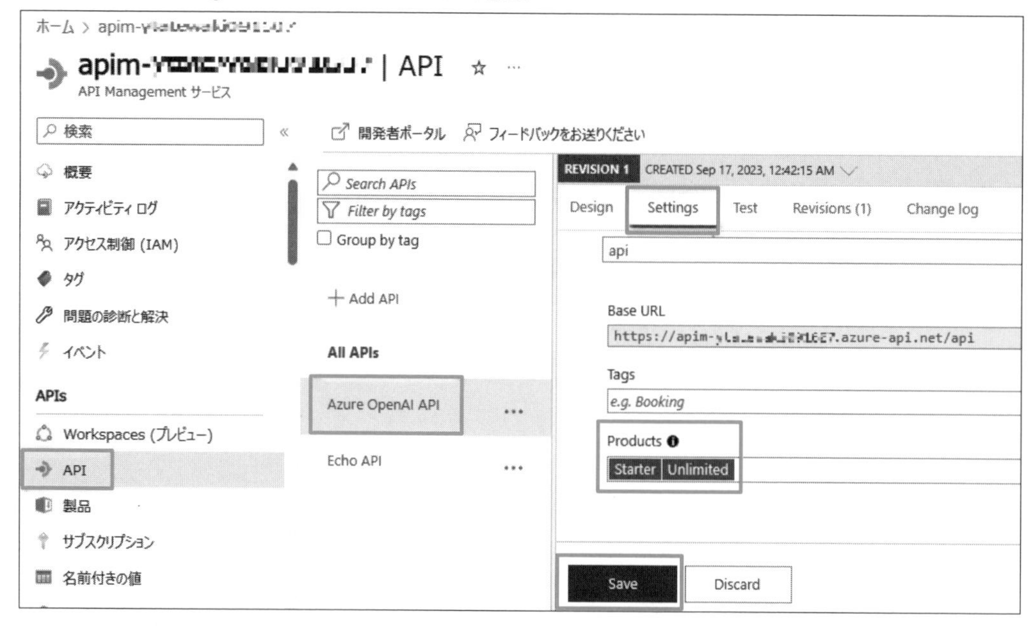

7. サイドメニューの［APIs］セクションで、［サブスクリプション］を選択
8. スコープ［製品:Starter］の［…］をクリックし、［キーの表示/非表示］を選択
　表示された主キーをあとで用いるためメモしてください（図9.13）

図9.13　サブスクリプションキーのコピー

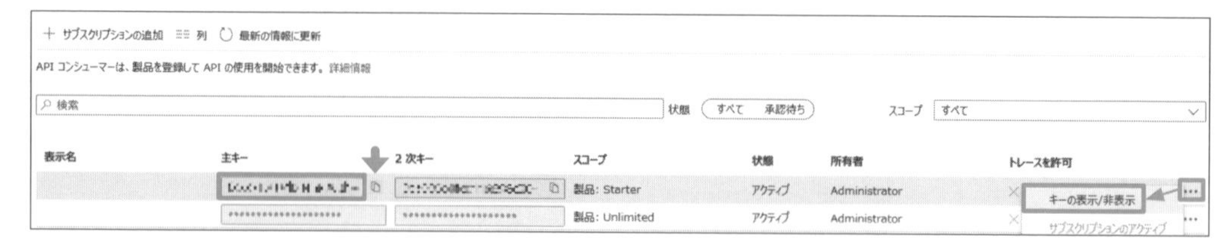

(4) Python仮想環境の作成

次のコマンドを実行します。

```
python -m venv aoai-book-apim
```

(5) Python仮想環境の有効化

PowerShellの場合、次のコマンドを実行します。

```
.\aoai-book-apim\Scripts\Activate.ps1
```

Linux/macOSのターミナル（Bash/Zsh）で実行する場合は、次のコマンドで実行してください。

```
source aoai-book-apim/bin/activate
```

(6) Pythonライブラリインストール

次を実行し、PythonでAzure OpenAI APIを呼び出すために必要なライブラリをインストールします。

```
pip install Flask==2.3.3 msal==1.24.0 requests==2.31.0 authlib==1.2.1 pandas==2.0.0
```

(7) PythonでAzure OpenAI APIを呼び出す

1. 表9.5の引数を指定してaoai-apim/code/openai-api-call.pyを実行

表9.5　引数に設定する値

引数名	設定する値	値の例
--tenant_id	Microsoft Entra IDの概要に記載されている［テナントID］	abcd1234-abcd-1234-abcd-1234abcd1234
--client_id	登録したアプリの概要に記載されている［アプリケーション（クライアント）ID］	abcd1234-abcd-1234-abcd-1234abcd1234
--client_secret	登録したアプリで作成したクライアントシークレットの値	abcd1234abcd1234abcd1234abcd1234abcd1234
--redirect_uri	登録したアプリで指定したREDIRECT_URI	http://localhost:5000/callback
--scope	登録したアプリで追加したスコープ	api://abcd1234-abcd-1234-abcd-1234abcd1234/chat
--apim_name	API Management名	apim-xxxx
--subscription_key	API Managementのサブスクリプションキー	abcd1234abcd1234abcd1234abcd1234

実行コマンドはaoai-apim/command/openai-api-call-command.ps1に記載されています。

```
Python aoai-apim/code/openai_api_call.py `
--tenant_id <TENANT_ID> `
--client_id <CLIENT_ID> `
--client_secret <CLIENT_SECRET> `
--redirect_uri <REDIRECT_URI> `
--scope <SCOPE> `
--apim_name <APIM_NAME> `
--subscription_key <SUBSCRIPTION_KEY>
```

※上記はPowerShellでの実行例です。Linux/macOSのターミナルで実行する場合は行末の`（バッククォート）を\（バックスラッシュ）に置き換えてください。

2. ブラウザでhttp://localhost:5000/にアクセス
3. Microsoft Entra IDのログイン画面が表示されるので、ログイン
4. ログイン後、Azure OpenAI APIのリクエストが実行され、レスポンスとして生成結果が表示される


```
{
    "choices": [
        {
            "content_filter_results": {
                "hate": {
                    "filtered": false,
                    "severity": "safe"
                },
                "self_harm": {
                    "filtered": false,
                    "severity": "safe"
                },
                "sexual": {
                    "filtered": false,
                    "severity": "safe"
                },
                "violence": {
                    "filtered": false,
                    "severity": "safe"
                }
            },
            "finish_reason": "stop",
            "index": 0,
            "message": {
                "content": "こんにちは！どのようにお手伝いできますか？",
                "role": "assistant"
            }
        }
    ],
    "created": 1702473204,
    "id": "chatcmpl-8VJLAWujADqeGBEl1YUxfR03Yqdzf",
    "model": "gpt-35-turbo",
    "object": "chat.completion",
    "prompt_filter_results": [
        {
            "content_filter_results": {
                "hate": {
                    "filtered": false,
                    "severity": "safe"
                },
                "self_harm": {
                    "filtered": false,
                    "severity": "safe"
```

```
                },
                "sexual": {
                    "filtered": false,
                    "severity": "safe"
                },
                "violence": {
                    "filtered": false,
                    "severity": "safe"
                }
            },
            "prompt_index": 0
        }
    ],
    "usage": {
        "completion_tokens": 17,
        "prompt_tokens": 9,
        "total_tokens": 26
    }
}
```

COLUMN

API Managementのサブスクリプションキー

契約単位やAzureリソースを利用するためのアクセス制御の単位として広く知られているAzureサブスクリプションと混同してしまいがちですが、API Managementのサブスクリプションは、API ManagementのAPIを利用するためのアクセス制御の単位です。

API Managementで利用したいアプリや部門単位にサブスクリプションを作成し、対象のAPIに割り当てることにより、サブスクリプションから払い出されるキーを使用してAPIを実行できるようになります。さらに、API Management側ではサブスクリプション単位でAPIコール数を制限したり、利用したトークン数をログ出力する用途でサブスクリプションを利用できます（図9.14）。

図9.14　API Managementのサブスクリプションキー

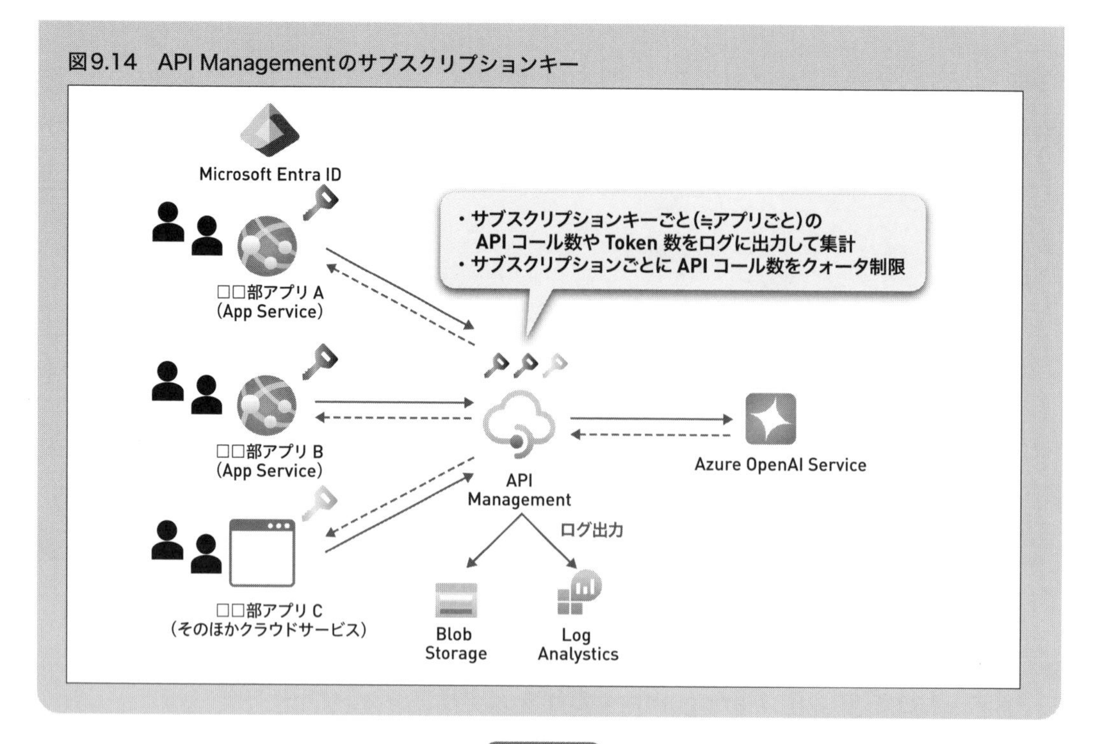

COLUMN

Azure OpenAI APIの利用を特定のユーザーに制限する

Microsoft Entra IDに登録されたアプリケーションは、規定ではMicrosoft Entra IDに登録されているすべてのユーザーで利用できます。しかし、実ビジネスでAzure OpenAI APIを活用する場合、特定のユーザーに利用を制限したいケースも出てきます。そういったケースに対応するには、Microsoft Entra IDに登録されたアプリケーションの利用を特定のユーザーに制限する機能[注9.a]を活用して実現します。次の手順に従ってAzure OpenAI APIの利用を特定のユーザーに制限してみましょう。

1. Azure portalで「Microsoft Entra ID」を検索して選択
2. サイドメニューの［管理］セクションで［エンタープライズアプリケーション］を選択
3. ［すべてのアプリケーション］から事前準備で作成したアプリを選択（例ではcommon-openai-api）
4. サイドメニューの［管理］セクションで［プロパティ］を選択
5. ［割り当てが必要ですか?］を［はい］に設定（図9.15）

注9.a　"Restrict your Microsoft Entra app to a set of users in a Microsoft Entra tenant"
https://learn.microsoft.com/ja-jp/azure/active-directory/develop/howto-restrict-your-app-to-a-set-of-users

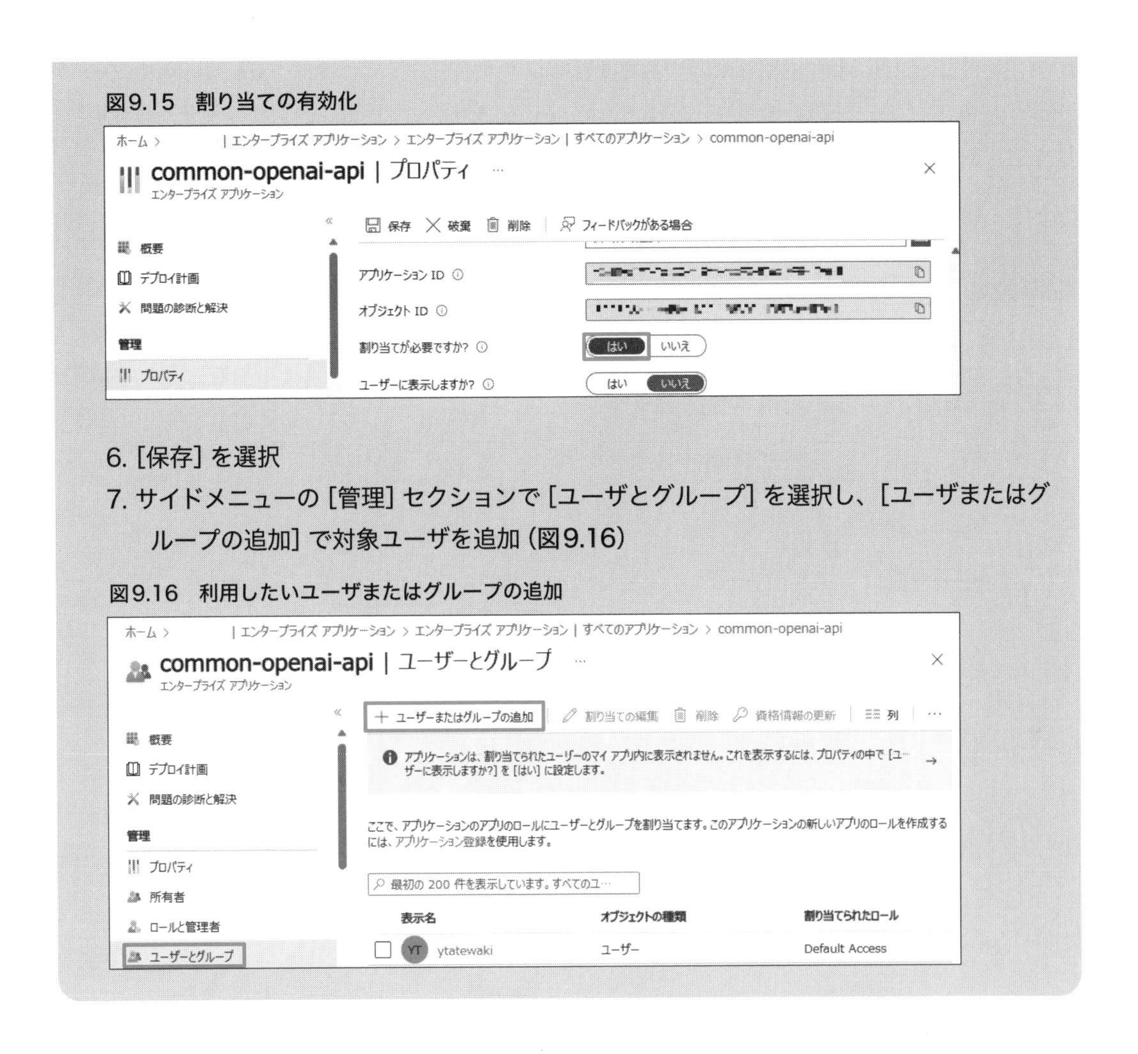

図9.15　割り当ての有効化

6. [保存] を選択
7. サイドメニューの [管理] セクションで [ユーザとグループ] を選択し、[ユーザまたはグループの追加] で対象ユーザを追加 (図9.16)

図9.16　利用したいユーザまたはグループの追加

9.4 ログ統合

Azure OpenAIは、そのほかのAzureサービスと同じ種類の監視データを収集し、Azure Monitorと連携してアラート通知を発報することができます[注9.2]。しかし、Azure OpenAI標準の監視の仕組みでは、プロンプトの内容や生成結果はログ出力できません。そのため、API Managementの診断ログを有効化し、リクエスト (プロンプト) とレスポンス (生成結果) の内容をLog Analytics、Blob StorageやAzure Event Hubsへ出力することにより、プロンプトと生成結果のログ出力を実現します。

注9.2 「Azure OpenAI Serviceの監視」 https://learn.microsoft.com/ja-jp/azure/ai-services/openai/how-to/monitoring

デプロイしたAPI Managementは、すでに診断ログが有効化されておりLog Analyticsワークスペースとストレージアカウント（Blob Storage）に出力する設定になっています（図9.17）。しかし、このままではプロンプトの内容や生成結果はログに出力されません。

図9.17　API Managementの診断ログ設定

さらに、プロンプトの内容や生成結果であるリクエスト、レスポンスを出力するためには、Azure API Managementの［APIs］→［ALL APIs］→［Settings］→［Azure Monitor］から［Number of payload bytes to log］を設定します（図9.18）。この値は8192まで設定でき、プロンプトの内容や生成結果のサイズがこの値を超えると切り捨てられます。

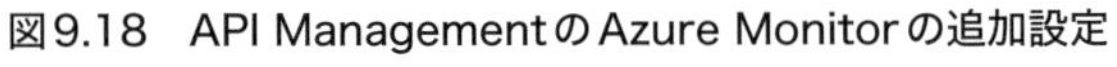

図9.18 API ManagementのAzure Monitorの追加設定

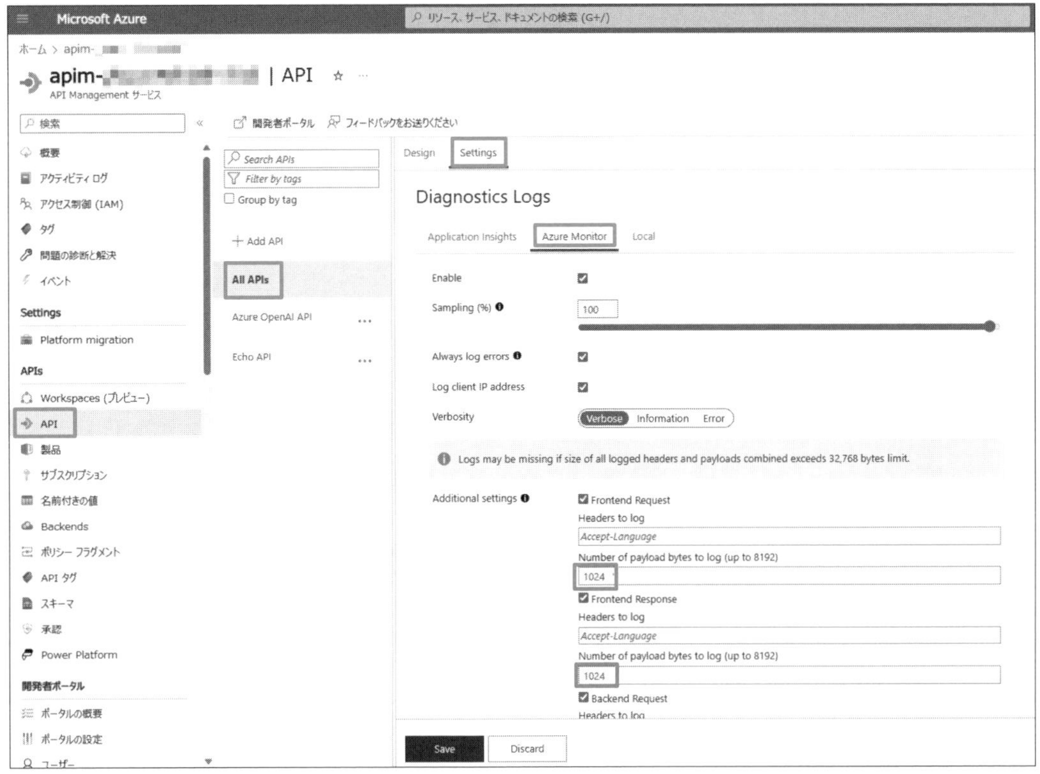

なお、Azure Cosmos DBやAzure Data Lake Storage Gen2など、そのほかのストアサービスへログ出力したい場合は、Azure Event Hubsを経由して出力することをご検討ください。

API Managementのサイドメニューの[監視]セクションで[ログ]を選択すると、デフォルトではサンプルクエリと候補を含む[クエリ]ダイアログボックスが表示される場合がありますが、表示された場合はウィンドウは閉じます。そして、次のクエリをクエリエディタに入力し、between以降の日付を変更して実行します。実行クエリは、`aoai-apim/sample/select_diagnostic_log.txt`に記載されています。

```
// Azure API Managementの診断ログをLog Analyticsに出力するためのクエリ
// between (datetime("<開始日時>") .. datetime("<終了日時>")) を指定して実行してください
ApiManagementGatewayLogs
| where TimeGenerated between (datetime("2023-09-01T00:00:00") .. datetime("2023-09-30T23:59:59"))
```

検索したログは、[エクスポート]からCSV、ExcelやPowerBIといった形式でダウンロードできます。[CSV (すべての列)] を選択してダウンロードしてみましょう (図9.19)。

図9.19 ログダウンロード

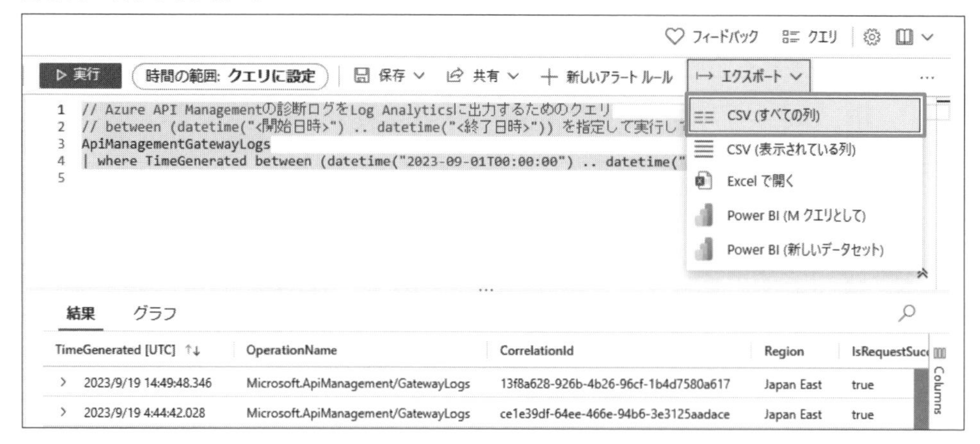

9.5 課金

Azure OpenAIは、入力のプロンプトと生成結果の出力トークン数に応じて課金されます。また、単価は利用するモデルごとに異なるため、どの部門、アプリや利用者がどのモデルをどれだけ利用したかを把握し、利用した分だけ課金請求できるような仕組みが必要になります。

次のログはAPI Managementの診断ログを有効化し、Blob StorageにJSON形式で出力されたログを一部抜粋したものです。

```
{
    "apimSubscriptionId": "6505c8a38e4cdc005f070001",
    "responseBody": {
        "model": "gpt-35-turbo",
        "usage": {
            "prompt_tokens": 9,
            "completion_tokens": 19,
            "total_tokens": 28
        }
    },
    "traceRecords": [
        {
            "message": "aaaa@xxxx.com"
        }
    ]
}
```

ログにはAPI Managementのサブスクリプションキー(`apimSubscriptionId`)、利用ユーザー(`traceRecords.message`)、モデル(`responseBody.model`)、入力のプロンプトトークン数(`responseBody.prompt_tokens`)や生成結果の出力トークン数(`responseBody.completion_tokens`)に関する情報が出力されています。

これらの情報は、Log Analyticsに出力されているログからも確認できます。そのため、Log Analyticsのクエリエディタで**リスト9.1**のクエリを実行すれば、API Managementのサブスクリプションキー、モデルやユーザーごとの利用トークン数、API実行数を算出できます（**図9.20**）。

リスト9.1　API Managementの各種情報の算出クエリ

```
// Azure API Managementのサブスクリプションキー、モデルやユーザーごとに利用トークン数やAPI実行数を算出するクエリ
// between (datetime("<開始日時>") .. datetime("<終了日時>")) を指定して実行してください
ApiManagementGatewayLogs
| where TimeGenerated between (datetime("2023-10-01T00:00:00") .. datetime("2023-10-29T23:59:59"))
  and OperationId in ('ChatCompletions_Create', 'completions_create', 'embeddings_create')
  and IsRequestSuccess == true
| extend model_name = tostring(parse_json(BackendResponseBody)['model'])
| extend prompttokens = parse_json(parse_json(BackendResponseBody)['usage'])['prompt_tokens']
| extend completiontokens = parse_json(parse_json(BackendResponseBody)['usage'])['completion_tokens']
| extend apim_subscription_id =  ApimSubscriptionId
| extend user_name = tostring(parse_json(parse_json(TraceRecords)[0]['message']))
| summarize
    prompt_tokens = sum(todecimal(prompttokens)),
    completion_tokens = sum(todecimal(completiontokens)),
    api_call_count = count()
    by apim_subscription_id, model_name, user_name
```

※実行クエリはaoai-apim/sample/aggregate_token_and_call.txtに記載されています。

図9.20　Azure OpenAIの利用トークン数、API実行数算出結果

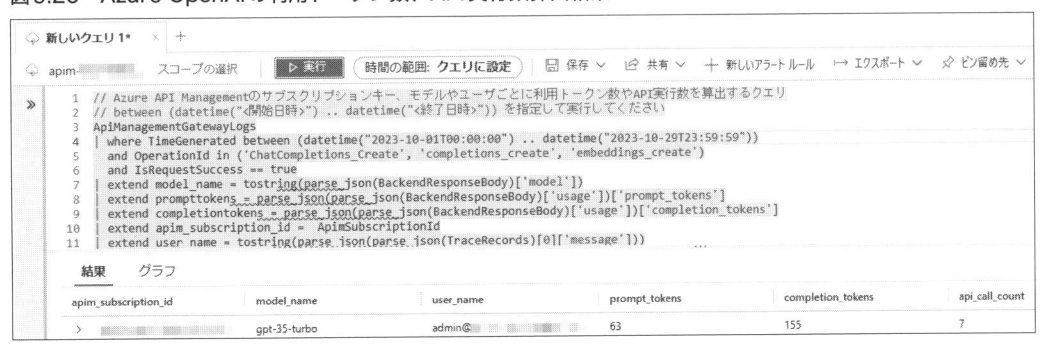

9.6 流量制限

API Managementはアクセス制限ポリシーにより、APIの乱用による他のAPIユーザーへ悪影響を与えないように、アクセスを通常利用の範囲に制限する手段を提供しています。API Managementのアクセス制限は、「指定のキーに対して」「指定の期間における」「コール数またはトラフィック量」に対する制限をかけられます。なお、アクセス制御を行う指定のキーは、APIのリクエストから取得できる任意の要素を指定できます（図9.21）。

図9.21 Azure API Managementで指定可能なアクセス制限

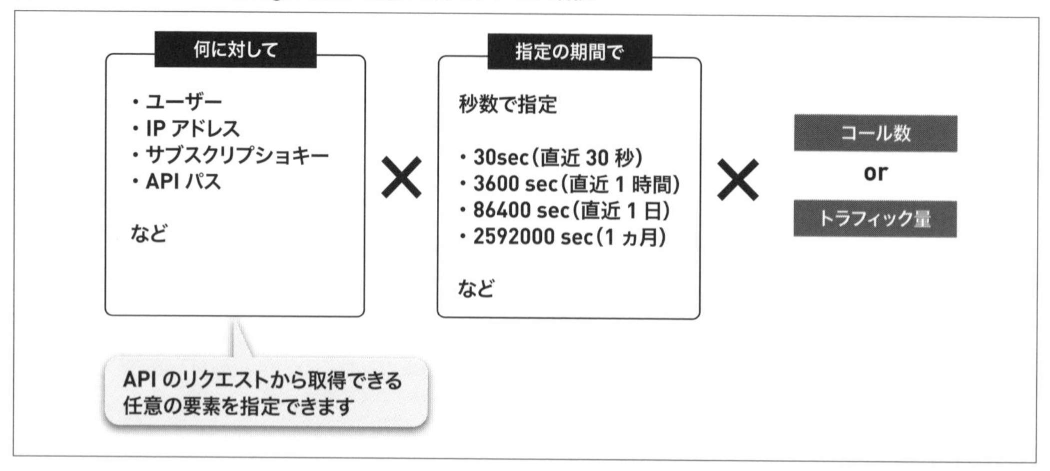

デプロイしたAPI Managementのポリシー設定では、各ユーザー86,400秒（1日）あたり300回までのAPIリクエストを許容する設定になっています。設定値はデプロイしたモデルのTPM（トークン/分）に収まる値になるよう意識する必要があります。回数や期間の変更を行いたい場合は、`aoai-apim/infra/app/apim-api-policy-aad.xml`の47行目にある`quota-by-key`ポリシーの`calls`と`renewal-period`の値を変更して再デプロイを行ってください（リスト9.2）。なお、`quota-by-key`は従量課金（Consumption）プランでは利用できないためご注意ください。

リスト9.2 ポリシー内の流量制限設定

```
<quota-by-key calls="300" renewal-period="86400" counter-key="@(((JWT)context.Variab
les["JWT-variables"]).Claims.GetValueOrDefault("preferred_username"))" increment-con
dition="@(context.Response.StatusCode >= 200 && context.Response.StatusCode < 300)" />
```

9.7 閉域化

閉域化とは、一般的には特定の情報やデータ、システム、ネットワークなどを外部からのアクセスや影響から隔離し、限定された範囲や環境内で運用することを指します。Azureにおいては Azureリソースを仮想ネットワーク内に作成したり、PaaSの場合はPrivate Linkを作成し、仮想ネットワーク内に作成されたプライベートエンドポイントを経由してPaaSへアクセスできるような構成を指します。閉域化したAzure環境は外部からの通信を遮断できるため、多層防御の観点からネットワーク層のセキュリティを強化できます。

API ManagementやAzure OpenAIも閉域化の構成をとることができ、閉域化する範囲としては次の3つがあります（図9.22）。

図9.22　閉域化のパターン

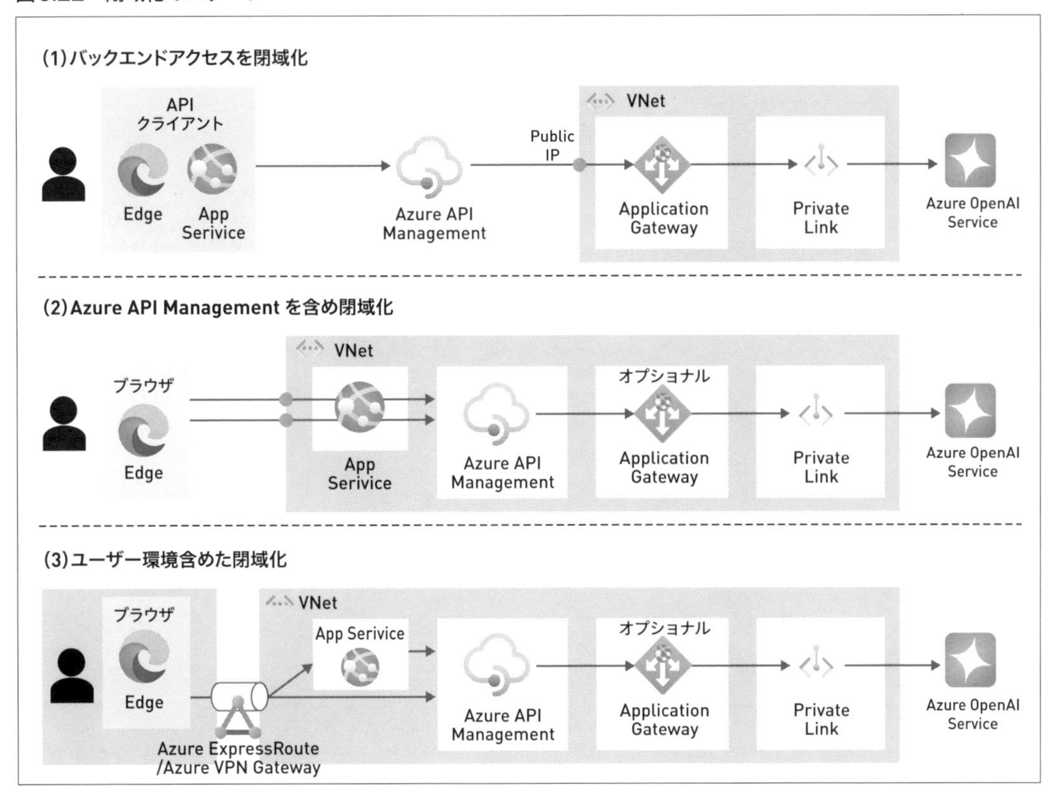

(1) バックエンドアクセスを閉域化

Application Gatewayを仮想ネットワーク内にデプロイして、Azure OpenAIはPrivate Link

を作成することによりバックエンドアクセスのみを閉域化する構成です。

(2) API Managementを含め閉域化

(1) の構成に加えてAPI Managementを仮想ネットワーク内にデプロイする構成です。

(3) ユーザー環境含めた閉域化

(2) の構成に加えてオンプレミスからAzureへの通信も閉域網またはVPN接続を行うことにより、オンプレミスからAzure OpenAIまでエンドツーエンドで閉域化する構成です。

どこまで閉域化するかは自社のセキュリティポリシーや求められる要件によりますが、(2) (3) のAPI Managementを仮想ネットワーク内にデプロイする構成[注9.3]とする場合、Premiumプランが必要[注9.4]となるため、コスト面に影響がないか確認する必要があります。また、執筆時点ではプレビューですが、Standard v2プランでVNet統合[注9.5]を提供開始しています。今後VNet統合が一般提供された場合は、コストを抑えるオプションとして活用できるようになります（**図9.23**）。

図9.23　API ManagementのVNet（仮想ネットワーク）統合

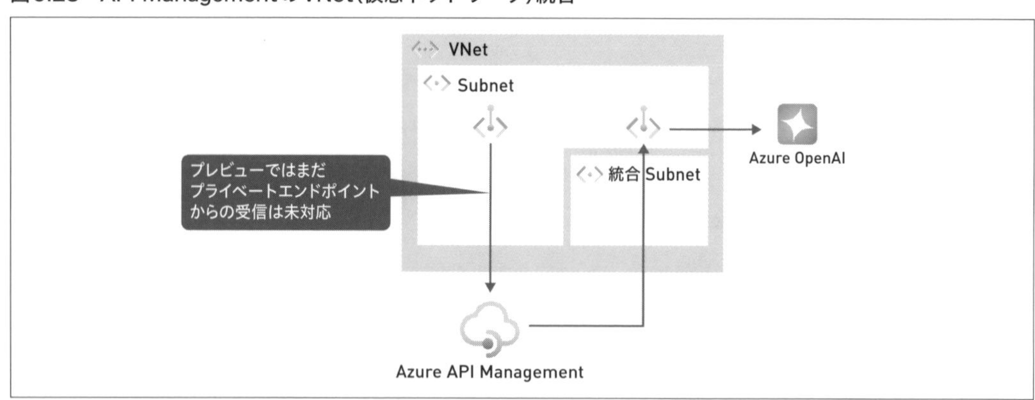

なお、本章でデプロイした環境の閉域化の範囲は、コスト面を考慮して (1) バックエンドアクセスを閉域化の構成としています。

9.8 負荷分散

負荷分散は、一般的にはサーバの性能や容量、耐障害性を向上させたり、サービスの安定性や

注9.3　SLAがないため開発検証用途になりますが、Developerプランも仮想ネットワークへデプロイ可能です。

注9.4　「Azure API Management インスタンスを仮想ネットワークにデプロイする - 内部モード」 https://learn.microsoft.com/ja-jp/azure/api-management/api-management-using-with-internal-vnet?tabs=stv2

注9.5　「送信接続のためにプライベートVNetとAzure API Managementインスタンスを統合する（プレビュー）」 https://learn.microsoft.com/ja-jp/azure/api-management/integrate-vnet-outbound

応答速度を高めたりする目的で、ロードバランサを複数のサーバの前段に置き、負荷がなるべく均等になるように処理を分散して割り当てます。一方、Azure OpenAIの場合は同一のサブスクリプションかつリージョン内で処理可能なTPM（トークン/分）の制限があるため、処理可能なTPMを増やす目的でマルチリージョンでの負荷分散を検討するケースがあります。Azure OpenAIの負荷分散をAzureサービスで実現する場合、**図9.24**、**表9.6**の方法が考えられます。

図9.24　負荷分散のパターン

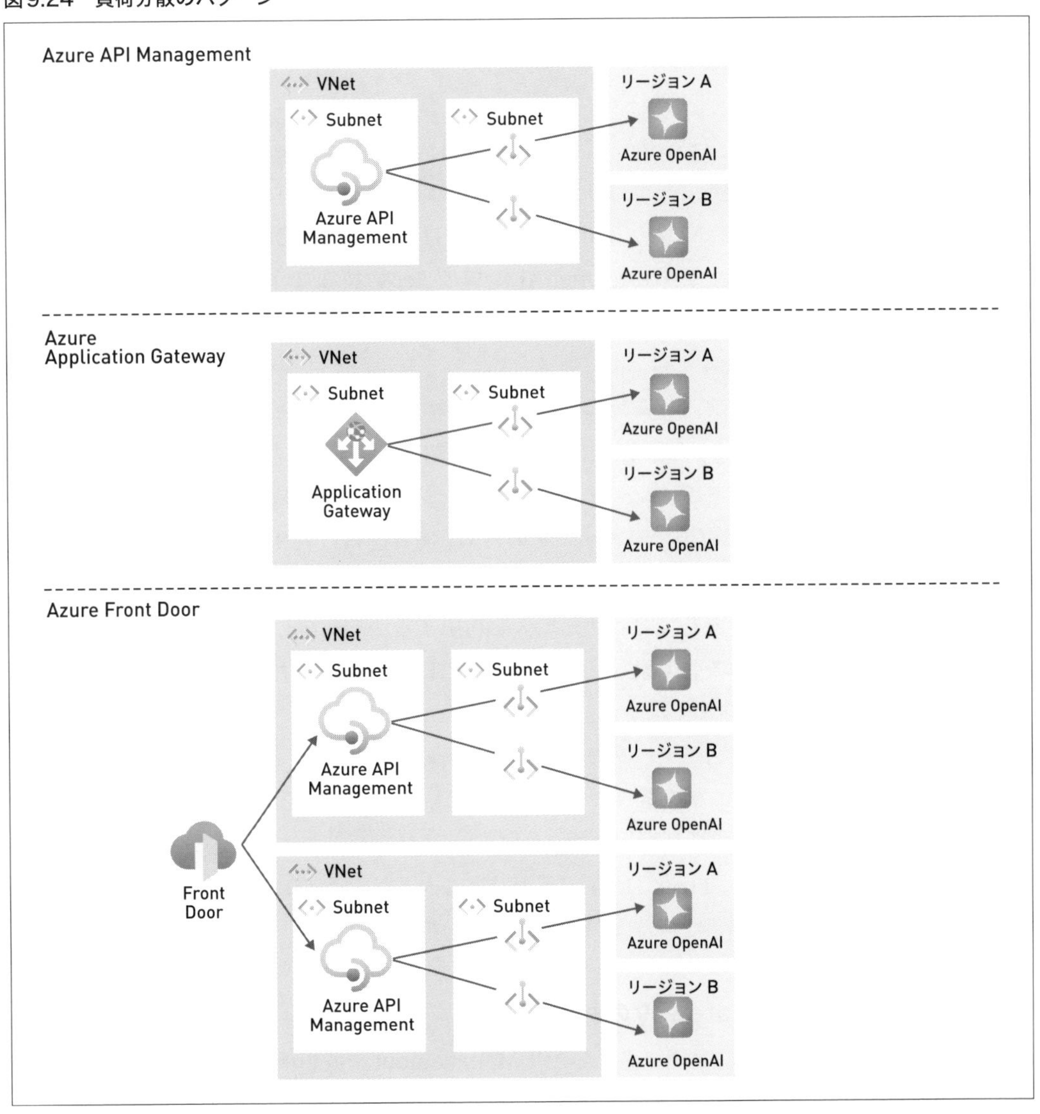

表9.6 パターンごとの負荷分散方式

サービス名	分散範囲	分散方式	ルーティング	バックエンドの死活監視	閉域利用
Azure API Management	リージョン内 or マルチリージョン	ポリシーによる振り分け	ラウンドロビン／宛先固定振り分け	×	○
Azure Application Gateway	リージョン内 or マルチリージョン	L7ロードバランサ	ラウンドロビン	○	○
Azure Front Door	マルチリージョン	DNSロードバランサ	優先順位／レイテンシ／重み	○	×

なお、Azureで負荷分散を行うサービスとしてはほかにもAzure Load BalancerやAzure Traffic Managerがありますが、Azure Load BalancerはPaaSやプライベートエンドポイントに対する負荷分散はできません。また、Traffic Managerは分散方式がDNSベースとなっており、Traffic Managerのホスト名でAzure OpenAIにアクセスすることになりますが、Azure OpenAIは異なるホスト名でのアクセスは受け付けません。そのため、Load BalancerとTraffic Managerは対象外にしています。

Application Gatewayは通常、リージョン内の負荷分散で利用するサービスです。しかし、図9.1のとおりApplication Gatewayを仮想ネットワーク内に作成し、異なるリージョンのAzure OpenAIのプライベートエンドポイントをロードバランシングする構成とすれば、実質的にマルチリージョンでの負荷分散を実現できます。そのため、実質的には表9.6のどのサービスを活用しても、処理可能なTPMを増やす目的でマルチリージョンでの負荷分散が実現できます。

あとはコストや機能面を考慮してどのサービスを利用するかを検討します。コスト面の注意点としては、API Managementを閉域化するためVNet内に構成して利用するにはPremiumプランが必要（注9.4参照）になります。また、リージョンをまたぐ通信をする場合は、Private Linkの送受信データ量とは別にAzureデータセンターから出ていく送信データ量に応じて課金が発生するため、リクエストが大量になる場合はコストを算出しておくことをおすすめします。

機能面では、バックエンドの死活監視を使ったインテリジェントなルーティングが必須となる場合はApplication Gateway、Front Doorが選択肢になります。さらに、ロードバランシング以外の高度なルーティングが必須な場合は、Front Door一択になります。

9.8.1 Application Gatewayの利用

デプロイした環境ではコスト面を考慮し、API Managementを仮想ネットワーク内へデプロイせず、Application GatewayとAzure OpenAIのみを閉域化してマルチリージョンで負荷分散する構成にしています。なお、デプロイした構成ではApplication GatewayにパブリックIPを持たせていますが、プレビューでパブリックIPを持たせないプライベートApplication Gatewayデプロイ[注9.6]の提供が開始しています。

デプロイしたパブリックIPありのApplication Gatewayの構成イメージは図9.25のとおりです。

図9.25　Application Gatewayの構成イメージ

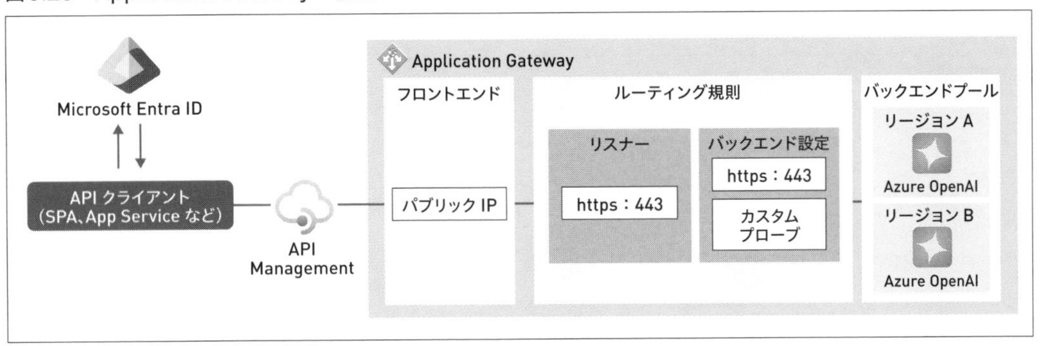

Application Gatewayの構成はシンプルで、リスナーはhttpsの443ポートでリクエストを受け付け、バックエンドプールに登録されているAzure OpenAIのプライベートエンドポイントにhttpsの443ポートでリクエストを送信するルーティング規則にしています。

正常性プローブ[注9.7]は、`/status-0123456789abcdef`のパスを指定してAzure OpenAI APIをリクエストするカスタムプローブとして設定しています。`/status-0123456789abcdef`は、API Managementの正常性を確認するためのパスになります。公式ドキュメントでの記載はありませんが、実は、Azure OpenAIサービス側も"裏"でAPI Managementを使用してREST APIの機能を提供しています（図9.26）。

図9.26　Azure OpenAIサービス側の"裏"

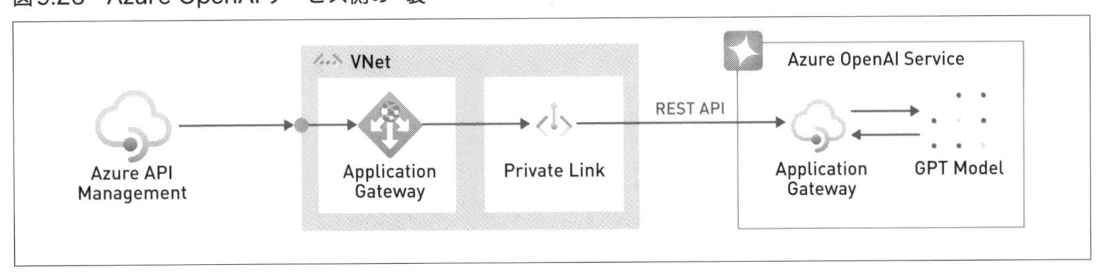

そのため、Azure OpenAI APIに対し、API Managementの正常性を確認するためのパス（/

注9.6　「プライベート Application Gateway デプロイ（プレビュー）」 https://learn.microsoft.com/ja-jp/azure/application-gateway/application-gateway-private-deployment?tabs=portal

注9.7　プローブ（probe）とは探査や精査を意味する用語であり、正常性プローブとは負荷分散リソースの正常性状態を検出する機能を指します。

status-0123456789abcdef)を指定してリクエストすることでAzure OpenAI APIの死活監視を行うことができます。この仕組みを正常性プローブで活用すれば、片方のリージョンのAzure OpenAIがダウンした場合はもう片方のリージョンのAzure OpenAIのみにリクエストが流れるようにすることができます(図9.27)。

図9.27 カスタムプローブ設定

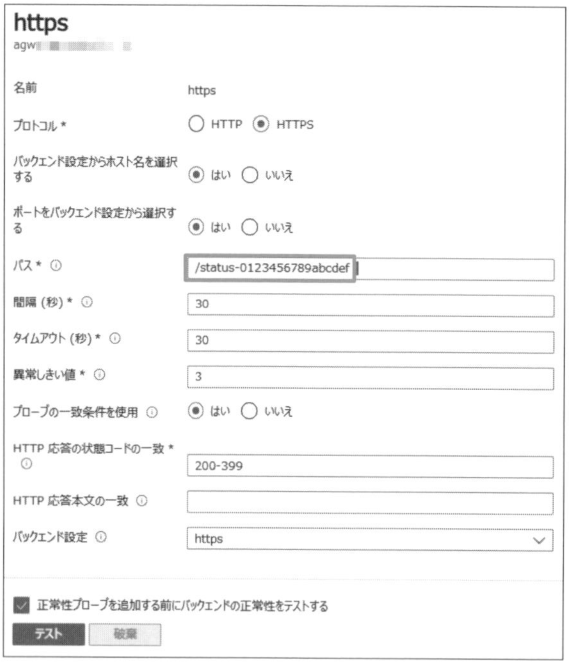

https
名前 https
プロトコル * HTTP HTTPS
バックエンド設定からホスト名を選択する はい いいえ
ポートをバックエンド設定から選択する はい いいえ
パス * /status-0123456789abcdef
間隔 (秒) * 30
タイムアウト (秒) * 30
異常しきい値 * 3
プローブの一致条件を使用 はい いいえ
HTTP 応答の状態コードの一致 * 200-399
HTTP 応答本文の一致
バックエンド設定 https
正常性プローブを追加する前にバックエンドの正常性をテストする
テスト 破棄

なお、/status-0123456789abcdefを使用した正常性プローブは、Front Door[注9.8]でも設定できます。

Notice

正常性プローブで使用している死活監視は、Azure OpenAIサービス側の“裏”で使用している、API Managementまでの死活監視になります。API Managementの裏で動作しているリソースやモデルも含めたAzure OpenAIサービス全体の死活監視ではない点にご注意ください。

注9.8 「既定の配信元グループを更新する」
https://learn.microsoft.com/ja-jp/azure/api-management/front-door-api-management#update-default-origin-group

COLUMN

Application Gatewayの負荷分散を本番化するときの注意点

本章でデプロイした構成では、API ManagementからApplication Gatewayへリクエストするときのドメイン名として、パブリックIPのDNS名ラベルを使用しています（図9.28）。

図9.28 パブリックIPのDNS名ラベル

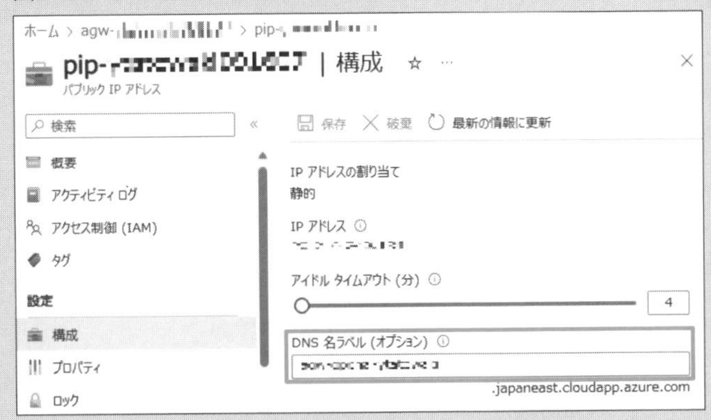

また、API ManagementからApplication GatewayへのSSL通信で使用する証明書も自己証明書のため、本番化に向けてカスタムドメインの取得や正規の証明書の利用を検討される場合は、次の見なおしをご検討ください。

API Managementの見なおし事項

(1) Azure portalで、[API Management] を検索して選択
(2) デプロイしたAPI Management (apim-xxxx) を選択
(3) サイドメニューの [セキュリティ] セクションで [証明書] を選択
(4) [CA証明書] にルート証明書を (図9.29)、[証明書] にサーバ証明書をそれぞれ登録 (図9.30)

図9.29 API Managementに登録した自己証明のCA証明書

図9.30　API Managementに登録した自己証明のSSLサーバ証明書

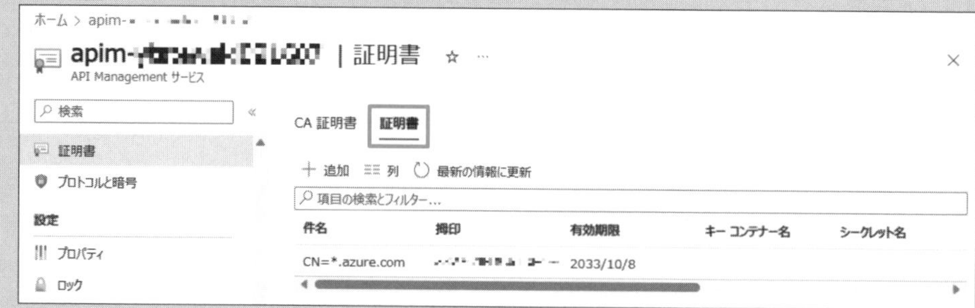

(5) サイドメニューの [APIs] セクションで [API] を選択

(6) [Azure OpenAI API] の [All operations] を選択

(7) [HTTP(s) endpoint] のペンのアイコンを選択（図9.31）

図9.31　API Managementのバックエンド設定

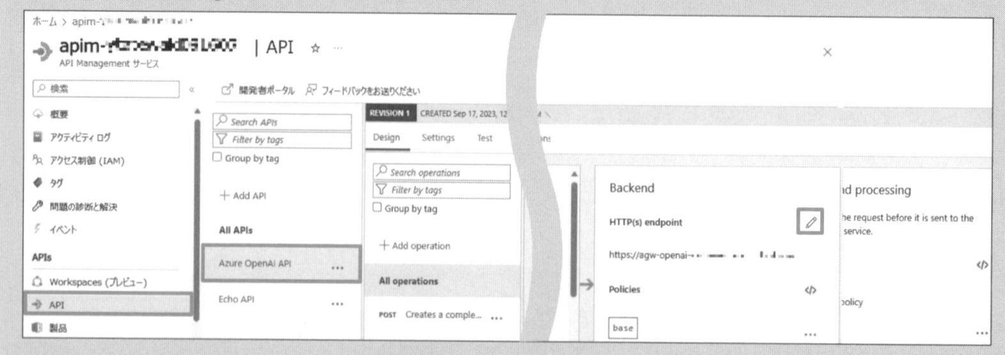

(8) カスタムドメインを取得している場合は [Service URL] のドメイン名に変更

(9) 正規の証明書を取得している場合は、[Client certificate] を登録したサーバ証明書に変更（図9.32）

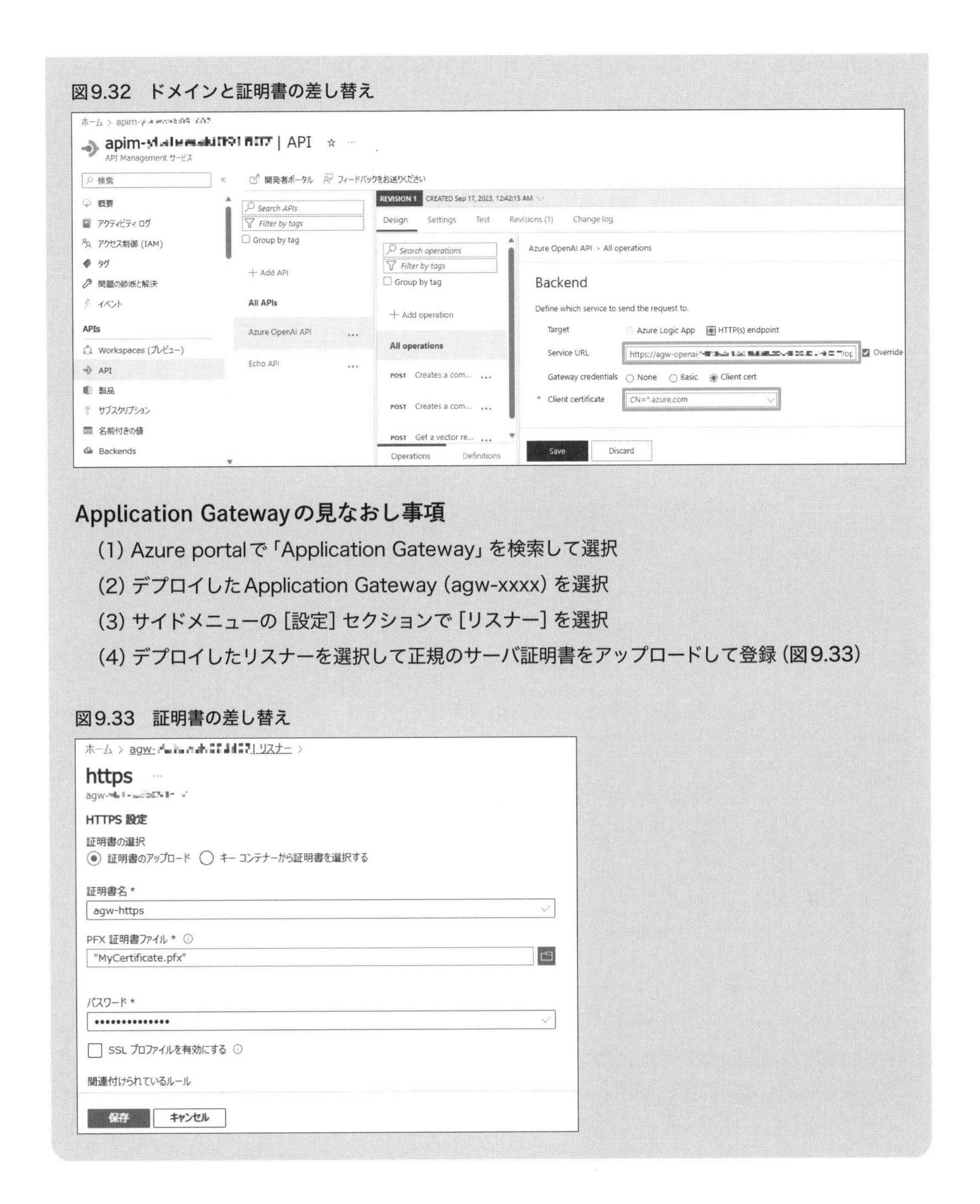

図9.32　ドメインと証明書の差し替え

Application Gatewayの見なおし事項

(1) Azure portalで「Application Gateway」を検索して選択

(2) デプロイしたApplication Gateway (agw-xxxx) を選択

(3) サイドメニューの [設定] セクションで [リスナー] を選択

(4) デプロイしたリスナーを選択して正規のサーバ証明書をアップロードして登録 (図9.33)

図9.33　証明書の差し替え

9.8.2　API Managementの利用

aoai-apim/infra/app/apim-api-policy-aad.xmlにポリシーを設定することで複数の

Azure OpenAIインスタンスに対してリクエストをラウンドロビンで振り分けることができます(図9.34、リスト9.3)。

図9.34　API Managementの負荷分散パターン

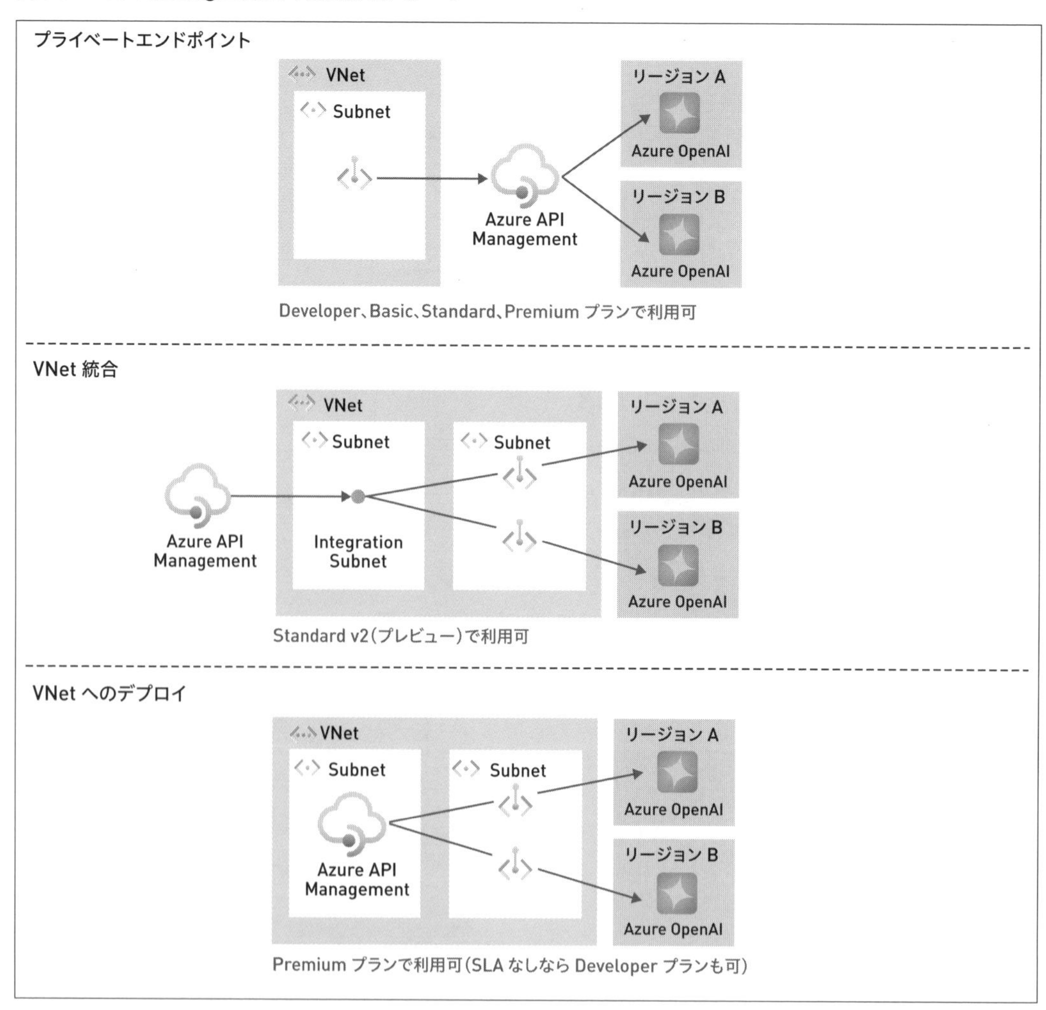

リスト9.3　API Managementによるラウンドロビン設定例

```
<set-variable name="urlId" value="@(new Random(context.RequestId.GetHashCode()).Next
(1, 101))" />
<choose>
    <when condition="@(context.Variables.GetValueOrDefault<int>("urlId") < 51)">
        <set-backend-service base-url="{{backend-url-1}}" />
    </when>
    <when condition="@(context.Variables.GetValueOrDefault<int>("urlId") > 50)">
```

```
        <set-backend-service base-url="{{backend-url-2}}" />
    </when>
    <otherwise>
        <return-response>
            <set-status code="500" reason="InternalServerError" />
            <set-header name="Microsoft-Azure-Api-Management-Correlation-Id" exists-
action="override">
                <value>@{return Guid.NewGuid().ToString();}</value>
            </set-header>
            <set-body>A gateway-related error occurred while processing the request.
</set-body>
        </return-response>
    </otherwise>
</choose>
```

※policyの設定例はaoai-apim/sample/apim_load_balancing.txtに記載されています。

なお、ラウンドロビン以外にもポリシーを上手に活用すれば、Azure OpenAIで利用可能なTPMが枯渇した場合に優先すべきアプリ（サブスクリプションキー）のほうにリソースをより割り当てるといったルールに変更することもできます。

デプロイした環境で試す場合は、次のことを考慮してください。

- backend-url-1、backend-url-2にそれぞれAzure OpenAIのエンドポイントを設定
- authentication-certificateの設定を削除
- API ManagementからAzure OpenAI APIを呼び出し可能なネットワーク構成になっているか確認
  - プライベートな通信でAPI ManagementからAzure OpenAI APIを実行する場合は、API Managementを仮想ネットワーク内にデプロイする構成（注9.4参照）やVNet統合の構成（注9.5参照）への見なおしが必要になります
  - パブリックな通信でAPI ManagementからAzure OpenAI APIを実行する場合は、Azure OpenAIの［ネットワーク］セクションでパブリックな通信を許可する設定（例：すべてのネットワークのアクセスを許可）への見なおしが必要になります

9.9 まとめ

本章では組織内でのAzure OpenAI利用のガバナンスを実現するために必要な、共通基盤化について解説しました。Azure API ManagementやAzure Application Gatewayはそのためのキーとなるサービスです。とくにAPI Managementは非常に高機能なサービスで、本章で紹介できなかった機能も多く持つため、ぜひ使い倒してください。

第10章 責任あるAI

従来の機械学習やディープラーニングの活用では、需要予測や異常検知など特定の業務やユースケースに特化したものが多かったため、AIの活用によるリスクは限定的でした。しかし、ChatGPTの登場により、自然言語を使用して誰でもAIが活用できるようになりました。さらに今後は、Copilot（副操縦士）としてさまざまな業務やビジネスプロセスに組み込まれて行くため、品質、倫理やセキュリティなど対応すべきリスクも、より多様化・複雑化していくことが見込まれます。これらのリスクに対応するためには、AIを適切にコントロールするより強固な仕組みが必要になります。

本章では、Microsoftがこれまで**責任あるAI**への取り組みをどのように進めてきたかを振り返ったうえで、お客様が責任を持ってAzure OpenAIモデルを活用したAIシステムを開発し活用するためのノウハウや提供している機能について紹介していきます。

10.1 責任あるAIに対するMicrosoftの取り組み

Microsoftは2017年から、自社のAIシステムが確実に責任を持って設計されるよう、全社的なプログラムに投資してきました（図10.1）。

図10.1　責任あるAIに対するMicrosoftの取り組み

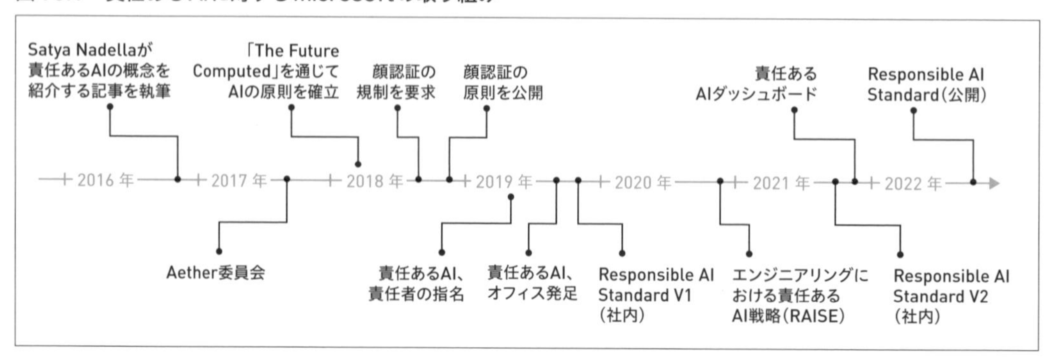

2017年には、研究者、エンジニア、政策専門家によるAether委員会（エーテル委員会）を立ち上

げ、責任あるAIの課題に焦点を当ててAIの原則[注10.1]を構築、その原則を2018年に採択しました。

2019年には、責任あるAIのガバナンスを調整するため、Office of Responsible AI（責任あるAIオフィス）を設立し、Responsible AI Standardの初回バージョンを立ち上げました。これは、Microsoftにおけるハイレベルの原則を、エンジニアリングチーム向けの実用的なガイダンスに置き換えるフレームワークです。2021年には、このプログラムを運用するための主要な構成要素[注10.2]を解説しています。これには、ガバナンス構造の拡大や、従業員が新たなスキルを身につけられるようなトレーニング、実装をサポートするプロセスやツールなどが含まれています。

そして2022年には、Responsible AI Standard[注10.3]を強化し、第2バージョンへと進化させました。これは、事前に危害を及ぼすであろうものを特定し、それを測定して軽減できるよう、実用的なアプローチを用いてAIシステムを構築し、最初からシステム内に制御が組み込まれるようにする方法を定めたものです（**図10.2**）。

図10.2 Microsoftの責任あるAI原則

公平性	信頼性と安全性	プライバシーとセキュリティ
AIシステムはすべての人を公平に扱う必要があります	AIシステムは信頼でき安全に実行する必要があります	AIシステムは安全であり、プライバシーを尊重する必要があります
包括性	**透明性**	**アカウンタビリティ**
AIシステムはあらゆる人に力を与え、人々を結びつける必要があります	AIシステムは理解しやすい必要があります	AIシステムにはアカウンタビリティが必要です

10.2 責任あるAIの実践

Microsoftは、お客様が責任を持ってAzure OpenAIモデルを活用したAIシステムを設計、開発、デプロイ、使用できるように支援するため、公式ドキュメントにて次の事項をまとめています。必要に応じて引用リンクより詳細をご確認ください。

注10.1 「Microsoftの責任あるAIの基本原則」 https://www.microsoft.com/ja-jp/ai/responsible-ai

注10.2 「マイクロソフトの責任あるAIプログラムの詳細について」 https://news.microsoft.com/ja-jp/2021/02/02/210202-microsoft-responsible-ai-program/

注10.3 「責任あるAIシステム構築のためのマイクロソフトのフレームワーク」 https://news.microsoft.com/ja-jp/2022/07/04/220704-microsofts-framework-for-building-ai-systems-responsibly/

- **責任あるAI実践概要**注10.4

  ユーザーが責任を持ってAzure OpenAIモデルを活用したAIシステムを設計、開発、デプロイ、使用できるように支援する技術的な推奨事項とリソースを提供。規格の内容の多くはパターンに従っており、チームに潜在的なリスクを特定、測定、軽減するとともに、AIシステムの運用方法についても計画するよう求めている。これらの推奨事項は、Microsoft Responsible AI Standard v2注10.5とNIST AI Risk Management Framework注10.6に基づいている

- **透明性に関する注意事項(Transparency Note)**注10.7

  Azure OpenAIを使用してシステム開発を行う場合に最大のパフォーマンスを発揮させるために理解すべき機能、制限、ユースケースやベストプラクティスについて記載

- **倫理規定(Code of conduct)**注10.8

  Azure OpenAIモデルを活用したシステム開発を行うにあたり、実施すべき要件や禁止事項について記載。この行動規範は、Microsoftオンラインサービス規約の利用規約に追加されるもの

- **制限つきアクセス**注10.9

  Azure OpenAIを利用したり、コンテンツフィルタや不正利用の監視などの設定を変更したりするために必要な申請や条件について記載

- **データ、プライバシー、セキュリティ**注10.10

  Azure OpenAIに提供されたデータがどのように処理、使用、保存されるかについて記載。また、Azure OpenAIの有害な使用のリスクを軽減するために、提供されているコンテンツフィルタリングと不正使用の監視機能に関する解説や不正使用の監視機能の免除申請についても記載

- **Customer Copyright Commitment**注10.11

  Azure OpenAIが出力コンテンツによる第三者からの知的財産権に関するクレームからお客様を保護するためのMicrosoftの義務を記載

注10.4 "Overview of Responsible AI practices for Azure OpenAI models" https://learn.microsoft.com/ja-jp/legal/cognitive-services/openai/overview?context=%2Fazure%2Fai-services%2Fopenai%2Fcontext%2Fcontext

注10.5 "Microsoft Responsible AI Standard, v2" https://blogs.microsoft.com/wp-content/uploads/prod/sites/5/2022/06/Microsoft-Responsible-AI-Standard-v2-General-Requirements-3.pdf

注10.6 "AI RISK MANAGEMENT FRAMEWORK" https://www.nist.gov/itl/ai-risk-management-framework

注10.7 "Transparency Note for Azure OpenAI Service" https://learn.microsoft.com/ja-jp/legal/cognitive-services/openai/transparency-note?context=%2Fazure%2Fai-services%2Fopenai%2Fcontext%2Fcontext&tabs=text

注10.8 "Code of conduct for Azure OpenAI Service" https://learn.microsoft.com/ja-jp/legal/cognitive-services/openai/code-of-conduct?context=%2Fazure%2Fai-services%2Fopenai%2Fcontext%2Fcontext

注10.9 "Limited access to Azure OpenAI Service" https://learn.microsoft.com/ja-jp/legal/cognitive-services/openai/limited-access?context=%2Fazure%2Fai-services%2Fopenai%2Fcontext%2Fcontext

注10.10 "Data, privacy, and security for Azure OpenAI Service" https://learn.microsoft.com/ja-jp/legal/cognitive-services/openai/data-privacy?context=%2Fazure%2Fai-services%2Fopenai%2Fcontext%2Fcontext

注10.11 "Customer Copyright Commitment Required Mitigations" https://learn.microsoft.com/en-us/legal/cognitive-services/openai/customer-copyright-commitment

10.3 コンテンツフィルタリング

生成AIを使ったサービスを開発するうえでの注意点の1つに、AIの不正利用があります。Microsoftは責任あるAIへの取り組みとして、使用における倫理規定(注10.8参照)を設定しており、Azure OpenAIの入力および出力にはデフォルトでコンテンツフィルタ[注10.12]を設定しています。APIへリクエストをした場合、コンテンツフィルタが内部的に動作し、次の4つの観点での危険度を算出し、デフォルトでは低(Low)レベルなものだけがモデルへの入出力を許可されます。

- 憎悪(Hate)
- 性的(Sexual)
- 自傷行為(Self-harm)
- 暴力(Violence)

また、執筆時点ではプレビューですがオプションで次の4つの観点でもコンテンツフィルタの設定ができます。なお、Protected Material for CodeとProtected Material for Textは、著作権侵害に対するCustomer Copyright Commitmentの適用要件にも含まれています[注10.13]。

- プロンプトインジェクション攻撃(Jailbreak)
- 曲の歌詞、記事、レシピなどの既知のテキストコンテンツ(Protected Material for Text)
- パブリックリポジトリに公開されている既知のソースコード(Protected Material for Code)
- ブロックしたい用語集(Block List)

重要度が閾値(しきいち)を超えた場合、レスポンスのchoices項目におけるfinish_reasonが"content_filter"で返り、処理がストップされます。レスポンスのprompt_filter_results項目にはプロンプトのコンテンツフィルタリングの詳細、choices項目prompt_filter_resultsには生成結果に対するコンテンツフィルタの結果が返ります[注10.14]。

Azure OpenAI Studioからコンテンツフィルタの設定が可能です。Studio画面の左下の[コンテンツフィルター(プレビュー)]→[カスタマイズ済みコンテンツフィルターの作成]をクリックします(図10.3)。

注10.12 「コンテンツのフィルター処理」 https://learn.microsoft.com/ja-jp/azure/ai-services/openai/concepts/content-filter

注10.13 Customer Copyright CommitmentはMicrosoftが提供する生成AIの出力結果に対して著作権上の異議を申し立てられた場合、Microsoftが法的リスクに対して責任を負うというものです。"Customer Copyright Commitment Required Mitigation" https://learn.microsoft.com/ja-jp/legal/cognitive-services/openai/customer-copyright-commitment

注10.14 Azure OpenAIのAPIレスポンスについては「4.9 Azure OpenAI API」を参照してください。

図10.3 コンテンツフィルタの設定方法(1)

新たなコンテンツフィルタの名前と、プロンプトと生成テキストに対するコンテンツフィルタのOn/Offと、各観点どのレベルまで許容するか、設定が可能です(図10.4)。

図10.4 コンテンツフィルタの設定方法(2)

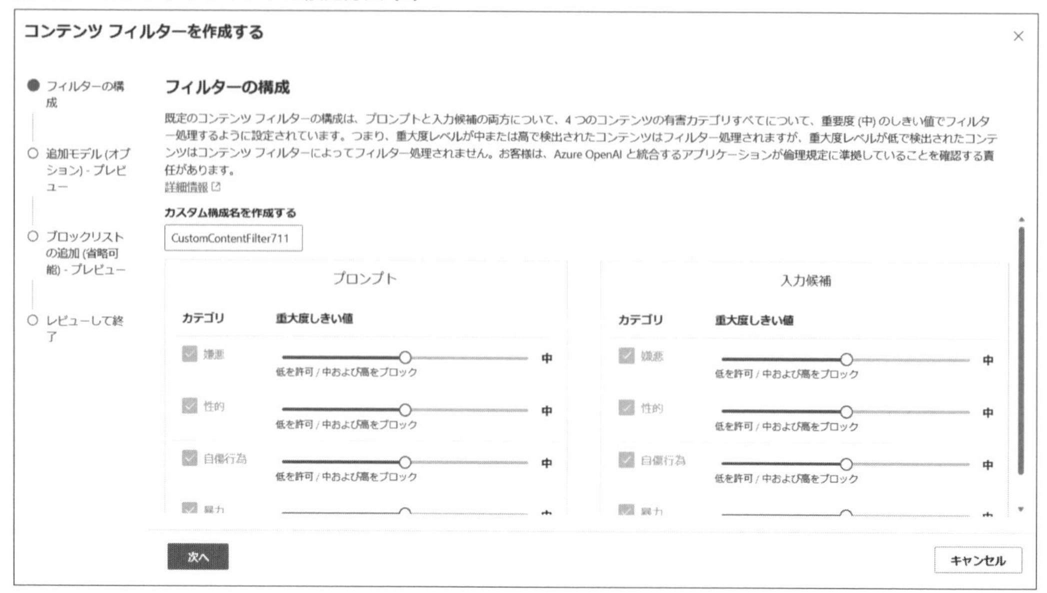

デフォルトで、すべての観点ですべてのレベル(高、中、低)を指定できます。コンテンツフィ

ルタを部分的または完全にOffにしたい場合は、フォーム[注10.15]から申請できます。

オプションモデルは、有効化／注釈付け（検出はするがフィルタは実施しない）のOn/Offと、フィルタ（検出しフィルタも実施する）のOn/Offの設定が可能です（**図10.5**）。

図10.5 コンテンツフィルタの設定方法(3)

ブロックリストでは、プロンプトと生成テキストのコンテンツフィルタのOn/Offを、カスタムで作成したブロックリストと事前作成済みのブロックリスト(Prebuilt Blocklists)に対して設定可能です（**図10.6**）。

注10.15 "Azure OpenAI Limited Access Review: Modified Content Filters and Abuse Monitoring" https://aka.ms/oai/modifiedaccess

図10.6　コンテンツフィルタの設定方法(4)

作成後はAzure OpenAIのモデルデプロイ時に設定が可能で、先ほど作成したコンテンツフィルタを割り当てることができます（図10.7）。

図10.7　コンテンツフィルタの設定方法(5)

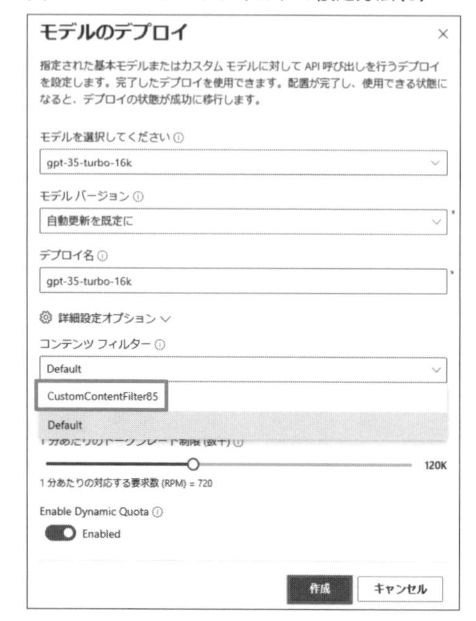

10.4 データの取り扱い

とくに企業でのGPT利用に際して問題になりがちなのがAIサービスにおけるデータの取り扱いです。Azure OpenAIサービスにおいては企業向けサービスということもあり、公式ドキュメント（注10.10参照）に明確にデータの取り扱いが記載されています。まず大原則として、Azure OpenAIでは執筆時点で次のようなデータの取り扱いを掲げています。

プロンプト（入力）と入力候補（出力）、埋め込み、およびトレーニングデータは、

- *他のお客様はご利用いただけません。*
- *OpenAI社に使用されません。*
- *OpenAIモデルの改善には使用されません。*
- *Microsoftまたは第三者の製品またはサービスの向上には使用されません。*
- *リソースで使用するAzure OpenAIモデルを自動的に改善するために使用されません（トレーニングデータを使用してモデルを明示的に微調整しない限り、モデルはステートレスです）。*
- *微調整されたAzure OpenAIモデルは、お客様専用に使用できます。*
- *Azure OpenAI Serviceは、Microsoftによって完全に制御されています。Microsoftは、MicrosoftのAzure環境でOpenAIモデルをホストしており、本サービスは、OpenAIが運営するいかなるサービス（ChatGPTやOpenAI APIなど）とも相互作用しません。*

この前提のもと、Azure OpenAIで扱われるデータについて、それぞれ取り扱いを**表10.1**にまとめました。

表10.1 Azure OpenAIにおけるデータの取り扱い

データ種別	概要	Azure OpenAI における取り扱い
プロンプトと生成されたコンテンツ	いわゆる入力データと出力データ。生成AIの文脈では入力データをプロンプトと呼び、出力データは生成された文章やベクトル、画像などが相当	デフォルトでは悪用／誤用の監視目的で30日間保持され、承認されたMicrosoft社員が不正利用時にレビューする可能性がある。監視のためのログ保存プロセスはオプトアウト申請（注10.15参照）が可能で、承認されればログは保持されない
プロンプトに含まれる拡張データ	「on your data」機能を使用する場合、構成済みのデータストアから関連データを取得し、プロンプトに付与	同上
トレーニングおよび検証データ	ChatGPT以前のGPTモデルのいくつかはファインチューニングが可能。プロンプトと出力のペアで構成される独自のトレーニングデータを使用します（執筆時点ではChatGPTのモデルのファインチューニング機能はまだ公開されていないが、近くリリースされるアナウンス[注10.16]が出ている）	使用するトレーニングデータはAzure OpenAIリソースと同じリージョン内に格納され、保存時に二重暗号化が可能（デフォルトでは、MicrosoftのAES-256暗号化を使用し、必要に応じてカスタマーマネージドキーを使用）。ユーザの操作でいつでも削除が可能

特筆すべきはプロンプトと生成されたコンテンツデータです。機密情報を扱う場合にはこの項目は十分にチェックし、もしオプトアウトする場合には悪用／誤用がないかチェックする仕組みを自前でそろえる必要があります。ログ取得などの仕組みは第9章でも詳しく解説していますので、よく確認しておきましょう。

10.5 まとめ

本章では、どのように責任をもってAIを活用していくかについてMicrosoftの取り組みを例に出しつつ解説しました。ChatGPTの登場によってAIの適用範囲が爆発的に拡大する中で、AIを適切にコントロールする重要性も増しています。Azure OpenAIにはコンテンツフィルタリングの機能が組み込まれていますが、それと基盤を同じくするAzure AI Content Safetyというサービスも提供されています[注10.17]。本章では詳しく取り上げませんでしたが、Azure OpenAI以外の生成AIを利用する際にはぜひご活用ください。

注10.16 "Announcing Updates to Azure OpenAI Service Models" https://techcommunity.microsoft.com/t5/azure-ai-services-blog/announcing-updates-to-azure-openai-service-models/ba-p/3866757

注10.17 「Azure AI Content Safetyとは？」 https://learn.microsoft.com/azure/ai-services/content-safety/overview

付録

付録A サンプルコード実行環境の準備

本書では第4、5章（RAGによる社内文章検索の実装）、第9章（ガバナンス）でサンプルコードを使って解説を行っています。サンプルコードを実行するにあたっては次の環境を準備する必要があります。本項を参考に環境準備をお願いします。

(1) Python 3.10以上
(2) Git
(3) Azure Developer CLI
(4) Node.js 18以上
(5) PowerShell 7以上（Pwsh）※Windowsユーザーのみ

A.1 Pythonのインストール

Pythonの公式サイト[注A.1]からご自分のOSをクリックしてインストーラをダウンロードして実行します。

なお、Linux（Ubuntu）やmacOSでは最初からPythonがインストールされており、そのまま利用できます。ただ、標準でインストールされているPythonはややバージョンが古く、本書ではPython 3.10.11でコードのテストを行っているため、必要に応じて当該バージョンのPythonインストールをおすすめします。

Windowsの場合、PythonをMicrosoft Store経由でインストールするとうまく実行できないことがありますので、必ずこの方法でインストールするようにしてください。

A.1.1 インストール手順（Windows）

注A.1にアクセスし、ページの下部からご自分のOSに合うインストーラをダウンロードします。Windows 11の場合［Windows installer (64-bit)］をクリックしてダウンロードします（図A.1）。

注A.1 "Python 3.10.11" https://www.python.org/downloads/release/python-31011/

図A.1　Pythonインストーラのダウンロード

Files

Version	Operating System	Description	MD5 Sum	File Size	GPG	Sigstore
Gzipped source tarball	Source release		7e25e2f158b1259e271a45a249cb24bb	26085141	SIG	.sigstore
XZ compressed source tarball	Source release		1bf8481a683e0881e14d52e0f23633a6	19640792	SIG	.sigstore
macOS 64-bit universal2 installer	macOS	for macOS 10.9 and later	f5f791f8e8bfb829f23860ab08712005	41017419	SIG	.sigstore
Windows embeddable package (32-bit)	Windows		fee70dae06c25c60cbe825d6a1bfda57	7650388	SIG	.sigstore
Windows embeddable package (64-bit)	Windows		f1c0538b060e03cbb697ab3581cb73bc	8629277	SIG	.sigstore
Windows help file	Windows		52ff1d6ab5f300679889d3a93a8d50bb	9403229	SIG	.sigstore
Windows installer (32 -bit)	Windows		83a67e1c4f6f1472bf75dd9681491bf1	27865760	SIG	.sigstore
Windows installer (64-bit)	Windows	Recommended	a55e9c1e6421c84a4bd8b4be41492f51	29037240	SIG	.sigstore

インストーラのダウンロードが完了したら、「python-3.10.11-amd64.exe」をダブルクリックして起動します。インストールウィザードが起動したら、[Add python.exe to PATH] にチェックを入れて、[Insttall Now] をクリックするとインストールが開始されます (図A.2)。

図A.2　インストールウィザード

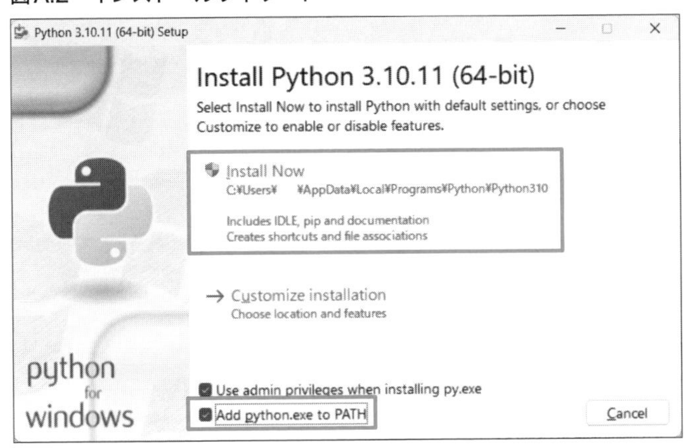

インストールが完了したら、[Close] ボタンを押下して完了です (図A.3)。

図A.3 インストール完了

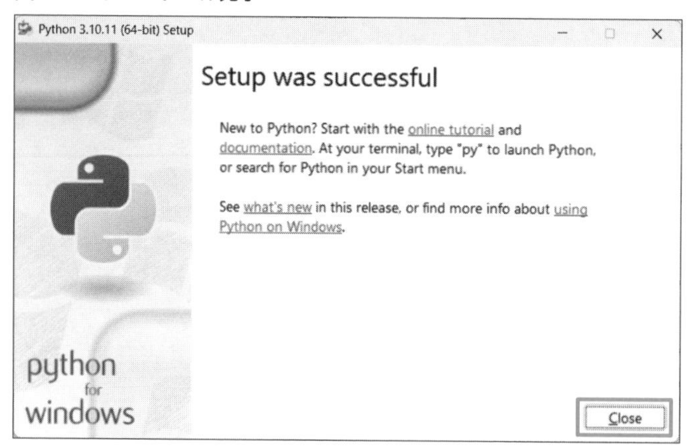

正常にインストールされていることを確認するために、コマンドプロンプトまたはPowerShellを起動して、`python -V`と入力して Enter を押下します。「Python 3.10.11」と出力されれば成功です。

```
python -V
Python 3.10.11
```

A.2 Gitのインストール

公式サイトからご自分のOSをクリックしてインストーラをダウンロードして実行します。

A.2.1 インストール手順（Windows）

注A.2にアクセスし、ご自分のOSを選択します（図A.4）。

注A.2 "git" https://git-scm.com/downloads

図A.4 Gitダウンロードページ(1)

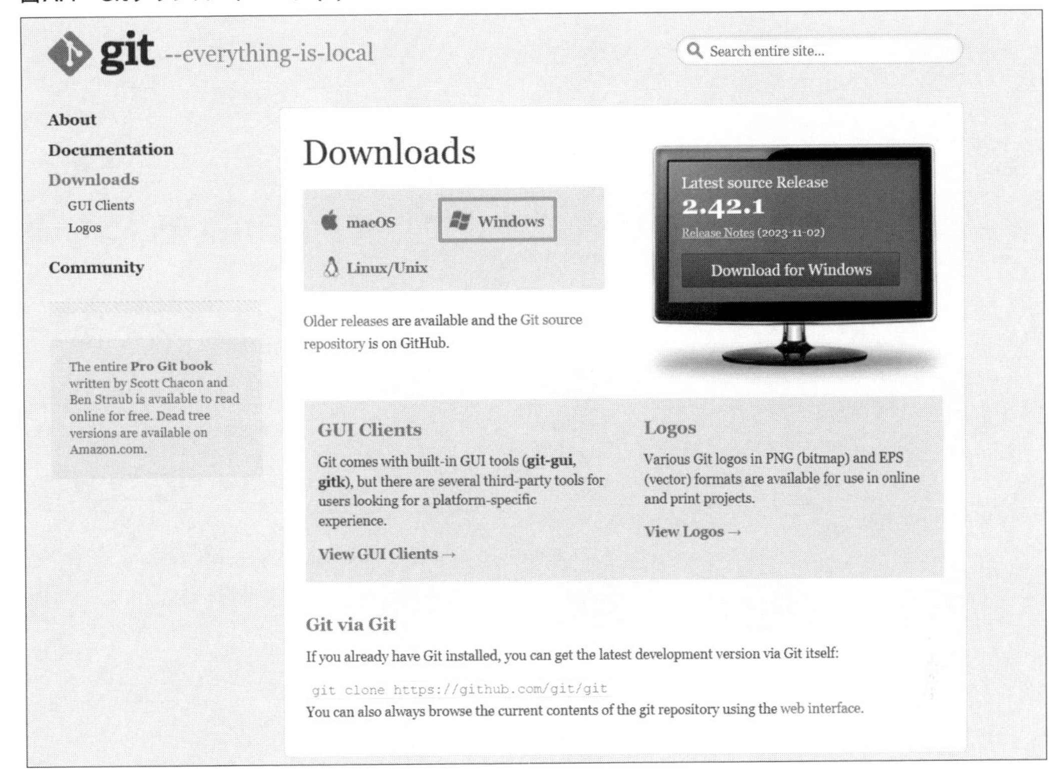

Download for Windowsのページでは、Windows 11の場合[64-bit Git for Windows Setup.]をクリックしてダウンロードします。バージョンは最新のものでかまいません(**図A.5**)。

図A.5 Gitダウンロードページ(1)

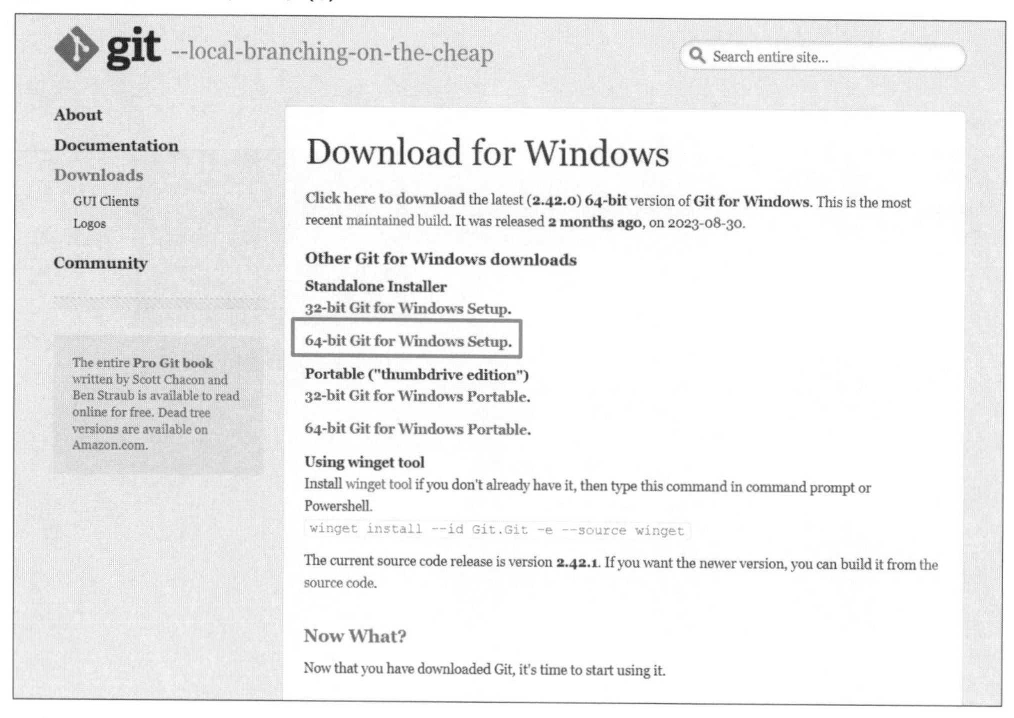

インストーラのダウンロードが完了したら、「Git-2.42.0.2-64-bit.exe」をダブルクリックして起動します。今回はすべて［Next］をクリックします（図A.6〜図A.10）。

図A.6 Gitインストールウィザード(1)

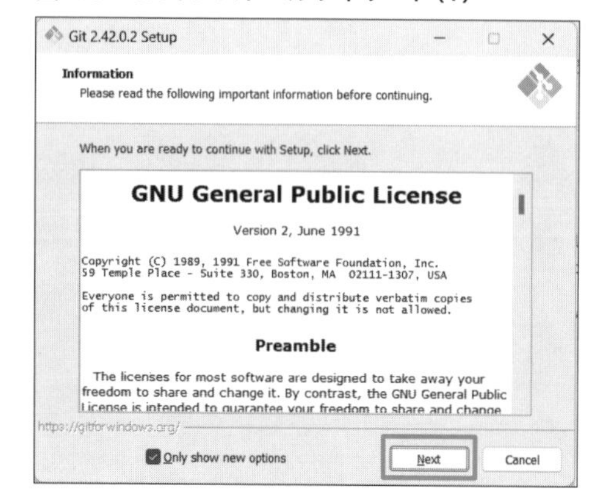

図A.7 Gitインストールウィザード(2)

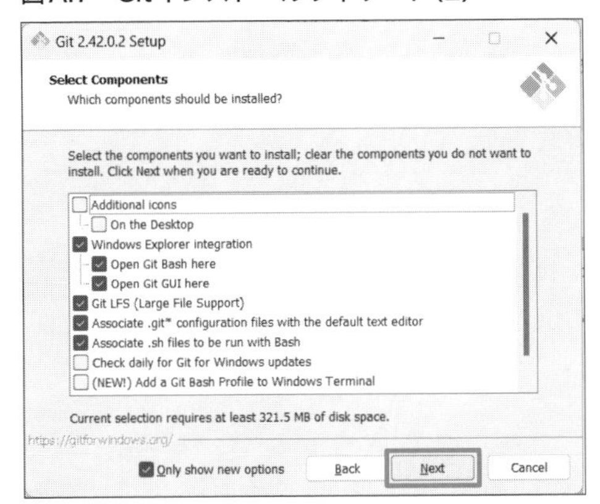

図A.8 Gitインストールウィザード(3)

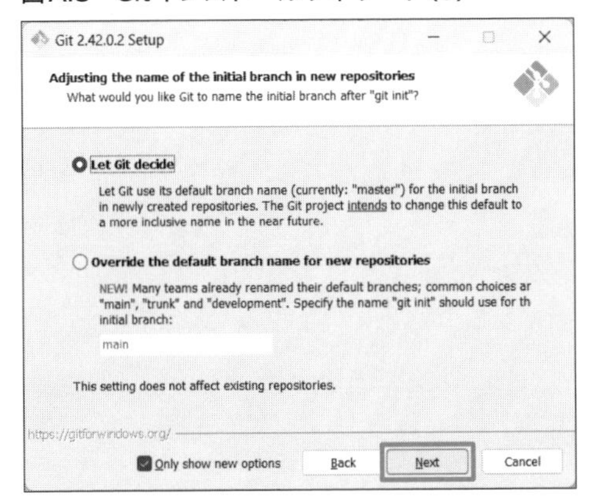

図A.9 Gitインストールウィザード(4)

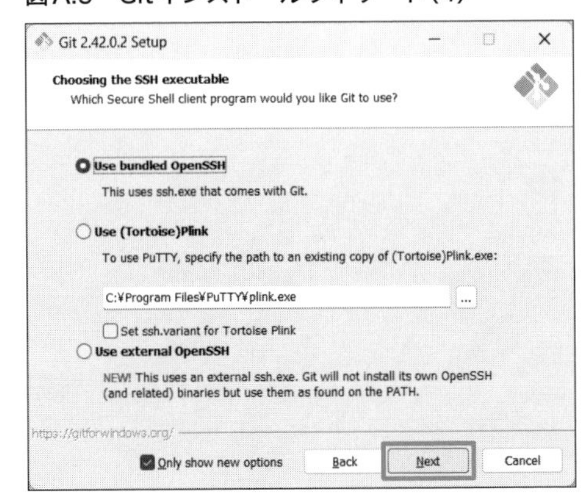

A

図A.10　Gitインストールウィザード(5)

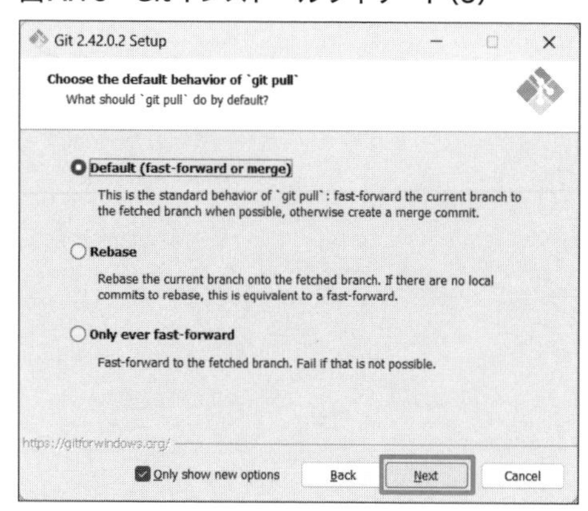

「Configuring experimental options」まで来たら［Install］ボタンを押下します(図A.11)。

図A.11　Gitインストールウィザード(6)

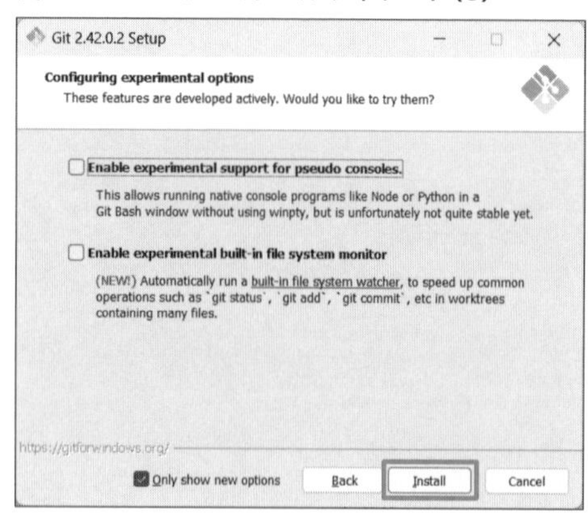

インストールが完了したら［Finish］ボタンを押下して終了します(図A.12)。

図A.12 Gitインストール完了

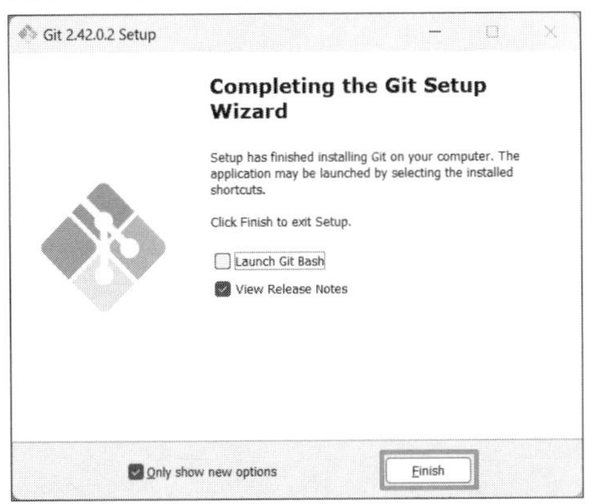

正常にインストールされていることを確認するために、コマンドプロンプトまたはPowerShellを起動して、`git -v`と入力して Enter を押下します。インストールしたバージョンが表示されれば成功です。

```
git -v
git version 2.42.0.windows.2
```

A.3 Azure Developer CLIのインストール

Azure Developer CLIは開発者向けのツールで、ローカル開発環境上のアプリケーションをAzure環境へ展開するための機能を提供しています。ここで紹介する以外のインストール方法やトラブルシューティングについてはドキュメント[注A.3]を参照してください。

A.3.1 インストール手順(Windows)

Windows Package Manager (winget)[注A.4]が利用可能な場合は次のコマンドを実行します。

```
winget install microsoft.azd
```

PowerShellから上記コマンドを入力して Enter を押下します(図A.13)。

注A.3 「Azure Developer CLIとは」 https://aka.ms/azd
注A.4 wingetはWindows 10 1709(ビルド 16299)以降、およびWindows 11のみで利用できます。

図A.13 Azure Developer CLIのインストール

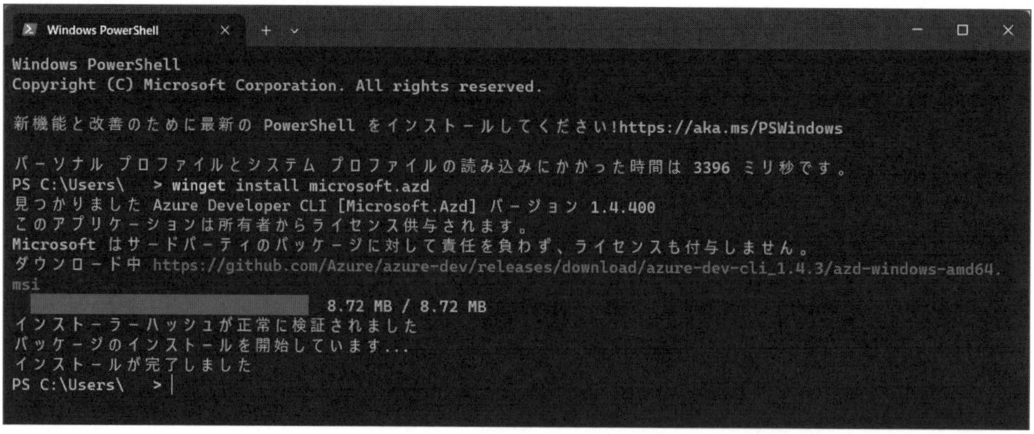

```
Windows PowerShell
Windows PowerShell
Copyright (C) Microsoft Corporation. All rights reserved.

新機能と改善のために最新の PowerShell をインストールしてください!https://aka.ms/PSWindows

パーソナル プロファイルとシステム プロファイルの読み込みにかかった時間は 3396 ミリ秒です。
PS C:\Users\    > winget install microsoft.azd
見つかりました Azure Developer CLI [Microsoft.Azd] バージョン 1.4.400
このアプリケーションは所有者からライセンス供与されます。
Microsoft はサードパーティのパッケージに対して責任を負わず、ライセンスも付与しません。
ダウンロード中 https://github.com/Azure/azure-dev/releases/download/azure-dev-cli_1.4.3/azd-windows-amd64.
msi
                                    8.72 MB / 8.72 MB
インストーラーハッシュが正常に検証されました
パッケージのインストールを開始しています...
インストールが完了しました
PS C:\Users\    > |
```

「インストールが完了しました」と出力されるまで待ちます。azd versionと入力し、インストールしたバージョンが表示されれば成功です。

```
azd version
azd version 1.4.3 (commit d165bd2de96dae75de57604c0d8a5553ae214618)
```

A.3.2 インストール手順(Linux)

次のコマンドを実行します。

```
curl -fsSL https://aka.ms/install-azd.sh | bash
```

A.3.3 インストール手順(macOS)

Homebrewを利用してインストールする方法が推奨されています。

```
brew tap azure/azd && brew install azd
```

A.4 Node.jsのインストール

公式サイト[注A.5]からLTS版を選択し、ご自分のOSをクリックしてインストーラをダウンロードして実行します。

注A.5 "Node v18.12.0 (LTS)" https://nodejs.org/en/blog/release/v18.12.0

A.4.1 インストール手順(Windows)

注A.5にアクセスし、ご自分のOSに合うインストーラをダウンロードします。Windows 11の場合[Windows 64-bit Installer]をクリックしてダウンロードします。バージョンはv18系であれば何でもかまいません(図A.14)。

図A.14 Node.jsダウンロードページ

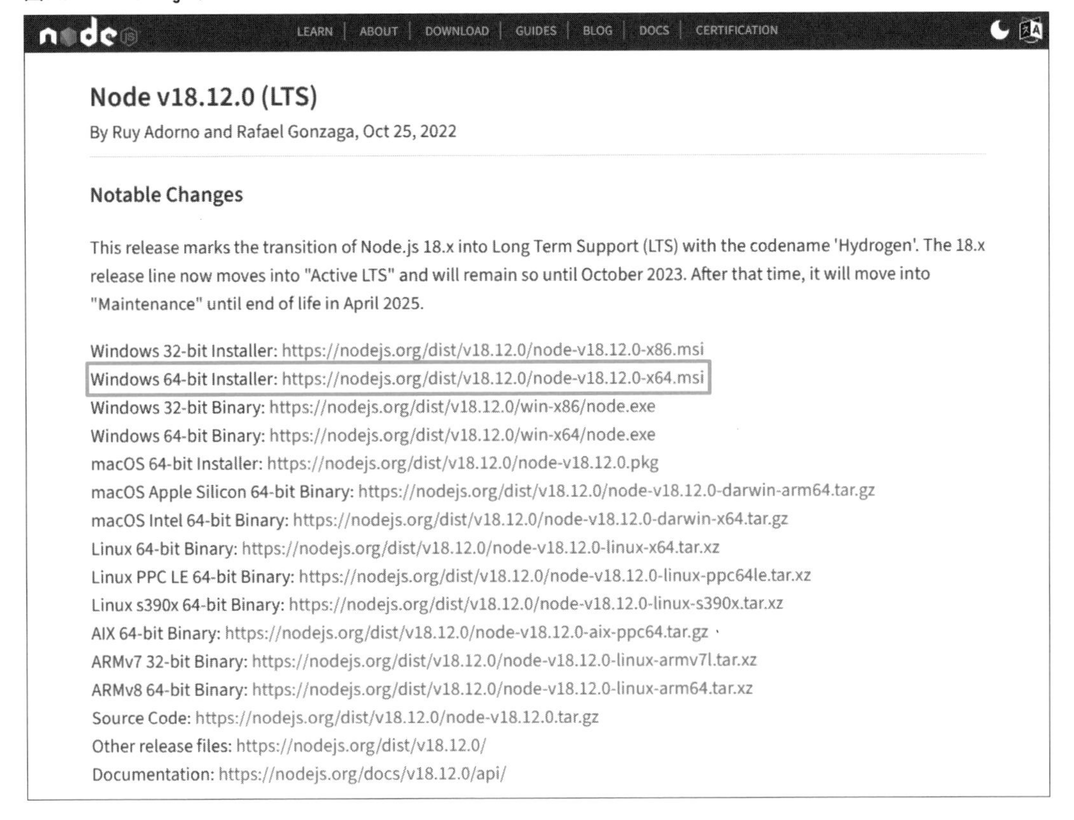

インストーラのダウンロードが完了したら、「node-v18.12.0-x64.msi」をダブルクリックして起動します。今回はすべて[Next]をクリックします(図A.15〜A.19)。

図A.15　Node.jsインストールウィザード(1)

図A.16　Node.jsインストールウィザード(2)

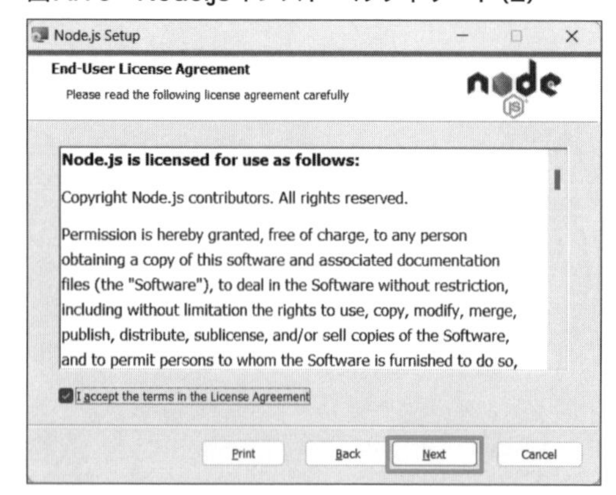

図A.17　Node.jsインストールウィザード(3)

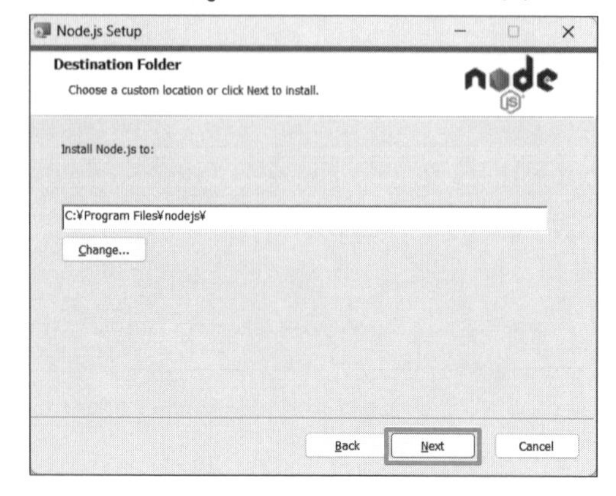

図A.18 Node.jsインストールウィザード(4)

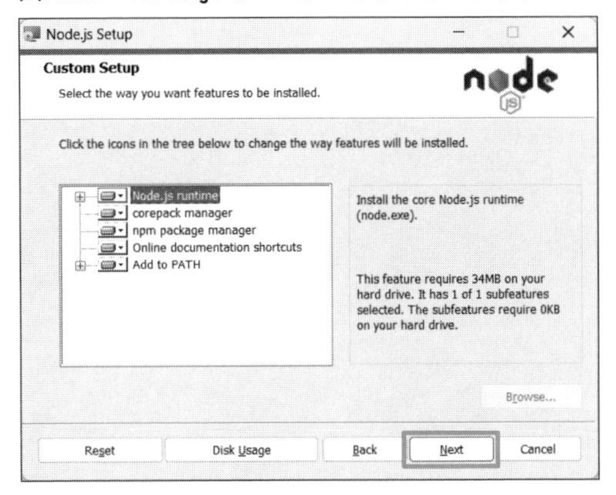

図A.19 Node.jsインストールウィザード(5)

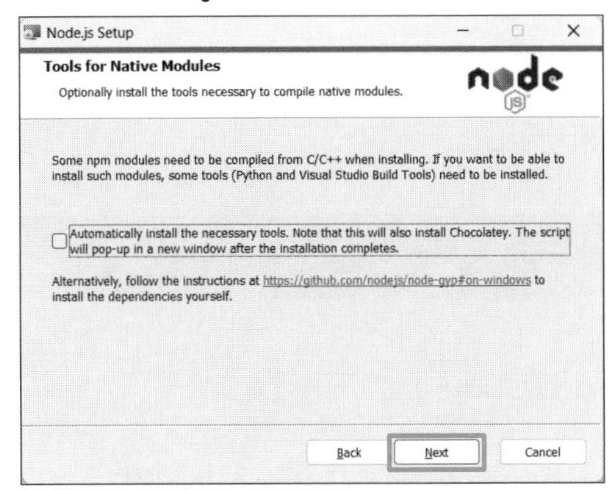

「Ready to install Node.js」まで来たら［Install］ボタンを押下します（**図A.20**）。

図A.20 Node.jsインストールウィザード(6)

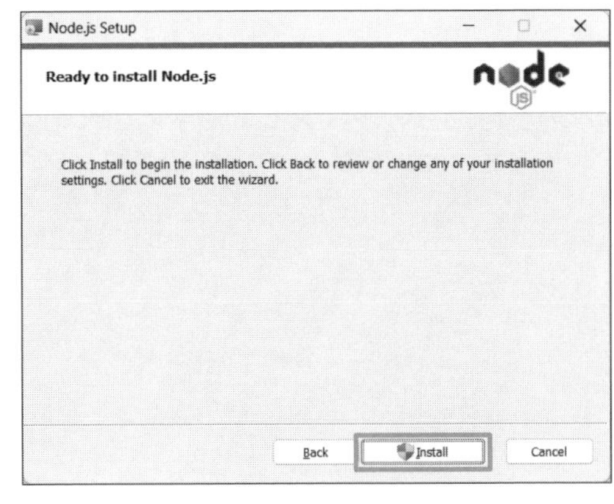

インストールが完了したら［Finish］ボタンを押下して終了します（**図A.21**）。

図A.21　Node.jsインストール完了

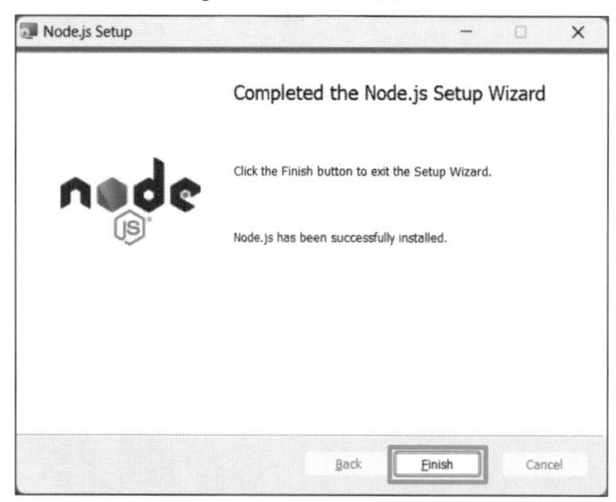

正常にインストールされていることを確認するために、コマンドプロンプトまたはPowerShell[注A.6]を起動して、node -vと入力して Enter を押下します。インストールしたバージョンが表示されれば成功です。

```
node -v
v18.12.0
```

A.5 PowerShellのインストール（Windowsのみ）

公式リポジトリへアクセスし、ご自分の環境（x64またはx86）に合うPowerShellをダウンロードしてインストールします。

A.5.1 インストール手順（Windows）

注A.6にアクセスし、ご自分のOSに合うインストーラをダウンロードします。Windows 11の場合「Windows x64」の行の［Downloads (stable)］の「.msi」をクリックしてダウンロードします（**図A.22**）。

注A.6　"PowerShell"　https://github.com/PowerShell/PowerShell

図A.22　PowerShell 7ダウンロードページ

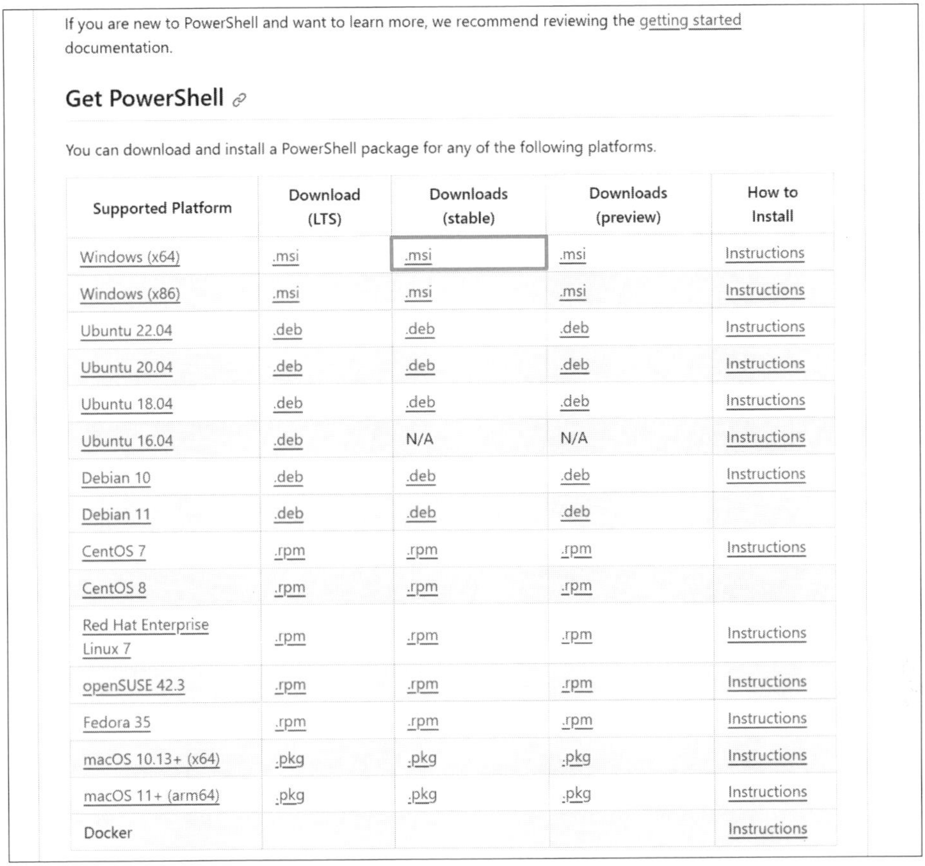

If you are new to PowerShell and want to learn more, we recommend reviewing the getting started documentation.

Get PowerShell

You can download and install a PowerShell package for any of the following platforms.

Supported Platform	Download (LTS)	Downloads (stable)	Downloads (preview)	How to Install
Windows (x64)	.msi	.msi	.msi	Instructions
Windows (x86)	.msi	.msi	.msi	Instructions
Ubuntu 22.04	.deb	.deb	.deb	Instructions
Ubuntu 20.04	.deb	.deb	.deb	Instructions
Ubuntu 18.04	.deb	.deb	.deb	Instructions
Ubuntu 16.04	.deb	N/A	N/A	Instructions
Debian 10	.deb	.deb	.deb	Instructions
Debian 11	.deb	.deb	.deb	
CentOS 7	.rpm	.rpm	.rpm	Instructions
CentOS 8	.rpm	.rpm	.rpm	
Red Hat Enterprise Linux 7	.rpm	.rpm	.rpm	Instructions
openSUSE 42.3	.rpm	.rpm	.rpm	Instructions
Fedora 35	.rpm	.rpm	.rpm	Instructions
macOS 10.13+ (x64)	.pkg	.pkg	.pkg	Instructions
macOS 11+ (arm64)	.pkg	.pkg	.pkg	Instructions
Docker				Instructions

インストーラのダウンロードが完了したら、「PowerShell-7.3.9-win-x64.msi」をダブルクリックして起動します。今回はすべて［Next］をクリックします（図A.23〜A.26）。

図A.23　PowerShell 7インストールウィザード(1)

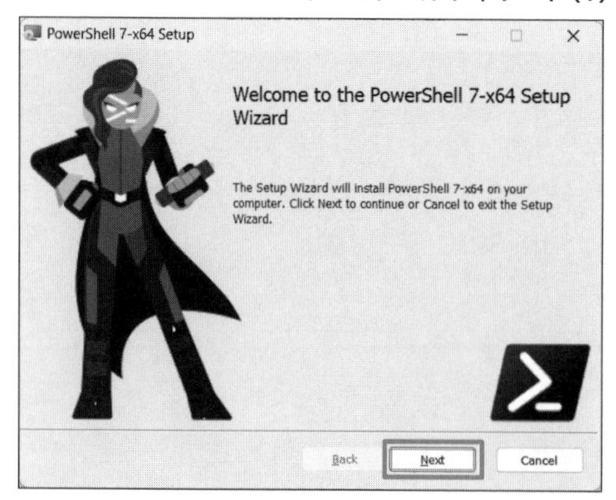

図A.24　PowerShell 7インストールウィザード(2)

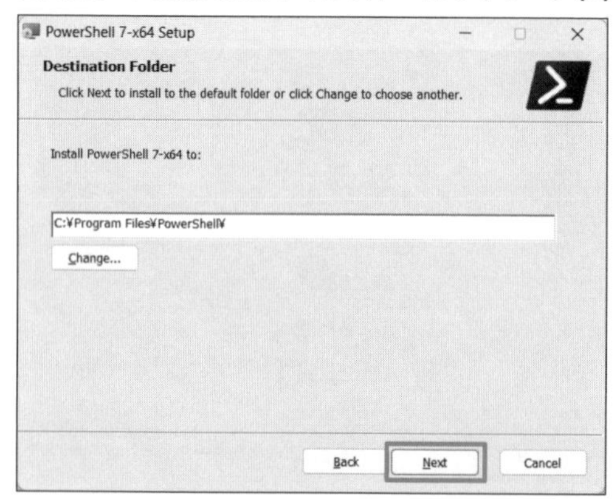

図A.25　PowerShell 7インストールウィザード(3)

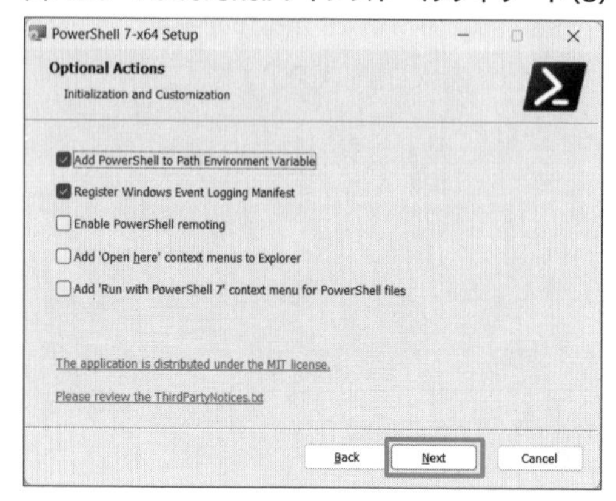

図A.26　PowerShell 7インストールウィザード（4）

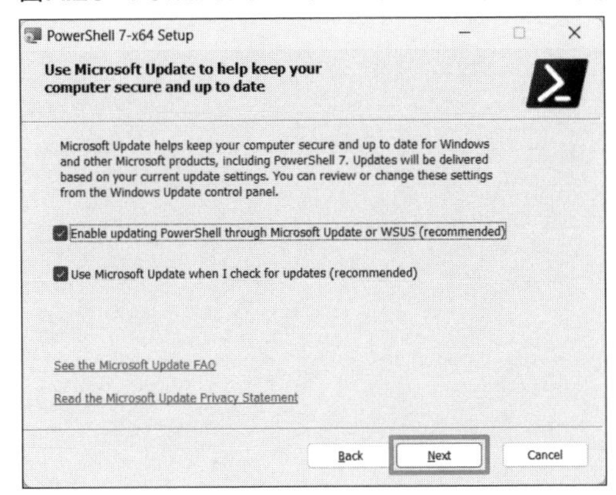

「Ready to install PowerShell 7-x64」まで来たら［Install］ボタンを押下します（**図A.27**）。

図A.27　PowerShell 7インストールウィザード（5）

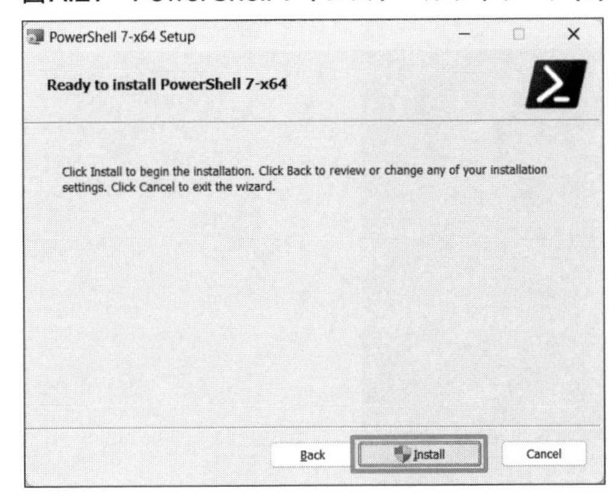

インストールが完了したら［Finish］ボタンを押下して終了します（**図A.28**）。

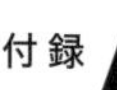

図A.28　PowerShell 7インストール完了

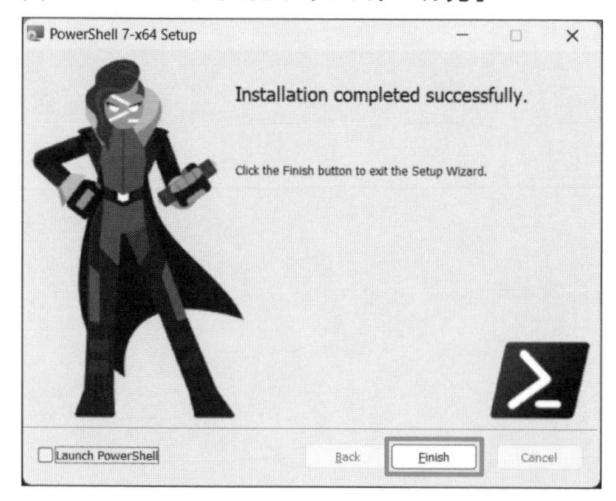

まずは、スタートメニューで「powershell 7」と検索してリストに表示させます（図A.29）。

図A.29　PowerShell 7の起動

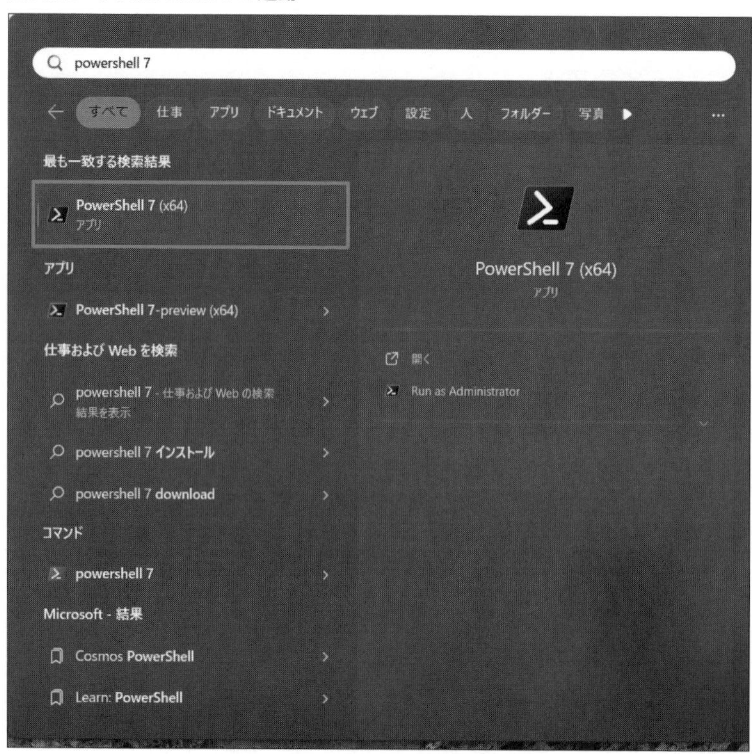

次に、.ps1スクリプトの実行を許可する設定を行います。PowerShell 7の上で右クリックし、［管理者として実行］を選択します（図A.30）。

図A.30 PowerShell 7[管理者として実行]メニュー

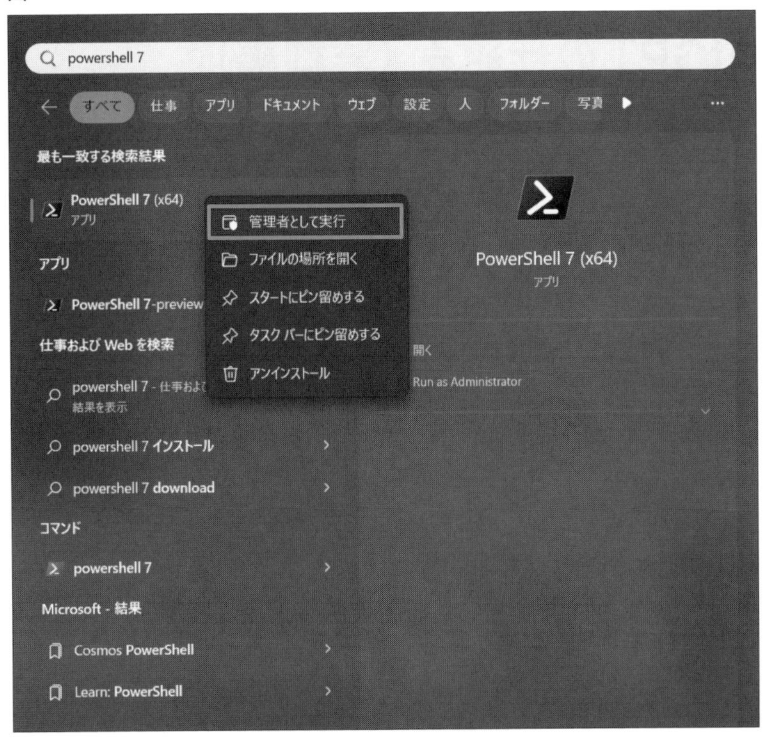

管理者モードで起動したら、以下のコマンドを入力して Enter を押下します。

```
Set-ExecutionPolicy RemoteSigned
```

次に以下のコマンドを入力し、「RemoteSigned」と表示されれば設定完了です。

```
Get-ExecutionPolicy
```

A

付録B ChatGPTの仕組み（詳細編）

人間の問いかけに対して自然な応答を返し、さらにはタスク解決を助けてくれるChatGPTは、どのような原理で応答しているのでしょうか。本付録では「ChatGPT」を実現するうえで鍵となるいくつかの技術について解説し、どのようにChatGPTが「自然なテキスト」を生成しているのか、より詳しく説明します。

ChatGPTの原理を理解することはChatGPTを活用したシステムを構築するために直接的に必要というわけではありません。ただ、プロンプトエンジニアリングの各手法やファインチューニング、公開モデルの活用などが必要になった場合に、どの手法を選ぶと良いのか、あるいはシステムを構築するときに何に気をつけるべきかといった、技術的な判断の手助けになります。さらにはChatGPT活用について社内で説明を求められた場合に、ステークホルダーに対し十分な説明を行い、説得するための基礎知識にもなります。

チャットボットの開発の歴史は意外に古く、コンピューター黎明期の1960年代に開発されたELIZAにまでさかのぼることができます。ChatGPTを「言語モデル」としてとらえるなら、マルコフ過程に基づくn-gram言語モデルやニューラルネットワークを時間方向に拡張したRecurrent Neural Network（RNN）を用いたRNN言語モデルなど、その「源流」とでも言うべき技術は枚挙に暇がありません。ここではChatGPTを直接構成する技術であるTransformerとその性質の説明のために、Transformer以前に言語生成で用いられていたSeq2Seqモデル、性能の源泉である言語モデル事前学習、および対話応答させるためのチューニング手法について解説します。

B.1 Transformerの登場

ChatGPTの「GPT」はGenerative Pre-trained Transformerと呼ばれる大規模な深層学習モデルであり、これまでOpenAIが主体となって研究・開発が進められてきました。ChatGPTの詳細なモデル構造は非公開ですが、OpenAIが公開したGPT-4のテクニカルレポート[注B.1]や、ChatGPTのベースとなった研究成果を見る限り、ChatGPTもTransformerをベースにしているとみて間違いありません。

注B.1 "GPT-4 Technical Report" https://arxiv.org/abs/2303.08774

Transformerは、2017年に当時Googleに所属していたAshish Vaswaniらによって発表された「Attention Is All You Need」という印象的なタイトルの論文[注B.2]中で提案されたテキスト翻訳モデルです。発表当時のテキスト生成モデルの王道は、時系列データを扱うためのニューラルネットワーク、RNNの一種であるLong Short Term Memory (LSTM) を用いたSeq2Seqモデルでした。TransformerはSeq2Seqの翻訳モデルに対し、より少ない計算コストでその性能を上回り、state-of-the-art[注B.3]を達成しました。

B.1.1 Attention

TransformerはSeq2Seq系モデルと比べると、時系列方向の構造を持たないという意味ではシンプルな構造となっている一方、モデル構造としてはやや複雑で、Feed Forward Network (最も基本的なニューラルネットワークの1つ) と**Attention (注意機構)** を組み合わせたものをさらに何層にも重ねることで構成されています。

Attentionというのは後で詳しく解説しますが、当時RNN系のモデルが抱えていた「長いテキストを入力すると長期依存関係 (文を構成する単語のうち、離れた距離にある単語間の関係) をうまくとらえることができず性能が低下する」問題への対処法として使用されていた構造です。

TransformerはSeq2Seqが抱えていた問題を解決したモデルとして登場し、要素技術もSeq2Seqを踏襲しています。そのため、まず当時よく用いられていたSeq2Seqモデルの解説から始めます。

B.1.2 Seq2Seq

Seq2SeqはSequence-to-Sequenceの略で、その名のとおり文から文へと変換するRNN系モデルです[注B.4]。RNNは時間 (ステップ) 方向の情報を考慮できるように設計されたニューラルネットワークの一種で、あるステップにおける入力と過去のステップの出力を引き継ぐ入力の2つ (改良手法のLSTMの場合は3つ) の入力経路があり、そのステップの出力と次のステップへ渡すための出力の2つの出力経路を持ちます。Seq2Seqでは入力文を処理するエンコーダーRNNとその出力を考慮しつつ文を出力するデコーダーRNNの2つを結合しており、RNNのステップと文を構成する単語の順番を対応させています。**図B.1**は2つのRNNをステップ (この場合は文を構成する各単語) 方向に展開したイメージ図となります。

注B.2 "Attention Is All You Need" https://arxiv.org/abs/1706.03762

注B.3 最先端を意味し、より狭義にはある特定のタスクのスコアについてこれまでの最高スコアを更新して最高性能を達成したことを意味します。

注B.4 "Sequence to Sequence Learning with Neural Networks" https://arxiv.org/abs/1409.3215

図B.1　Seq2Seqのイメージ

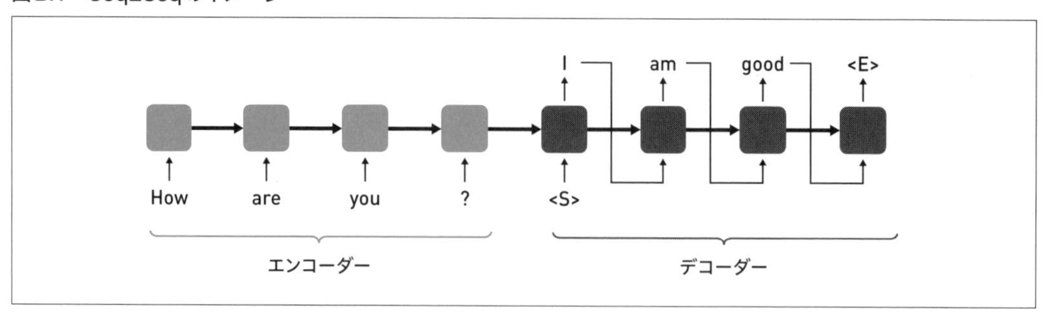

文を構成する単語を1つずつエンコーダーRNNに入力していくと、RNNは過去のステップで入力された単語（文のうち今入力した単語より前の単語）を考慮しつつ処理していき、最終的に1本のベクトル[注B.5]を出力します。文を、人には理解できない数字の塊である1本のベクトルに変換するため、「エンコーダー」RNNと呼ばれます。このベクトルは入力文の情報が詰め込まれていることが期待されます。このベクトルとともに文の開始を意味する特殊な単語（<S>）をデコーダーRNNに入力して最初の1単語を予測します。その単語を次のステップの入力として扱い、2単語めを得ます。これを繰り返して、最後に文の末端を意味する特殊な単語（<E>）が出力されるか、最初に決めた所定の単語数を超えたら処理終了です。エンコーダーRNNが作ったベクトル、すなわちエンコードされた文から新たに文を再生成することから「デコーダー」RNNと呼ばれています。

このモデルにより翻訳や要約などの、文から文へ変換するタスクの性能が急激に上昇しました。しかし、長文の翻訳や長文から短文へ変換するタスクでは、短文のみを扱う場合と比べて性能が低くなるという問題が浮上しました。

B.1.3 Seq2SeqへのAttentionの導入

RNNの構造上、ステップが深くなっていくと最初のほうのステップ（文頭あたりの単語）の情報がだんだんと薄まっていくため、エンコーダーRNNが出力する文のベクトルは、文頭と比べると文末あたりの単語の影響が強くなります。長い文を入力するということはつまり、単語数＝ステップ数が増えるということを意味します。そのため、文を構成する単語間の代名詞や係り受けなどの依存関係がとらえられなくなり、性能が低下しているのではないかと言われていました。

この問題を解決するため、エンコーダーRNNを「文頭から順方向に処理する層」と「文末から逆方向に処理する層」に分けて二重化するなどのさまざまな策が考案され、そのような対策の1

注B.5　大学以後に学ぶベクトルに馴染みがなければ、500とか1,000個ぐらいの数字のパックぐらいに思ってください。

つとしてAttentionを組み合わせることが提案されました[注B.6]。

Attentionはエンコーダー RNNの出力のうち、通常のSeq2Seqでは使っていなかった各ステップごとの出力ベクトルを集めて、デコーダー RNNの各ステップごとに一定の処理で1本のベクトルにまとめ上げて結合する仕組みです（図B.2）。

図B.2 Attentionの導入

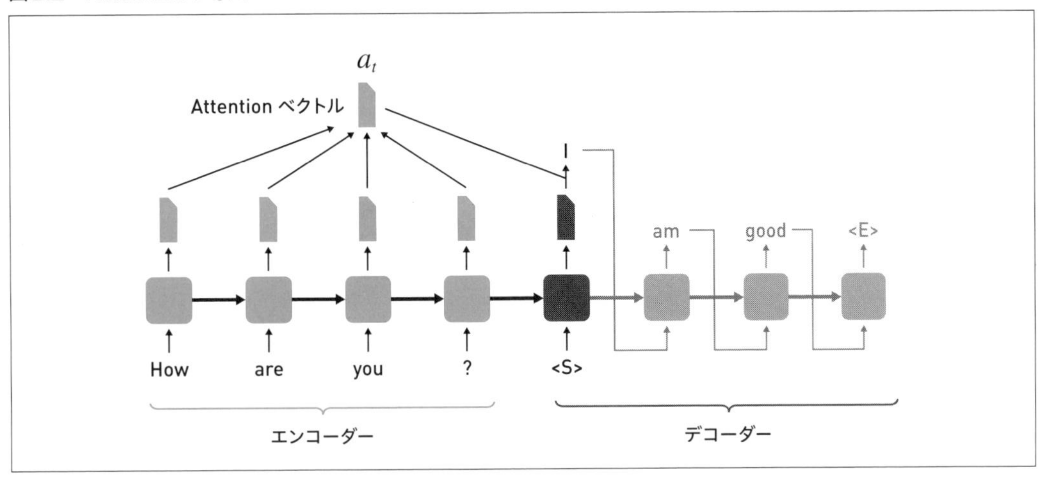

Attentionは浅いステップの情報、すなわちエンコーダー RNNの情報のうち、デコーダー RNNのあるステップにおいて考慮すべきと思われる情報をあらためて提供する役割を担い、これにより長期依存関係をとらえられるようになり性能が改善した[注B.7]とされています。Attentionがあっても長期依存関係はそれほど取れていないことを示唆する報告[注B.8]もありましたが、Attentionの導入によって性能改善が起きたことはたしかでした。

B.1.4 Attentionの計算処理

Attentionのポイントは「今処理している情報」に対し、「他の複数の情報」から考慮すべき情報を抜き出して混合することです。「今処理している情報」から得たベクトルqと、「他の複数の情報」から異なる処理によって得られた2種類のベクトル群、ベクトル群kとベクトル群vを用いて説明します。

考慮すべき情報をどう選択するかはなかなか難しい問題ですが、ベクトルによって情報を表現するAttentionにおいては、計算が単純で高速な内積（アダマール積）によって算出した、ある種

注B.6 "Neural Machine Translation by Jointly Learning to Align and Translate" https://arxiv.org/abs/1409.0473
注B.7 そのほかにも入力文を、順方向と逆方向に処理したベクトルを混合してデコーダーに渡すなど、さまざまな工夫が行われました。
注B.8 "Frustratingly Short Attention Spans in Neural Language Modeling" https://arxiv.org/abs/1702.04521

の類似度[注B.9]を使用することになっています。ベクトルqとベクトル群kを構成するベクトルについて1本ずつ内積を取っていくと、ベクトル群kの本数だけ内積の値が得られます。この内積の値に対して合計して1になるように処理して各ベクトルの「重み」を得、ベクトル群vに掛け合わせてすべて足すという処理を行うことで1本のベクトルを作り出します。「重み」を計算する際、ある類似度の値が少しでもほかの類似度の値より大きい場合に、その値が極端に1に近づくような計算処理[注B.10]をしてあります。このため足しあげた1本のベクトルは、ベクトル群kのうちベクトルqと最も似ているものの影響が極端に強いベクトルとなっています。このベクトルこそがAttentionベクトルです（図B.3）。

図B.3　Attentionによる計算

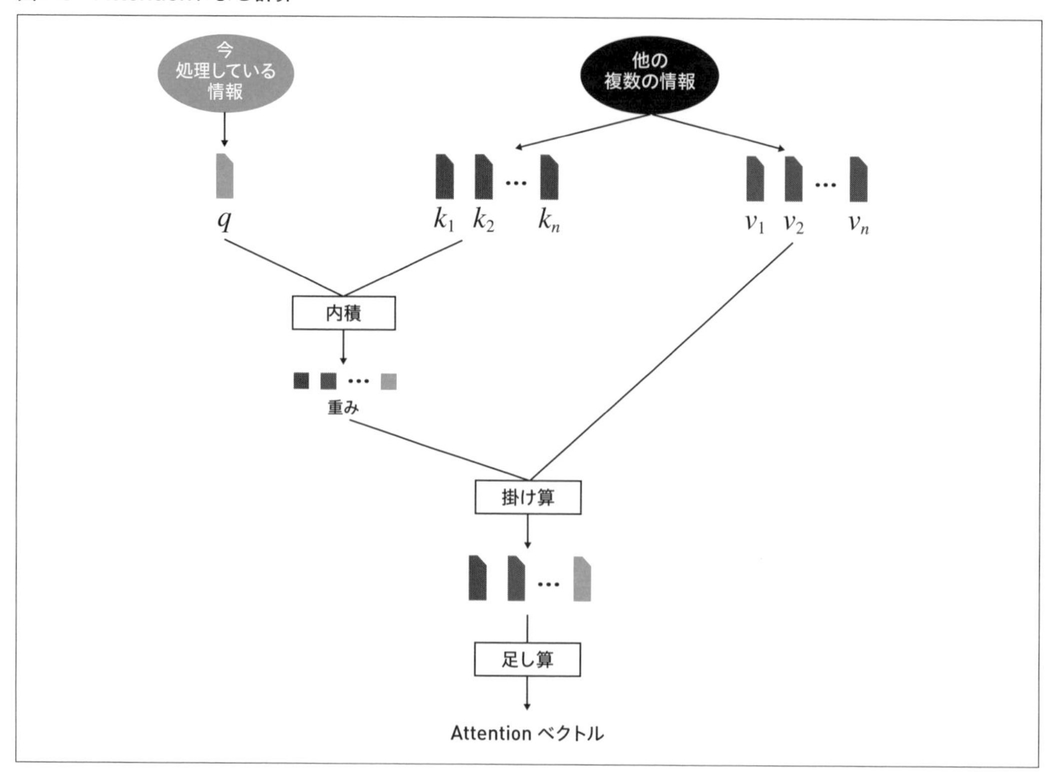

注B.9　2本のベクトルのうち同じ次元（同じ位置）の数字を掛け合わせるアダマール積をベクトルの大きさで正規化した値は、ベクトルの向きが完全に一致しているとき最大値を取ります。

注B.10　単純にある出力値をすべての出力値の合計で割って正規化するのではなく、自然対数の底eをある出力値で累乗したものを、eを各出力値で累乗したものを足した合計で割って正規化するsoftmax関数を使用しているため、出力値のわずかな差でも大きく値が変化します。

B.1.5 Transformerの構造

さて、いよいよ本題のTransformerの構造です（図B.4）。

図B.4 Transformerの構造

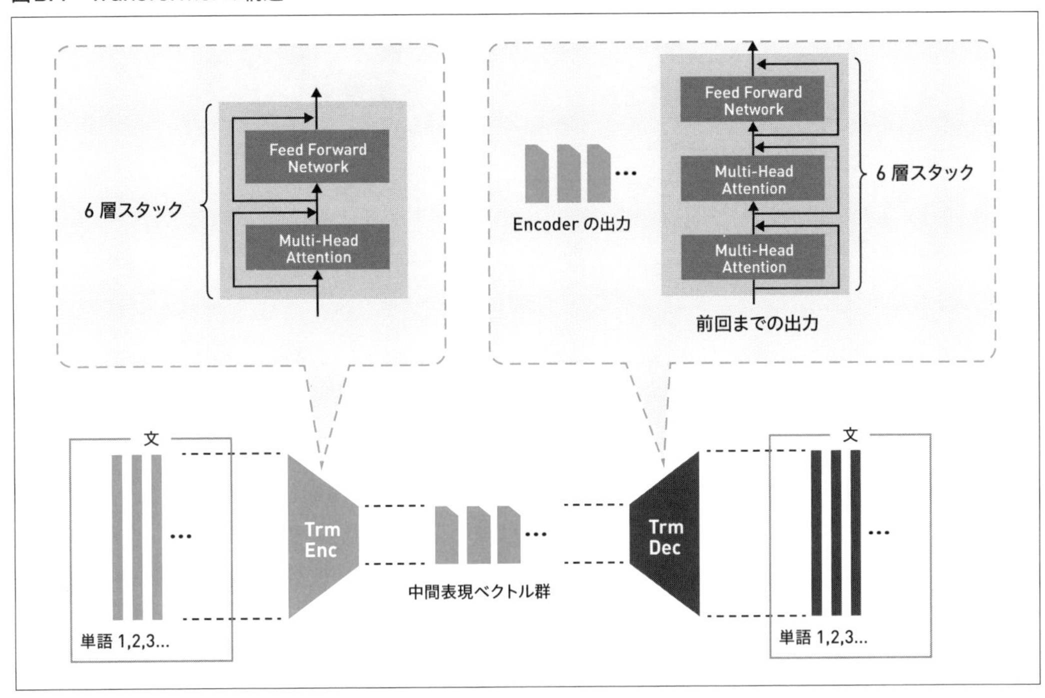

Seq2Seqから構成要素は大きく変わりましたが、TransformerもRNNベースのSeq2Seq同様に文を一度ベクトルに変換し、変換したベクトルから文を再構成する文変換モデルとなります。

Seq2Seq＋Attentionモデル（図B.2）のAttentionでは、「今処理している情報」はデコーダーRNNのあるステップの出力ベクトルで、「他の複数の情報」はエンコーダーRNNの各ステップにおける出力ベクトルでした。Transformerでも同様の仕組みは残っており、デコーダーTransformer（Trm Dec）側からエンコーダーTransformer（Trm Enc）側の情報を考慮するためのAttention（Source-Target-Attention）構造があります。

一方で大きな差異は、従来「RNNを使って単語を順に処理して前のステップの情報を次のステップに渡して……」という処理を単語の数だけ行って各単語の情報を混合し、文ベクトルを作っていた部分を大胆に改めた点です。Transformerでは、「今処理している情報」が文を構成するある単語、「複数の情報源」がその単語を含む文を構成する全単語というSelf-Attentionによって各単語の情報を混合し、RNNを廃止しています（図B.5）。

図B.5 Self-Attentionの概要

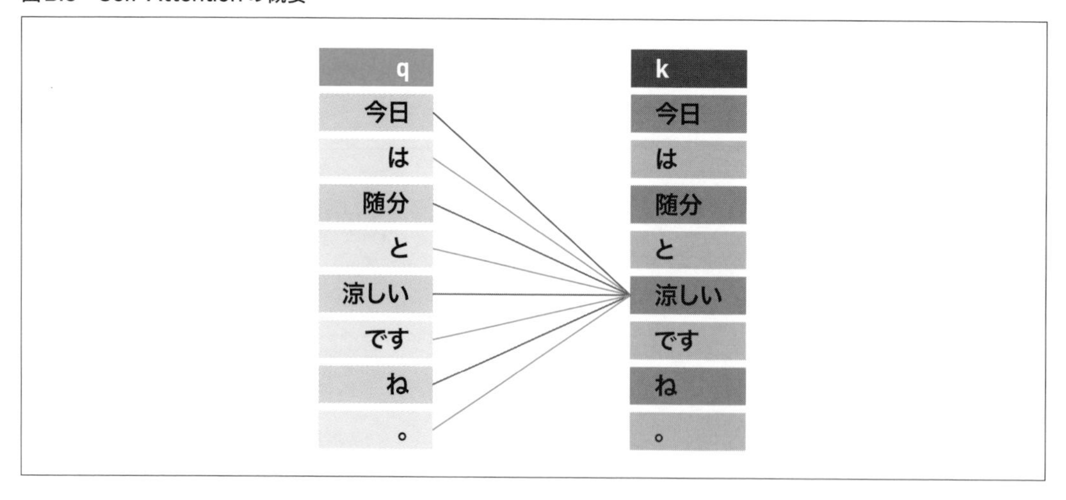

RNNでは1単語ずつ順番にニューラルネットワークで処理し、ある単語の情報を次の単語の処理でも考慮させることで、最終的に文を構成するすべての単語を考慮した1本のベクトルを作っていました。必然的に、最初のほうの単語の情報は後のほうの単語に比べて薄まるという問題がありました。これに対し、Self-Attentionでは各単語についてそれ以外のすべての単語の情報を混ぜ合わせています。ある単語の情報に対して混ぜ合わせるべきほかの単語の情報をAttentionによって探し、それを重ねた層の数だけ行うことで徐々に単語間の関係を内包したベクトルに変換していきます。文の中で単語間の距離がどれだけ離れていようとも類似度が高ければ等しく情報が混合され、入力した文全体を考慮した応答を生成できるようになっています。ただ、そのままでは単語の順番の情報がまったく乗ってこず、それはそれで問題があるため、実際には単語の位置に応じた重みを加えるPositional Encodingという操作を行って語順を考慮できるようにしています。

エンコーダーTransformerに入力されたある単語の情報はSelf-Attentionによってほかの単語の情報と混合されていき、6層の処理を経て最終的に単語の数と同じ数のベクトルとして出力されます。Seq2Seq＋Attentionモデルのようにたった1本の文ベクトルに文の情報すべてを任せるのではなく、最初からデコーダー側でもAttentionを使って情報を混ぜることを前提に、単語の数だけのベクトルを出力しています。ひとつひとつのベクトルはSelf-Attentionによって入念にほかの単語の情報が混合された状態になっており、そのうえで本数も多いため、Transformerのほうが Seq2Seq＋Attentionと比べるとより多くの情報をエンコーダーからデコーダーに伝えることができるようになっています。

加えてAttentionもただのAttentionではなく、入力となるベクトル1本をより小さいサイズの複数個のベクトルに変換したうえで、それぞれについて独立してAttentionの操作を行って再度つなげるMulti-head Attentionという構造を採用しました。head[注B.11]の数を増やすことによりそれぞれのheadが単語の異なる側面に着目して情報を混合するようになることが期待されており、実際1本のベクトルでAttentionを行うSingle-head Attentionよりも性能が向上することが示されました。

デコーダーTransformer側では、やはりSelf-Attentionによってほかの出力単語との関係を考慮しつつ、先述のエンコーダーTransformerの出力ベクトルを用いたSource-Target-Attentionによって入力文の情報を加味しながら出力単語を決めるためのベクトルが作られます。単語出力の手順はRNNを用いたSeq2Seqモデルと似ていて、まず1単語出力し、次に出力した単語を入力としてデコーダーをもう1回動かして2単語めを得、さらに2単語を入力として……というように1単語ずつ順番に出力していきます。なお、この動作はLSTMを使用したSeq2Seqと同様で、出力した過去の単語を用いて次の単語を出力する挙動を「自己回帰」と言います。

B.1.6 Transformerの利点

Transformerはその構造ゆえに、今日のChatGPTにもつながる重大な2つの利点を得ました。

1つめの利点が、Self-Attentionにより単語間の距離にかかわらず関係性をとらえられるになったことです。これにより長文であっても気にせず文脈を考慮した出力を処理することが可能になり、大幅に性能が向上しました。

2つめの利点が、大規模化が容易になったことです。並列化があまり得意ではなく計算効率が悪かったRNNを排除したことで複数GPUを利用した並列化がしやすくなったことに加え、その構造自体にモデルサイズを大きくしやすくするための工夫がいくつも取り込まれていました。解説は省略しますが、画像処理の方面で多層化を実現する鍵となったResidual Connectionと呼ばれる多層化に向いた構造を使用しているために、エンコーダーもデコーダーも単純に層の数を増やしてサイズアップが可能になりました。Multi-head Attentionに基づくSelf-Attentionは非常に対称性が高い仕組みだったため、モデルアーキテクチャ的に大規模化が容易であると同時に、複数のGPUを使用した並列化も容易ということで、GPUをたくさん用意すればそれだけTransformerモデルを大規模化できるようになり、今日最先端のTransformer派生モデルは数千台のGPUを前提に数千億からときに1兆を超えるパラメータを持つに至りました。

B.1.7 Transformerの制約

良いことばかりに見えるTransformerですが、新たに生じた制約もありました。Transformer

注B.11 入力ベクトルを処理するAttentionを分割したとき、分割されたひとつひとつの小Attentionのことをheadと言います。

はRNN系のSeq2Seqよりも高い表現力を得た分、Seq2Seqと比べるとデータ量が十分であれば性能こそ高くなるものの、一定以上の性能を出すために必要な学習データ量が増える傾向が生じました[注B.12]。しかしこの制約は後に説明する言語モデル事前学習によってほぼ解決されることになります。

B.2 大規模化と言語モデル事前学習による性能向上

Transformerはその構造により、大規模化と並列化が可能になりました。しかしTransformerはそもそもデータ量が十分になければ性能を発揮できず、大規模化しても学習を進めるためのデータを確保することが難しい状態でした。この問題を解決したのが**言語モデル事前学習**です。

言語モデルというのは単語列に対する確率分布です。その歴史は非常に古く、深層学習隆盛以前にはn-gram言語モデルが主流でした。n-gram言語モデルは、「文のある単語の出現確率はその直前n-1個の単語によって定まる」としてモデル化されたものです。もう少し大雑把な言い方をすれば「文を構成するある単語が出現する確率はその前の単語が何かによって決まる」というもので、この考え方はモデルの構成要素が確率分布からニューラルネットワークへと移り変わっても共通しています。

「次の単語を予測する」というタスクの最も身近な応用例は、スマートフォンやコンピューターのIMEです。テキストを入力していくと過去の入力傾向などから次の単語をサジェストしてくれる仕組みですが、これはまさに言語モデルです（図B.6）。

図B.6 次の単語を予測するタスク

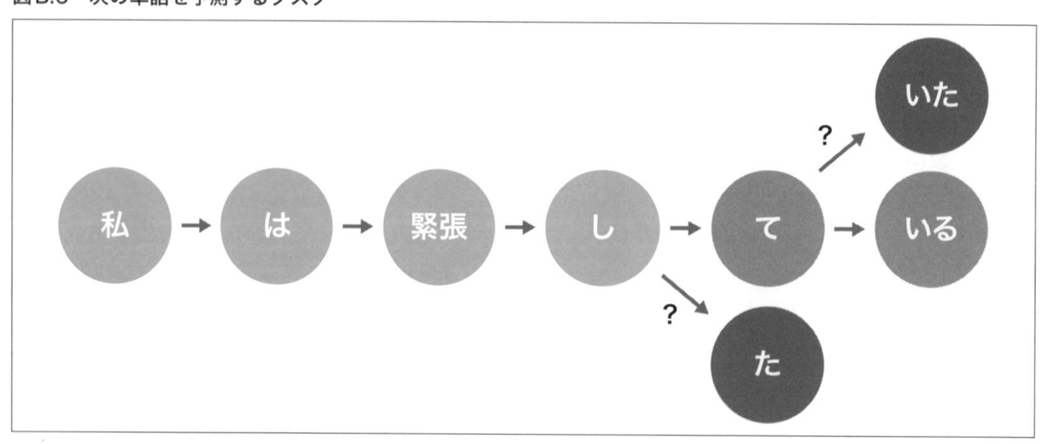

注B.12 RNNには再帰構造によりあるタイミングの処理をしてからでなければ次の処理ができないという特徴があり、複数のGPUを使った並列化が難しく、大規模化を妨げていました。

言語モデル事前学習とはすなわち、文の構造そのものを獲得することです。この学習の最も優れている点は、文という構造自体が学習対象であるため、アノテーションを行って教師データを作らずとも学習用データセットを作ることができることです。すなわち、インターネット上にあふれる大量のテキストデータをクローリングして文を構成する一部の単語を隠すだけで、いくらでも学習データを確保可能であるということを意味します。

言語モデル事前学習も、あるタスクに特化させることで、データ量を少なく済ませつつ性能を確保できる可能性はすでにWord2VecやELMoといった単語埋め込み表現を得るためのモデルで示されていました。イメージとしては、いきなり赤子に日英翻訳を教えるよりも、まず日本語や英語の文の書き方を教えておいたほうが日英翻訳も教えやすい、といったところでしょうか。

B.2.1 Transformer Encoder系モデルの隆盛

モデル大規模化の流れは2018年に発表されたBERT[注B.13]によって決定的になりました。BERTはTransformerのエンコーダー部分を大規模化させたモデル構造を持ち、ランダムにマスクした単語を当てるタスクと、2つの文を入力したときそれらの文が連続する文なのか関係ない文なのかを当てるタスクを、「事前学習」として解かせたモデルです。Transformerのモデル構造に由来する事情からやや変則的な形になっていますが、隠した単語を当てるタスクもまた言語モデル事前学習の一種です。

タスクを解く場合は事前学習済みモデルを少量のデータで再学習（ファインチューニング）することでそのタスクに特化させます。BERTは11個の自然言語処理タスクにおいてstate-of-the-artを達成し、大量のテキストデータを利用した言語モデル事前学習の有効性を示しました。インターネットという莫大なテキストデータを供給するデータソースから大量に収集したテキストと大量の計算リソースを使って言語モデル事前学習を行うという学習工程は、そこそこに時間とコストがかかります。しかし一度モデルを得られれば、そのあと実際にタスクを解かせる場合は、従来タスクで十分な性能を発揮するために必要と考えられていたよりもはるかに少ない量のデータで微調整するだけで済みます。BERTの事前学習済みモデルは一般に公開され、それを利用したさまざまな応用が一気に花開きました。

BERTの登場以後、自然言語処理の覇権モデルの座はRNNからTransformerへと完全に切り替わり、言語モデル事前学習を基盤としたモデルの大規模化が進行しました。

B.2.2 Transformer Decoder系モデルの隆盛

BERTはTransformerのエンコーダー部分を大規模化させたモデル構造であり、エンコーダー

注B.13 "BERT: Pre-training of Deep Bidirectional Transformers for Language Understanding" https://arxiv.org/abs/1810.04805

の出力ベクトルを使用して分類問題を解くことができました。ユーザーレビューの満足度や感情分析、文のベクトル化による類似度比較などに応用され、Google検索を筆頭に各社の検索エンジンやECサイトの商品推薦などに応用されています。しかし、大規模化したエンコーダーであるという性質上、文を生成する能力が乏しく、その方面での応用はあまり進みませんでした。

そうした状況下で、文生成可能な言語モデルとして、OpenAIによりGPT-2というTransformerベースの言語モデルが登場します。GPT-2はある単語列が入力されたときその次に来る単語を予測する言語モデルであるGPTのスケールアップ版です。TransformerのエンコーダーベースでTransformerのデコーダーベースでテキスト生成タスクに強いという性質を持っています。テキスト生成は分類結果を生成することで他のタスクを包含でき、後述するIn-context learning（文脈内学習）の性能向上も相まって、現在はデコーダーベースの生成モデルによって分類問題を解くことも少なくありません。

Transformerのパラメータ数がおおよそ6,000万、BERTが3億でしたが、GPT-2のパラメータ数は15億となり、学習に用いるデータセットのサイズは40GBオーバーと、これまでのモデルと比べても巨大なモデルでした。GPT-2は極めて自然な文を生成でき、悪用を警戒したOpenAIがモデルの公開を渋るほどでした。さらに特段のファインチューニングを行わずとも自然言語で指示を入力することでタスクを解くことができる性質（後にIn-context learningと言われる性質）が示され、しかもモデルのサイズアップとデータの増大によりその性能がだんだんと上がっていく可能性が示されました。

GPT-2が示した可能性を受けて作られたのがGPT-3で、パラメータ数は100倍以上増加して1,750億に達しました。GPT-3では単純なテキスト生成の精度のみならず、非常に少ないサンプルを入力文として提示することで特定タスクに特化させるFew-shot Learningと、サンプルの提示すら行わずにただ指示を行うのみでタスクを解かせるZero-shot Learningの性能が検証されました。その結果として、大規模化を行うほどFew-shot/Zero-shot Learning（In-context learning）でも高性能になる可能性が示されました。少量データでタスクに特化させるファインチューニングすらも不要になり、単に入力の中に数件から数十件のサンプルを加えるか、場合によってはまったくデータを用意せずに問題を解かせることが可能になりました。

B.2.3 Scaling Law

OpenAIより、TransformerにはScaling Lawという性能に関する法則があるらしいという報告[注B.14]がありました。すなわち「Transformerの性能は計算リソース、データ量、パラメータ数（モデルサイズ）の3変数のべき乗則に従う」という仮説の提示です。加えて、現在わかっている範

注B.14 "Scaling Laws for Neural Language Models"　https://arxiv.org/abs/2001.08361

囲ではこの「Transformerの性能」には上限が見当たりません。この法則が意味するのは、この3つの変数をそれぞれ互いがボトルネックにならないように大きくできるのであれば、Transformerの性能は無制限に上昇する可能性があるということです。さらにそのあとの報告で、Transformerを画像や音声、動画など言語以外の分野に適用した場合でもScaling Lawは有効であることも示されました[注B.15]。

「大規模化したTransformerを画像、音声、言語などの大量データで事前学習する」という、Foundation Models（基盤モデル）時代の始まりです。

B.3 人間好みに応答調整した言語モデル

Transformerの登場と言語モデル事前学習を基盤とした大規模化により、自然言語処理の性能は急激に上昇しました。続いてOpenAIが取り組んだのは、できあがった言語モデルが返す回答をより人間好みにするチューニング方法の研究でした。

言語モデルはインターネット上から収集した莫大な量のテキストデータを使って学習させています。その学習データ中にはインターネット上の偏った意見や有害な言動も含まれており、素の状態のGPT系モデルは少しの誘導で人間にとって好ましくない応答を返す場合があります。このままでは一般に使わせることはできないため、人間にとって好ましくない応答をできるだけしないようにチューニングする必要があり、そのための手法がRLHF（Reinforcement Learning from Human Feedback：人間のフィードバックによる強化学習）[注B.16]です。このRLHFによってチューニングされたモデルがInstructGPTであり、InstructGPTがChatGPTの直接的な基礎になっています。

RLHFは3段階のステップで構成されています。

1段階目ではプロンプトに対し応答を返す、GPT-3系の小規模なモデルを用意します。この小規模モデルに対し、人間が用意したプロンプトに対する適切な応答例を使ってファインチューニングを行うことで、GPT-3ベースモデルを得ます（図B.7）。

注B.15 "Scaling Laws for Autoregressive Generative Modeling"　https://arxiv.org/abs/2010.14701

注B.16 "Training language models to follow instructions with human feedback"　https://arxiv.org/abs/2203.02155

図B.7　第1段階：ベースモデル作成

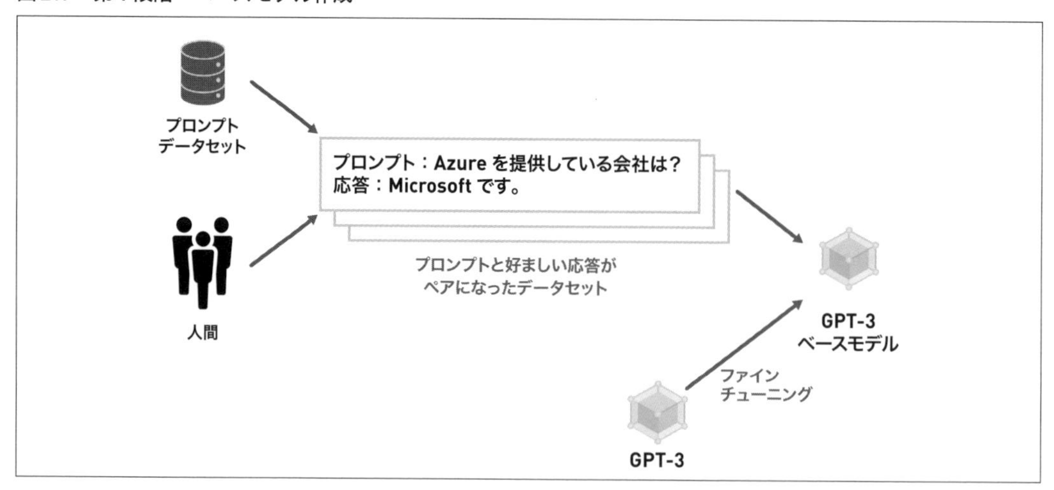

このファインチューニングによって、モデルの応答は人が書いた応答例を踏襲するよう調整されますが、それだけではまだまだ足りません。データ量を増やそうにも人が応答例を作るやり方は非常に高コストですし、大量に作ることも困難です。その欠点を埋めてさらに学習を進めるために、2段階め以降の手順が存在します。

2段階めでは文を入力するとその内容が人間にとって好ましいか否かの度合を数値として出力するモデルである「報酬モデル」を作ります（図B.8）。

図B.8　第2段階：報酬モデル作成

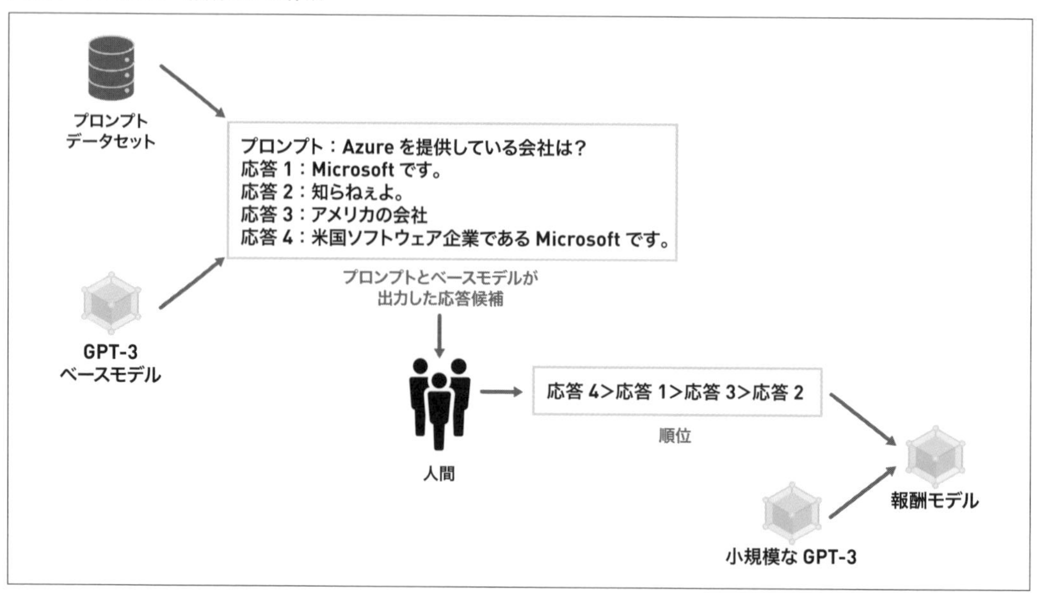

報酬モデルもまたGPT-3系の小規模モデルであり、文を出力するレイヤを取り除いて代わりに人間にとって好ましいか否かの度合（報酬）を出力させるようにモデル構造が少し改変されています。この報酬モデルを作るためにはまずそのための教師データを用意する必要があり、そのために1段階めで用意したベースモデルを使用します。ベースモデルに対してプロンプトを1つ入力して複数パターン（4～9パターン）の応答文を得、人間は応答文を読んで順位付けをします。報酬モデルは人がつけた順位付けの順番と一致するように報酬を出力するように学習し、最終的にプロンプトと応答分を入力すると報酬を出力するモデルが完成します。

3段階めでは2段階めで作った報酬モデルを使い、ベースモデルのチューニングを行います（**図B.9**）。

図B.9 第3段階：ベースモデルのチューニング

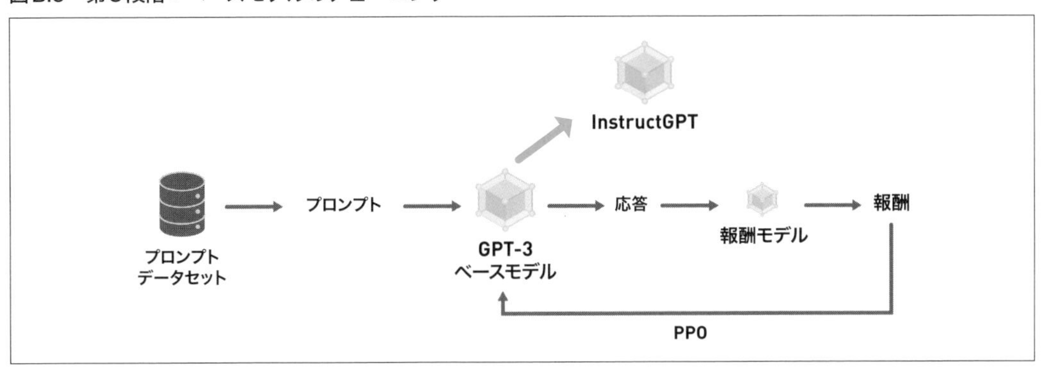

学習にはProximal Policy Optimization（PPO）という強化学習の手法を用います。プロンプトデータセットからプロンプトを得、そのプロンプトに対する応答サンプルをモデルに生成させます。応答サンプルを2段階めで作った報酬モデルに入力して報酬の値を得、報酬を最大化するようにベースモデルを更新していきます。PPOで学習させていく場合、そのままだと報酬モデルの穴を突いて言葉として成立していないのに報酬の値だけは大きくなるような応答を返すモデルができかねないという問題があります。せっかく言語モデル事前学習をして次の単語を予測する性能を高めて流暢なテキストを返せるようにしたのに、その性能が失われてしまっては元も子もないので、ベースモデルとベースモデルをチューニングしたモデルの出力が激しく乖離（かいり）しないようにする工夫と、言語モデルとしての性能を考慮するための工夫を加えることで学習が破綻しないようにしています。

この3段階を経てベースモデルからチューニングされたモデルがInstructGPTです。InstructGPTは単にファインチューニングするよりもより広範な領域で人間にとって好ましい応答を返すようになり、また英語で学習させたにもかかわらず、日本語などの他言語においても英語と同様に人間にとって好ましい応答を返すようになりました。

ChatGPTのアーキテクチャ詳細は非公開ですが、InstructGPTをベースにしたモデルと言われています。

COLUMN

公開モデル

InstructGPTを作るためのRLHFや、Google傘下のDeepMindによるTransformer系言語モデルのサイズとデータ量のバランスに関する研究注B.aをもとに、有志企業や研究機関の手によって大規模言語モデルを自ら作成し、公開する流れがあります。モデルはOSSライセンスや制限付きで商用利用を認めるライセンス、研究用途に限るライセンス等に基づいて公開されており、商用利用可能なライセンスで公開されているモデルであれば無償でビジネスに使用することも可能です。本書では無償公開されたモデルを「公開モデル」と呼んでいます。

Metaが公開したLlama 2注B.bはその典型で、サイズと施されたチューニング手法が異なる複数のモデルが公開されています。さらにLlama 2のようなモデルをベースに独自に日本語でチューニングを施したり、マルチモーダル対応させたモデルを作ったりするなどの動きもあり、公開モデルのエコシステムは徐々に拡大しています。

公開モデルの利点は自由に再学習と改造ができる点にあります。RLHFの流れを注意深く見てみると、「機械学習モデルによるサンプル生成」と「機械学習モデルによる人間の評価の模倣」があり、この2つによってデータ量を増幅してチューニングする仕組みと解釈できます。もし十分にプロンプトを収集できていて、かつ報酬モデルのアノテーションを行うコストを賄えるのならば、公開モデルをベースモデルとして流用する形で自前でRLHFを行い、自社のニーズにフィットしたモデルを作成することが可能になります。

モデルを、量子化、枝刈り、蒸留などの圧縮手法を用いて徹底的に小規模化し、エッジで動作するようにチューニングを施すこともオープンモデルならではの使い方です。

Azure OpenAI Serviceではどうにもカバーできないような LLMに対するニーズは存在します。そうしたニーズに向き合ってサービスを開発するときの選択肢として公開モデルは重要です。

注B.a "Training Compute-Optimal Large Language Models" https://arxiv.org/abs/2203.15556
注B.b "Introducing Llama 2" https://ai.meta.com/llama/
"Introducing Llama 2 on Azure" https://techcommunity.microsoft.com/t5/ai-machine-learning-blog/introducing-llama-2-on-azure/ba-p/3881233

索引

おわりに

早いもので、ChatGPTが世に登場してからもう1年以上が経過しました。信じられないほどのスピードで進化を遂げているこの分野で、執筆中にも次々と現れる新機能に私たち筆者は常に挑戦を強いられてきました。本書がみなさんの手に届くころには、きっとまた新たなモデルや機能が登場していることでしょう。

しかし、変化の激しいテクノロジの世界にあっても、変わらない根本的な部分は存在します。新たなモデルが登場しても、RAGやReActをベースにしたAIオーケストレーションの考え方、アプリケーションとの統合方法、システム設計の原則、UI/UXの根幹は変わりません。

書籍は息の長い媒体です。これだけ速いスピードで進化するこの分野に、書籍という形式が適しているのかという葛藤もありました。それでも、こうした技術の核心に触れる質の高い情報を一冊の中に集約することの価値は、今日でも書籍にしかないと信じています。

本書では、初心者から専門家まで幅広く役立つ情報を盛り込みました。序盤は基本から始まり、後半に向かっては高度な内容に深く踏み込んでいます。すべてを一度に理解する必要はありません。ご自身のペースで、興味のあるトピックから学んでいただければと思います。

もし本書が、この速いペースで変わりゆく業界の中でみなさんが一歩ずつ前進するための「羅針盤」となり、方向を示す手助けとなれば、私たちにとってこれ以上の喜びはありません。

著者代表　永田 祥平

執筆者プロフィール

永田 祥平　ながた しょうへい

日本マイクロソフト株式会社 クラウドソリューションアーキテクト

大学院で分子生物学やバイオインフォマティクスを学んだあと、2020年より日本マイクロソフト株式会社に入社。クラウドソリューションアーキテクト (AI) として、主にエンタープライズのお客様を対象に、Azureビッグデータ分析基盤や機械学習基盤の導入・活用支援を行う。推しのプロダクトはAzure Machine Learning。第1部の監修と執筆、全体統括を担当。

X：@shohei_aio

伊藤 駿汰　いとう しゅんた

日本マイクロソフト株式会社 クラウドソリューションアーキテクト／株式会社Omamori 取締役

本業でAI/ML開発 (とくに自然言語処理方面) と利活用の技術支援、機械学習基盤やMLOps基盤の構築および活用の技術支援を行うクラウドソリューションアーキテクト、趣味・副業でソフトウェアエンジニア。第3部と付録Bの執筆を担当。

X：@ep_ito

宮田 大士　みやた たいし

日本マイクロソフト株式会社 クラウドソリューションアーキテクト

情報学の修士号を取得後、製造業にてデータ分析、機械学習システムの構築、データ分析基盤の開発を経験し、日本マイクロソフトに入社。現職では、幅広い業界のお客様へのAIの導入／活用を支援。第2部の監修と執筆を担当。

X：@tmiyata25

立脇 裕太　たてわき ゆうた

日本マイクロソフト株式会社 クラウドソリューションアーキテクト

Softbank (SBT)、Deloitte、DataRobot、現在は日本マイクロソフトでビッグデータ、クラウド、機械学習を活用した企業のデータ活用を支援。

MLOps Community (JP) のオーガナイザで、過去にはJDLA AIガバナンスとその評価研究会の研究員、QA4AIガイドラインの改訂、MLOpsやAIガバナンスに関する講演や記事執筆などを実施。第4部の監修と執筆を担当。

LinkedIn：www.linkedin.com/in/yuta-tatewaki

花ケ﨑 伸祐　はながさき のぶすけ

日本マイクロソフト株式会社 パートナーソリューションアーキテクト

NECソフト（現NECソリューションイノベータ）、IBM JapanのAIアーキテクトを経て、現在はパートナーAIソリューションの開発支援に携わる。画像認識プロダクト開発や医療画像解析などクロスインダストリーでのAIプロジェクトの開発・アーキテクトとして15年以上の経験がある。推しのプロダクトはAzure AI Search（旧称Azure Cognitive Search）。第3部の監修と執筆、第2部の執筆を担当。

Qiita：@nohanaga

蒲生 弘郷　がもう ひろさと

日本マイクロソフト株式会社 クラウドソリューションアーキテクト

大手システムインテグレータにてキャリアをスタート。自動車業界のDMSデータ活用基盤のコンサルティングおよび開発、エンタープライズブロックチェーンを活用した異業種間データ流通プラットフォームの立ち上げなどを担当。数年間、データサイエンティストとして社会インフラ関連企業を対象にしたデータ分析および機械学習システムの開発を経て、現在はソリューションアーキテクトとしてAI導入の技術支援やAzure OpenAI Serviceのエバンジェリスト活動などに従事。第1、2部と第4部の執筆を担当。

X：@hiro_gamo

吉田 真吾　よしだ しんご

株式会社セクションナイン 代表取締役

2023年5月にAzure OpenAI/Azure AI Search/Azure Cosmos DBを活用した人事FAQ機能をリリース。Serverless Community(JP)やChatGPT Community(JP)を主宰。著書、監訳書に『ChatGPT/LangChainによるチャットシステム構築［実践］入門』（技術評論社）、『サーバーレスシングルページアプリケーション』（オライリー・ジャパン）、『AWSエキスパート養成読本』（技術評論社）、『AWSによるサーバーレスアーキテクチャ』（翔泳社）など。第3部の執筆を担当。

X：@yoshidashingo

カバーデザイン　トップスタジオデザイン室（轟木 亜紀子）
本文設計・組版　マップス　石田 昌治
編集　中田 瑛人

■お問い合わせについて

本書の内容に関するご質問につきましては、下記の宛先までFAXまたは書面にてお送りいただくか、弊社ホームページの該当書籍コーナーからお願いいたします。お電話によるご質問、および本書に記載されている内容以外のご質問には、いっさいお答えできません。あらかじめご了承ください。

また、ご質問の際には「書籍名」と「該当ページ番号」、「お客様のパソコンなどの動作環境」、「お名前とご連絡先」を明記してください。

お問い合わせ先
〒162-0846　東京都新宿区市谷左内町21-13
株式会社技術評論社　第5編集部
「Azure OpenAI ServiceではじめるChatGPT/LLMシステム構築入門」質問係
FAX：03-3513-6173

● 技術評論社Webサイト
https://gihyo.jp/book/2024/978-4-297-13929-2

お送りいただきましたご質問には、できる限り迅速にお答えするよう努力しておりますが、ご質問の内容によってはお答えするまでに、お時間をいただくこともございます。回答の期日をご指定いただいても、ご希望にお応えできかねる場合もありますので、あらかじめご了承ください。

なお、ご質問の際に記載いただいた個人情報は質問の返答以外の目的には使用いたしません。また、質問の返答後は速やかに破棄させていただきます。

Azure OpenAI Serviceではじめる ChatGPT/LLMシステム構築入門

2024年 2月 6日　初　版　第1刷発行
2024年 7月31日　初　版　第4刷発行

著　者　永田 祥平、伊藤 駿汰、宮田 大士、立脇 裕太、花ケ﨑 伸祐、蒲生 弘郷、吉田 真吾
発行者　片岡 巌
発行所　株式会社技術評論社
東京都新宿区市谷左内町21-13
電話　03-3513-6150　販売促進部
03-3513-6177　第5編集部
印刷／製本　昭和情報プロセス株式会社

定価はカバーに表示してあります。

ISBN978-4-297-13929-2 C3055
Printed in Japan